本末归源

—中国精神的坚守与弘扬

第十五届全国高等美术院校
建筑与设计专业教学年会
成果集

优秀作品

Collection of achievement of the 15th national annual teaching conference on architecture and design in colleges and universities of fine arts

主编 周维娜　副主编 王娟

中国建筑工业出版社

本书出版得到西安美术学院学科建设专项资金资助
陕西高等教育教学改革重点攻关研究项目 项目编号：17BG022

图书在版编目（CIP）数据

第十五届全国高等美术院校建筑与设计专业教学年会成果集 / 周维娜主编 . —北京：中国建筑工业出版社，2018.10

ISBN 978-7-112-22763-1

Ⅰ．①第…Ⅱ．①周…Ⅲ．①建筑设计－教学研究－高等学校－文集．Ⅳ．① TU2-53

中国版本图书馆 CIP 数据核字（2018）第 226174 号

责任编辑：唐旭 李东禧 孙硕
书籍设计：鲁潇
责任校对：王瑞

第十五届全国高等美术院校建筑与设计专业教学年会成果集

主编 周维娜
副主编 王娟

＊

中国建筑工业出版社出版、发行（北京海淀三里河路 9 号）
各地新华书店、建筑书店经销
北京富诚彩色印刷有限公司印刷
＊
开本：889×1194 毫米 1/20 印张：15⅗ 字数：671 千字
2018 年 10 月第一版 2018 年 10 月第 ·次印刷
定价：128.00 元
ISBN 978-7-112-22763-1
　　　（32830）

编委会
Editorial Board

序言
Preface

在设计的世界里，未来的学习者将会是知识的游牧民族，看见哪里水草丰美，就要动身转场到哪里。幸运的是，大学丰富的教育资源与各类教学活动，给了学生们不停转场的理由和动力。世事纷纭，学习者无法预知下一件设计界的大事从哪个领域发作，必须立即反应，快速学习，自我强健起来。追寻设计新知的游牧民族没有固定的"家"，只需要每一刻都有坚实的立足之地。最有创新能力的人，在观念的碰撞中自由穿行，每获得一个新想法，就把它置入思想的溪流中，与有学识的人交融、印证，打磨生发出新的观念。优秀的学习者虽不是专家，但不会浅尝辄止，而是追逐知识、观念、思想，跨领域完成知识的迁移，期待新识的化学反应，而不能自已的人。

技术变革带来经济和社会组织方式的改变，也会对城市环境提出全新的要求。城市是经济活动、社会活动以及人们生活的"场"，不仅作为被动的角色具有"审美"意义，甚至作为很多复杂关系系统的物态呈现。需要专业学习者思考人、自然、空间、文化之间可见与不可见的多维因素，其既是专业内的信息知识，也是专业外多元知识综合作用的产物。对教育者来说，思考设计教育方式的同时，对科技、文化、经济的融合与发展方向的探索尤为重要。专业的跨域、跨校交流，也应秉着多个目标开展：首先，新旧知识学习方式的切磋探讨。其次，专业内外多元现象的分析研究，以及国际前沿人才培养模式的更新再论。在新通讯模式的当代刷新下，教育、学界、行业的碰撞摩擦会带来新的知识更新与多维探索的新起点。

全国高等美术院校建筑与设计专业教学年会已举办 15 年次，是全国专业教育的年度盛会。时值中国改革开放 40 年，站在国家新时期发展的里程碑下，本次年会提出"本末归源，中国精神的坚守与弘扬"的大会主题，旨在用中国精神的框架重塑建筑与设计教育的发展格局。在创新人才与创意产业备受关注的当代，从大学教育出发，强调设计本土化资源的教育基底，梳理本土文化的设计原发力量，树立本土设计语言的文化自信，区域携手共同探讨国内设计教育共生、共联、共进的教育发展走向。年会以大赛与论坛为平台，以各院校教学成果为对话基础，借助院校间的碰撞与交融，推动专业设计教育走上新阶段的发展轨道，探寻"本末归源"的设计发生方式与高校建筑与设计教育的发展观念，共同坚守与弘扬和而不同的中国设计精神。

西安美术学院 院长　郭线庐

2018 年 10 月

前言
Preface

全国高等美术院校建筑与设计年会已举办至第 15 届，这个由全国各专业教育机构共同书写的年度教育清单不断延展，既为大家提供了一个年度的交流平台，又从不同维度对当下专业教育自我逼问：面对时代更替、环境变化、人才培养需求，教育应如何总结经验，沉淀特色，为发展谋篇定局。

此次年会在历届年会的基础上不拘泥于来路，在时代提问教育的驱动下，提出"本末归源：中国精神的坚守与弘扬"大会主题。"本末"既设计之本与设计发展之矛，"归源"既树立区域文化面貌，建立设计文化自信，弘扬中国精神。未来我们将迎上设计力竞争的大时代。在大学里，如何让未来战场里的从业者们拥有学习力、传播力、影响力，是大学专业教育的核心。在国家新时期发展的里程碑下，中国建筑与设计教育需要总结经验，沉淀特色，更需要建立区域文化自信，用中国精神的框架重新梳理建筑与设计的发展格局。立足区域发展，回溯文化本源，引领区域间的设计差异化走向，以共生、共联、共进的发展关系，探寻"本末归源"的设计发生方式与高校建筑与设计教育的发展观念，共同坚守与弘扬和而不同的中国设计精神。

在大学的专业教育中，人才培养始终是各个院校顶层设计的核心关注点。时代发展需要更多岗位上的人才去推动，而区域发展更需要优质的人才引领。2018 年上半年，西安、南京、武汉等全国 20 多个城市推动了一场旷古绝今的人才争夺大战，把人才的引进提升到区域发展策略的重要地位。故此，也对未来的人才提出了新的要求，既在注重精神与策略的引领下，将人才的培养与自我培养置入大学、职业、社会的不同成长阶段。对于大学来说，延长培养力的释放周期，人才的培养在大学、职业以及社会中应是拥有自我学习、自我鞭策的内驱力，不断要求认知迭代、自我提升的学习力，如何获取这种持续的自我成长力，则成为大学专业教育的核心。

一年一度的教学年会，既是对过往教学的总结，又是对新时代教育的探路。同步于年会的开展，有了此书的成型与出版。书中呈现出全国各专业院校现阶段人才培养的面貌与未来教育的一些思考。这里也体现着另外一种二八定律，大约二成的作品中，体现着高校专业教学持续累积、不断突破的教学趋向与阶段成果。完成这些成果的周期培养与后期选择虽然复杂，结果却是清晰而直观的，它体现着专业教育在当代发展矛头的指向下，自我审视与自我变革的结果，而举办年会的一部分意义也在于此。希望借着这份不断延展的教育清单，更多优秀的人才能从专业教育这块孵化地上启程，跑赢自己的人生。

第十五届全国高等美术院校建筑与设计专业教学年会组委会

2018 年 10 月

目 录
Contents

10
/
71

建筑艺术设计
Architectural
Art Design

作　　者：黄轩 章奇峰 党林静 康文 邱鑫 王浩
作品名称：光明永续——民居保护与再生的转型性老年人空间创意设计
所在院校：西安美术学院
指导教师：屈炳昊 李建勇

设计说明：

　　本作品通过对国内的传统村落开发与保护现状进行分析，并结合关中地区传统村落的保护状况进行实地调研，从而选取陕西省铜川市光明村作为模板进行设计创作。作品先对片区进行整体分析，挖掘其村落的独特性与地域性特征后再对片区进行整体规划设计。该作品立足于保护传统民居的同时向其注入新的活力，让其能够持续生长。对铜川市光明村的保护性改造，依托其比较集中和独立的空间现状，对其进行修缮、改建和再利用，在保持传统民居原真性的基础上进行创新性改造，从而将废弃村寨打造成适宜当地村民生活的新村寨，以达到保护传统民居的同时让当地居民也能够受益。最后让其成为一个既有怀旧情感，又能满足新时代需求的可持续性村落，来为当今国内传统村落的保护方式提供一种新模式。

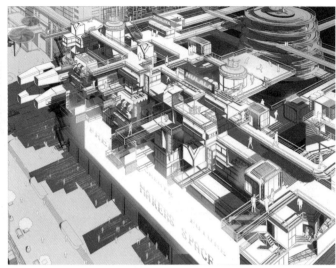

作　　者：吴尚峰
作品名称：创集——创客空间与硬件集市的空间集聚设计
所在院校：广州美术学院
指导教师：伍端 何夏韵

设计说明：

　　本作品通过对国内现今创客空间的案例分析与深圳华强北电子硬件集市的实地调研分析，提取创客空间的基础功能属性与电子硬件集市的场景要素，将创客空间与电子硬件集市进行新型的各场景功能模块化组合。针对空间场景中常规与特殊的空间分布，形成针对各场景要求要素的空间功能模块，并且各功能模块具备装配式与灵活组装的特点，最后形成一种可复制性的新型创客空间与硬件集市的空间集聚模式，来为如今国内电子硬件集市的产业空间转型提供一种新的解决思路。

CHUANG JI
TRANSFORM HUAQIANG ELECTRONIC WORLD

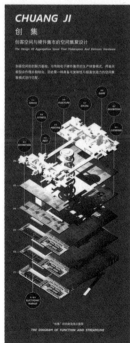

CHUANG JI
创 集

创客空间与硬件集市的空间集聚设计
The Design Of Aggregation Space That Makerspace And Eletronic Hardware

THE DIAGRAM OF FUNCTION AND STREAMLINE

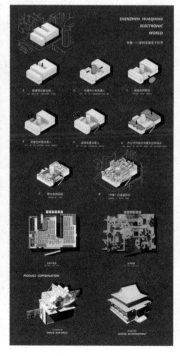

SHENZHEN HUAQIANG
ELECTRONIC
WORLD

创集—深圳华强电子世界

MODULE COMBINATION

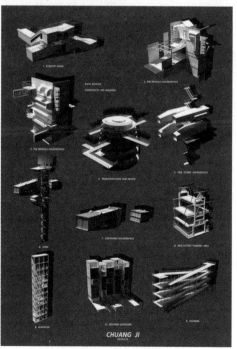

CHUANG JI

作　　者：梁志豪
作品名称：共生机体——新型工业艺术游乐馆
所在院校：中央美术学院
指导教师：李琳

设计说明：

　　本次建筑设计是以重庆发电厂更新为重心的九龙半岛激活计划中重要的节点设计。作品先对片区进行整体规划，重点把工业区改造成工业艺术园区，开发出文化艺术旅游廊道，再重点打造新型工业艺术游乐馆，设置探险、科幻、太空、艺术、幻想五大主题，给人密集丰富的空间体验同时进行艺术输出。此设计是对重庆发电厂改造，改造概念源于建筑的前身是锅炉间，是能量转换并输出的场所。我希望改造的建筑相当于转换器，能够转换工业场所能量（在工业场所中利用自身条件创造的价值），变成新型复合场所，给人带来欢乐，体验艺术和传播知识，最后转变而成的工业机体与艺术互利相生，实现价值转换，带动片区发展。

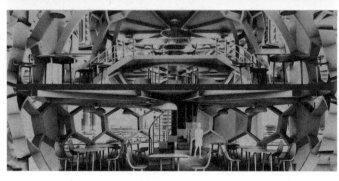

作　　者：朱思涵

作品名称：暧昧边界——沪西工人文化宫地块城市更新设计及部分建筑单体设计

所在院校：上海大学上海美术学院

指导教师：柏春

设计说明：

　　阿甘本提出了仪式和玩乐的二元性，它们总处于互相并列同时相对的状态。基地作为上海老一代人的记忆，又要植入新的功能，可以将原本的历史性元素作为"仪式化"大体量建筑，新功能作为"玩乐化"非线性的建筑元素。建筑的外部根据马立克·科沃杰伊奇克的羊毛理论进行轮廓切削，内部根据仪式性记忆点控制。由于羊毛理论基于不同点之间相互的力场产生最佳路径，这些路径就作为事件的发生器以及形态生成的依据。在这些路径上，在仪式性与玩乐性的交界面，线性与非线性的结合处，界面表现出对城市空间的激活功能。

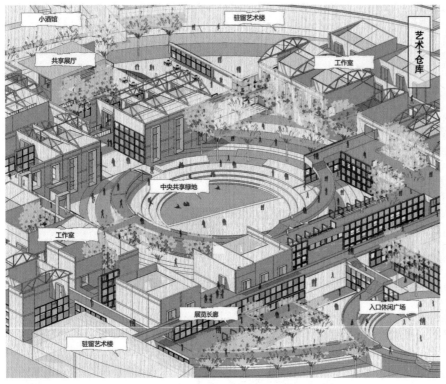

小酒馆　共享展厅　驻留艺术楼　工作室　艺术+仓库　中央共享绿地　工作室　展览长廊　入口休闲广场　驻留艺术楼

作　　者：郭欢 李方坷 杨孟远
作品名称：圈城——艺术即圈子
所在院校：四川美术学院
指导教师：周秋行

设计说明：

　　设计基于对黄桷坪艺术工作者生存状态的跟踪调查研究，试图寻找一种适合他们生活的空间，留住为黄桷坪带来艺术活力的人群。从他们的生活状况以及心理状态发现圈子似的空间更适合艺术家们。从生存状况上，他们需要快速获取艺术信息与资源，从心理状态上，他们需要归属感和安全感的空间，从空间形态上，他们形成了以川美为中心的社交空间，因此我们提出在保留大量历史建筑的前提下，以圈子为中心，继而不断向外扩张形成圈城。通过建筑改造、路网改造、绿轴新建、功能置换等进行改造，力图创造有活力、有碰撞、有灵感并且适合艺术家的圈城。希望通过这种方式构建一种促进艺术资源共享（机会、热度、名气、人脉）的空间发展模式。

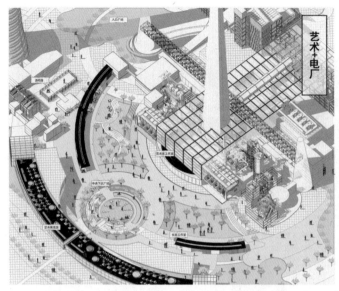

艺术+电厂

艺术+铁路

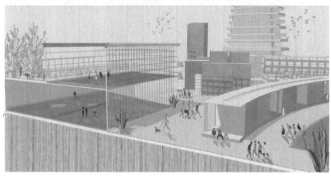

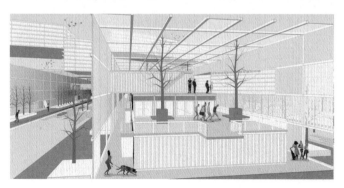

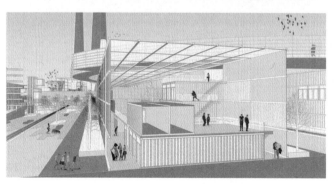

作　　者：杨尚钊

作品名称：基于"盲人摸象"认识现象的龙舟博物馆设计

所在院校：广州美术学院

指导教师：曾芷君 卢海峰 陈瀚 朱应新

设计说明：

　　"盲人摸象"在我们以往的认识中是贬义的，常被我们用来嘲讽那些对事物全面不了解便加以揣测的人。但事实上，人类只能在宇宙的光谱中看到一个非常窄的断裂（可见光谱），看不到红色内线的波长，也看不到紫外线的波长和较短的波长。又如，现代发射卫星之后人类发现地球其实是一个形状很不规则的球体。从人类认识事物的进程上看，人类如此得像一个"盲人"。

　　本设计学习借鉴了人们通过五感认识事物的规律作为基础，运用"盲人摸象"的思维进行发散及空间的转译，并将其概念运用到龙舟博物馆的设计概念中。

菜舟博物馆立面远景

作　　者：尹雯婷

作品名称：共享·寄

所在院校：鲁迅美术学院

指导教师：郑波 张英超 潘天阳

设计说明：

　　众鸟欣有托，吾亦爱吾炉。从家的角度去发现家与社区的关系，探索生活的更多可能性。居住品质，是人性空间的发现，从家的角度慢慢扩大，开始关心到整个社区，整个社会。

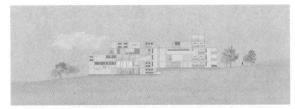

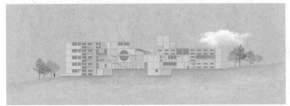

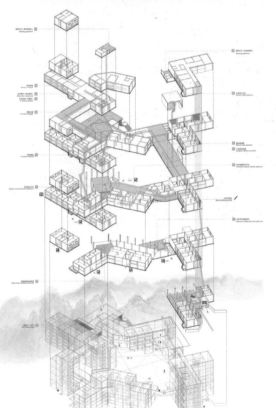

作　　者：王勇

作品名称：奥林匹斯工厂

所在院校：清华大学美术学院

指导教师：梁雯

设计说明：

　　本次设计主要从技术对现代消费空间的影响入手，试图探讨消费空间与技术发展之间的关系，并对消费空间的发展提出新的思考。通过选取体育运动作为具体研究对象分析发现，随着人们不断膨胀的"虚假"消费需求，现代消费空间的发展呈现相与叠加渗透、不断生长的状态。设计以此为背景，重新思考人的体验感知在消费空间的构建当中到底扮演着怎样的角色，如何重新定义消费空间。

　　未来的一天人们会走进这样一个运动体验工厂：它最初由四个基本的车间组成，它们分别代表了健康、时尚、竞技、享受，这是一个可以不断生长的综合体，会随着人们不断增长的"虚假"消费需求叠加更多种类的主题性车间。方案设计过程中将涉及"类型"、"现象透明性"概念的运用，设计成果更多地强调观念性的空间表达，对消费空间是一种叙事性的诠释。

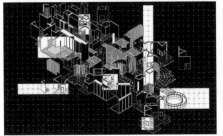
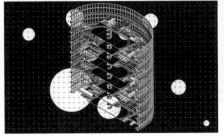
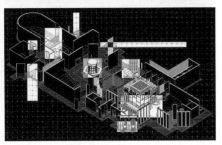

作　　者：余弘毅

作品名称：太湖水华治理纪念馆

所在院校：中国美术学院

指导教师：陈坚

设计说明：

　　原本的建筑功能以办公为主，选址没有沿湖，蓝藻治理车间作展示用，展览的对象是政府和其他公司，选址位于无锡工业区。任务书上是一个相对内向的功能定位，但在我对它的建筑定位研究过程中发现其存在向公众开放的契机，"以塔（纪念性）为核心，具有游观体验（公共性）的办公展示综合体"成为这个设计的基本定位。

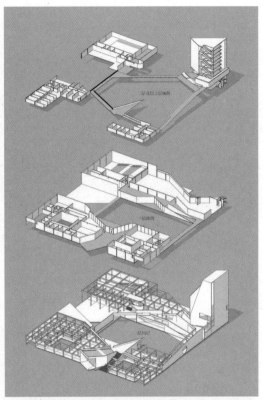

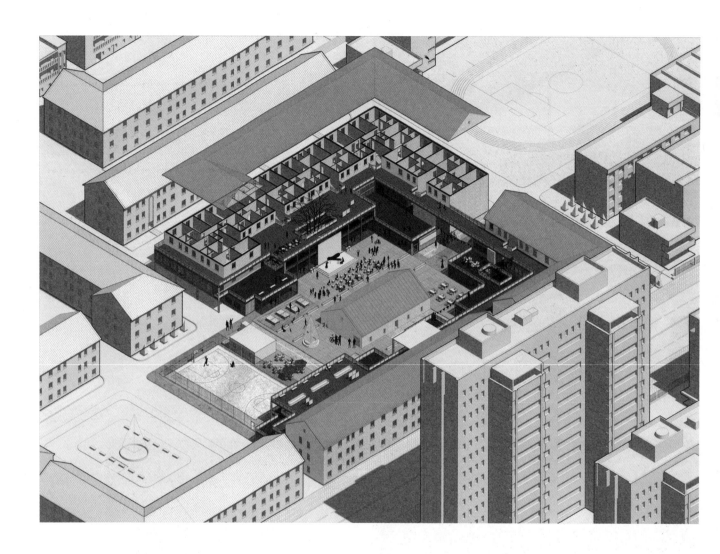

作　　者：何光雨 高彤
作品名称：又生——红钢城单位社区改造
所在院校：湖北美术学院
指导教师：周彤 朱亚丽 田飞

设计说明：

　　红钢城八九街坊社区是红钢城最有代表性的建筑，是武汉市青山区人们共同的记忆，有着特殊的文化、社会价值。但是在当代红钢城八九街坊的居住条件不能满足人们增长的需求，根据青山区"十二五"规划的要求，将八九街坊社区改造成文化创意社区。而红钢城集体居住社区，由于其历史原因，建筑及周边具有很多共享空间，而这些共享空间为其转型为技术产业园提供了先天条件。设计将共享空间大量引入八九街坊社区其包含多样的、混合型的基本单元种类会带来更加频繁的人际交往和面对面交流，城市中心将成为雄心勃勃的年轻创客们的聚集地。在现有的同一社区中，改变单一的生活方式，在集体主义的影响下，基于真正的空间共享，这种共生模式可以创建一个真正的"社区"。

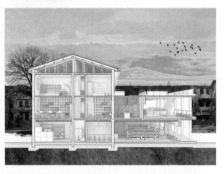

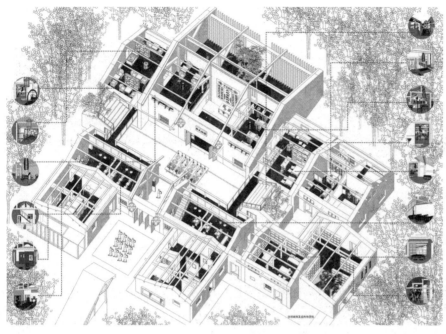

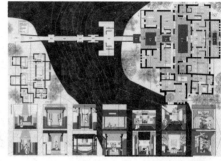

作　　者：张书羽

作品名称：石船祭——祖宅之嬗变

所在院校：西安建筑科技大学

指导教师：李立敏　庞佳

设计说明：

　　设计基地位于陕西省蓝田县葛牌镇的石船沟村，通过南北方村落典型 60 座祠堂的基本空间特征系统梳理和类型化研究，从形制、空间序列、平面流线、轴线关系和组织形式等入手，凝练出 12 种祠堂空间原型。结合石船沟村的地域民居文化与客家祭祀文化，将空间原型拓扑应用于聚落层级与院落层级的空间设计中，形成以祭祀文化为主线的多层次、重体验的空间序列。不仅在聚落中营造祭天、祭地和祭神的空间情境，将游客带入大型祭祀活动的场景中，而且结合具体的旅游服务功能将村民的宅前屋后巧妙组合。通过公共祠堂的祭祀和传统家宅的祭祀的研究，侧重对核心祭祀空间的改造，运用光影、序列、结构、材料等营造祭祀氛围，并为废弃祠堂进行书屋、学堂、会议、讲座、茶室等适应现代生活的功能重置，以此形成现代祭祀空间与新型祠堂，在新老对比与交替之中，实现石船祭中祖宅的嬗变。

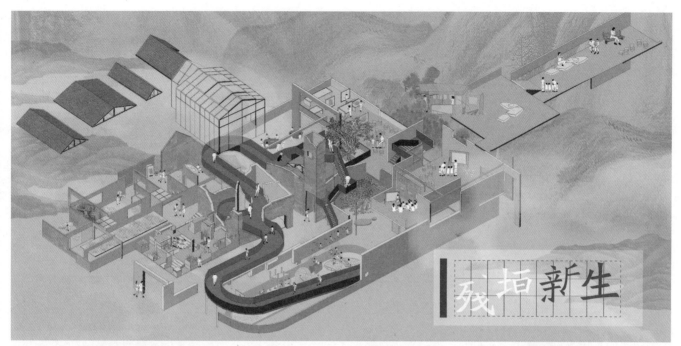

作　　者：雷文婷

作品名称：残垣新生——基于叙事性表达的传统村落社区中心设计

所在院校：广州美术学院

指导教师：陈瀚 朱应新

设计说明：

　　荷塘村，广西贺州传统村落，从荒芜的盆地到村落的开辟再到新防御的加固直到现代文化的介入，伴着不同历史节点的发生，历史事件为这个村落留下了痕迹。故本设计尝试以发现问题、分析问题、解决问题三步为设计思路，以历史为本，残垣为引，新生为题，编写"叙事"的文本，描绘成"叙事"的画面，最终转译为空间，用文化的空间"叙事"传统村落的过去、现在、未来。并重新"链接""外"与"内"的关系，以时间为单位，营造符合当地的集留守儿童教育、村落文化、民俗保育为一体的多功能社区中心设计。希望借此作引发观者对于历史文化的共鸣及社会责任感，共同关注传统古村落普遍存在的社会问题。

作　　者：敬蓁蓁

作品名称：众生浴——日常性公共浴室设计

所在院校：广州美术学院

指导教师：何夏昀

设计说明：

　　设计的初衷是想为大栅栏居民提供一种切实可行又较为乌托邦的公共空间，以此来从生活的细枝末节影响该地区整体的一种生活方式，但同时又不过分干扰他们。在设计中，将异化的传统与现代的回溯相结合，创造出大众平等相处、享受的日常性公共浴室。借此希望人人都可以得到尊重，生活得以闲适。

作　　者：陈煌杰

作品名称：山城映象——码头艺术体验馆设计

所在院校：中央美术学院

指导教师：苏勇 程启明 刘文豹

设计说明：

　　建筑概念来源于对重庆山城的感受。建筑形态上，试图从我对重庆的映象出发，营造一个能够体现重庆特色的空间形态。由于重庆山地高低变化大，需要通过桥来连接不同高差的地面，当代的建筑以连桥为特征。我采用桥的形态作为我建筑的空间形态，来解决基地内连接滨江 10m 的高差。为了保留具有历史的公共码头，将底下架空。其次是山和水的映象，也由于重庆山地特点，产生了梦幻的空间效果，以及城市在江面倒影的印象，联想到《盗梦空间》中的场景。我将这种映象提取做成了感受模型，产生了镜像倒置的空间。这些桥、山和水的印象共同构成了建筑的形态。桥形的大空间构成以展示功能为主的展厅，桥下"倒置"的小空间作为艺术体验的教室。

作　　者：朱彦 谢威 孙慧慧 何衍辰

作品名称：村城悖论——关于乡村近未来建筑的一种可能

所在院校：云南艺术学院

指导教师：谭人殊

设计说明：

　　乡村的未来究竟应该是什么样的？现实给予我们的答案充满了破坏力。开发者总是倾向于全面的拆除，然后按照城市规划的逻辑进行全新的布局修建。满怀乡愁的人群有着自己的理解，用文学和艺术来进行包装，从而让老宅变成颇具情怀的民宿和客栈，清茶细雨，活色生香。然后在这一场乡村改造的盛宴中唯独缺乏一种假设：那就是乡村自己的意愿。城市用自己的意愿或使自己假想中的乡村意愿来解读农村，但却从未思考过乡村自己的意愿和这种意愿在非干预情况下可能呈现的未来。

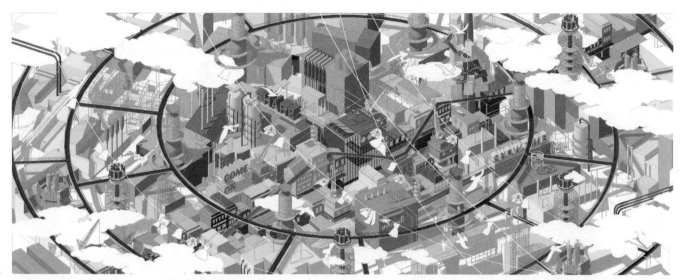

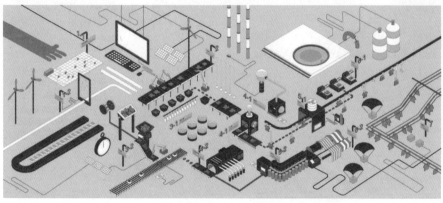

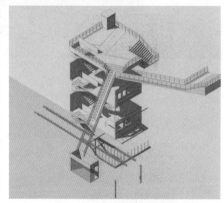

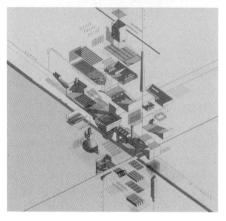

作　　者：陈英睿

作品名称：2050 共享计划

所在院校：广州美术学院

指导教师：温颖华 晏俊杰 许宁

设计说明：

　　设计旨在探索一种基于共享经济体系下的未来服装产业的转型模式。由于高第街落后的商业模式正面临转型，故以高第街作为试点区。欲通过服装共享机制的建立取代现有落后的批发模式，通过地下清洁再生工厂的介入，弱化人们对于二手服装的抵触心理，对时尚垃圾产业链的整合与归并，将包括从服装清洁到再创作，再到最后服装展示的全过程。同时清洁工厂将参与社区的氛围营造，能源生产装置不仅补充工厂所需的能源，也提供了人们活动的区域，逐渐形成一个具有城市影响力的服装产业社区。设计试图寻找一种未来服装产业的发展趋势，引发大众的思考和疑问，而不是给予一个答案。

作　　者：师歌 魏璇瑢 翁雯倩

作品名称：无相城

所在院校：四川美术学院

指导教师：任洁

设计说明：

　　选题主要来源于对未来城市生活的一种思考——即在城市生活日新月异的当下，几十年没有过改变的黄桷坪片区的未来又将何去何从？其主要设计对象是 25~35 岁的青年群体，他们对新型生活的创造力和适应性在各个年龄阶层中表现最为突出，是城市发展的核心力量，引导着未来的城市生活。

　　我们提出了一个实验性的建筑群体概念——无相城，旨在为艺术青年这一群体提供他们所需要的现代城市生活空间和情境模式。同时，我们将无相城的理念分解成三个策略来解决现状问题，即建筑无形、区域无界、功能无常，并完成无相点和核心区的规划与设计，从而形成整体的无相系统。

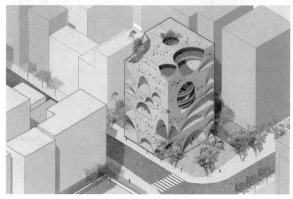

作　　者：黄丽云

作品名称：愿望之城

所在院校：广州美术学院

指导教师：温颖华

设计说明：

　　本设计以场地中的"祈愿文化"为主线来解读广州老城区独特的文化需求和主体人群的需求，探讨文化现象在建筑空间上的表达。通过提取人们赖以寄托愿望的载体——许愿树中的"树洞"来进行建筑空间的转化设计，以及提出一种新的许愿空间模式。

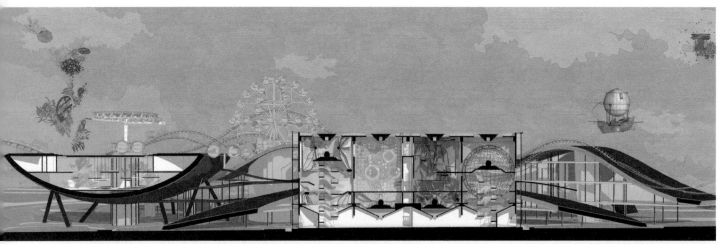

作　　者：贺紫瑶

作品名称：味觉工厂——基于重庆黄桷坪味觉印象的空间情境营造

所在院校：中央美术学院

指导教师：苏勇 程启明 刘文豹

设计说明：

　　味觉工厂方案尝试探究味觉感受的空间艺术表达，以及将对地域的主观感受和对场地的客观分析结合起来进行设计的方法。首先，从重庆黄桷坪味觉印象出发，运用通感原理提取出重庆麻辣咸酸的味觉，再用抽象绘画和空间转译的艺术手段将味觉转化为可观可感的色彩和空间。这一转化包含味觉提取、味觉化合和味觉制作三个情境深化味觉体验。第一情境通过四种单一味觉感受器——麻辣咸酸体验馆进行重庆味觉提取，第二情境通过混合味觉感受器——浓烈视觉感官的味觉餐厅进行味觉混合，第三情境通过将现场线性轨道感觉转化条形体验馆进行味觉制作体验。三个情境环环相扣，通过将味觉艺术性地转化并介入废弃轨道空间的改造和再设计，尝试以感受创造情境，通过艺术和游乐体验的方式在具有历史记忆的场所植入独特的城市味觉空间，从而创造出独特的城市意象，实现重庆九龙坡工业遗产的再生。

作　　者：代娟 于静林 徐申旺 谢云莉
作品名称：枕山栖谷——以秦岭书院山地建筑设计为例
所在院校：西安美术学院
指导教师：华承军 刘晨晨 濮苏卫

设计说明：

　　本源文化是此次设计的开端，地域的特殊性，陕南文化的多元性，佛教文化的贯穿，在人们隐世脱俗，寄情山水时，文化的共鸣和交融是我们的设计理念。运用"留白"的设计手法，叙述建筑与山地的共生关系，山地建筑有着它独有的魅力，高低不同的空间维度，带来了它独特的序列变化，从山脚到山顶，由隐秘到豁然开朗，曲折婉转，到一览无遗，这些环境特性，决定了我们建筑功能的布局，以及建筑与山地的空间关系，体量变化。"散、隐、静"的建筑是主要组织形式。在如何让建筑与山体的共生和谐的推敲，轮廓线的处理，充分挖掘山地的特殊性进行设计，回归到大自然当中，本末归源是此次设计中最大的特点。

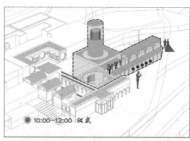
● 10:00-12:00 仪式

● 12:00-14:00 礼鉴

● 15:00-18:00 荟聚

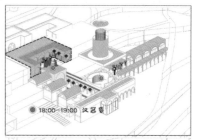
● 18:00-19:00 汉召会

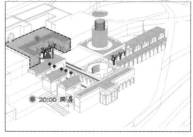
● 20:00 洞房

作　　　者：刘昕宇

作品名称：蜗牛谷乡村民俗村落更新与设计——婚俗文化艺术中心设计

所在院校：西安建筑科技大学

指导教师：李曙婷 樊淳飞

设计说明：

　　本方案是基于乡村民俗文化复兴为目标的地域性更新设计。①提出一种发展模式：乡村民俗旅游文化发展为契机，以婚俗体验作为线索串联，为衰落的蜗牛谷村庄寻找复兴的契机；②讲一个故事：现代人与经过现代设计语言重构下的建筑活动以及农业文明背景下的古老村庄栖居；③建立一个场景：以婚俗活动作为载体，融入人的行为模式，展示黄土台塬地域性建筑的现代风貌，提出一种新的民俗村落可持续发展模式；④研究一种建筑形式：利用地域性建筑材料——砖拱的特征，与新型建筑材料——混凝土等组合，营建适宜的乡村建筑空间。

作　　者：杨虎 居发书 瑚宣钊

作品名称：工业·遗记——传统纺织工业厂房的当代博物馆化再生设计

所在院校：西安美术学院

指导教师：吴晓冬 丁向磊

设计说明：

　　从旧工业建筑的重新拆散排列组合、旧工业元素的保留与提炼、色彩的运用和搭配出发，运用多种改造手法，对建筑内部空间与外部场地进行改造，力求在保留旧纺织工业建筑特征和肌理的原则下，打造出现代化的博物馆设计。在外部改造中，利用周边区域空间、内外部场地的升级和改造，有效地提升和解决建筑群体和城市空间如何融合衔接的问题。而在内部的升级改造过程中，可以分为内部结构处理、交通流线组织等方面，内部空间的改造升级核心点就是在保留了原有历史建筑文化底蕴的同时，把旧的工业设计元素有效地融合进新的展示空间之中。

作　　者：李星皓
作品名称：梦回韩城——夜宴
所在院校：西安建筑科技大学
指导教师：叶飞　王晓静

设计说明：

　　韩城古城是全国历史文化名城之一，文化遗存丰富。守护与发展韩城古城片区的城市设计是如何在新的经济文化背景下，探索名城保护理论的新出路，在整个城市设计项目中，试图用特色文化旅游产业的模式解决历史文化古城区都存在特色变色、活力殆尽的问题，激活韩城古城更新发展。同时选取其中的特色餐饮产业，通过具体的建筑设计项目——夜宴，落实特色旅游产业空间、新产业和本地特色相结合，重新焕发韩城活力，对历史文化名城保护探索一种崭新的出路。

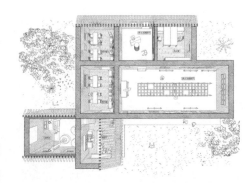

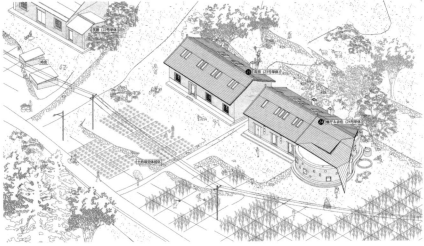

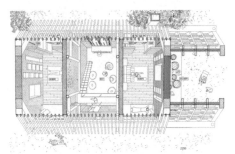

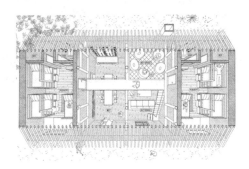

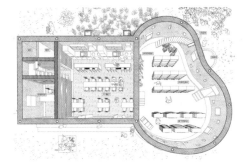

作　　者：杨斌

作品名称：土的新生——石船沟村传统民居保护与活化设计

所在院校：西安建筑科技大学

指导教师：李立敏　庞佳

设计说明：

　　设计希望通过土的生态性解决石船沟村房屋性能差的问题，通过土的文化性传承夯土技术并保护原有夯土房屋，借由土的观赏性与体验性建立触觉、味觉、嗅觉、视觉等四种土的体验区，吸引游客进村与年轻人劳动力回村，进而提升村民收入完成产业转型，避免石船沟村空心化加剧。一方水土养一方人，望这方土能孕育出石船沟的未来。

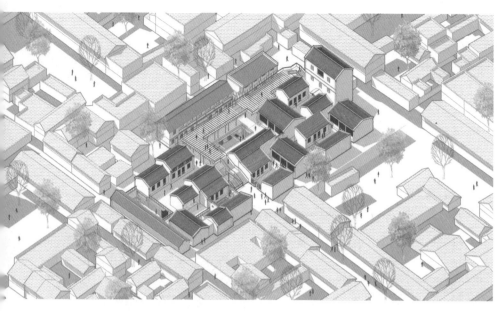

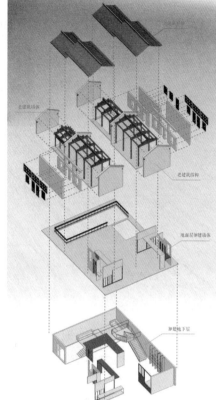

作　　者：崔思宇

作品名称：状元府博物馆设计

所在院校：西安建筑科技大学

指导教师：樊淳飞 李曙婷

设计说明：

　　本案在调研的基础上，结合文献研究，探讨"历史街区内的传统关中合院式建筑的保护与更新建筑设计"的模式与策略。历史价值赋予古建和文玩特殊的存在价值，希望在保留文物本体价值的基础上将展陈方式与建筑本体产生对话，从而放大人们对文物欣赏的移情能力，唤起对传统文化的感知与共鸣。

作　　者：甄伟溢 李尧铭 莫智慧

作品名称：改造与更新——光塔社区街区改造

所在院校：广州美术学院

指导教师：谢璇

设计说明：

　　本课程选取了广州越秀老城区中的光塔社区作为基地进行改造设计，意在研究如何以建筑师的角度解决老城区中的业态对社区的渗透问题。广州的老城区具有十分丰富的专业市场业态，但是在如今的市场经济来说，这种商业模式已经淘汰，而且专业市场对仓库的需求直接导致了住改仓的形成，给社区带来消极的影响。本次设计选取的场地介于城市道路惠福西路以及社区道路白薇街之间，内有住改仓，也有专业市场，连接着这两条平行但尺度不一的道路，我们将对其进行建筑改造以及功能置换，试图通过这种方式，让这块原本消极无人的场地，跟社区中的街坊产生联系，重新焕发街区活力，吸引更多的人进入社区，让这一片区的活力长久不衰。

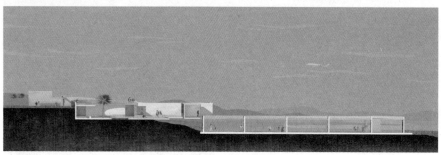

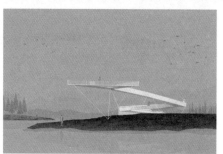

作　　者：王紫阳 赵钰爽 刘洋

作品名称：浮游·六记——东湖沿岸改造计划

所在院校：湖北美术学院

指导教师：张贲

设计说明：

　　我们试图在设计中找到一种城市中久违的独处空间，就像很多人都想去找寻自身与自然的联系一样。我们努力去创造一个平静而愉悦的栖息场所，以此表达人类最本质的情感需求。

　　当人们漫步在东湖旁边，会发现一个别致又神秘的入口，入口的那一边似乎有着让人安静的魔力。走进去是一个安静的庭院，里面有着完善的基础设施和迷人的花园。顺着道路的指引继续向前走，穿过庭院走到岸边，发现水面上有着若隐若现的道路。在水面上的行走使人感到前所未有的与大自然的亲近，而前方岛上的构筑物又吸引着人们一探究竟。最终到达岛上的时候，爬上构筑物最高点时，心情也达到了前所未有的放松与愉悦。仿佛自己置身的不是一座花园，而是整个宇宙。

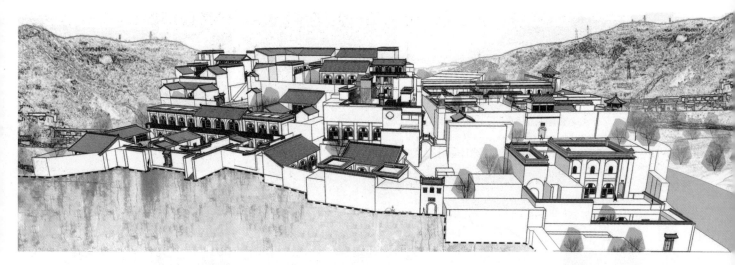

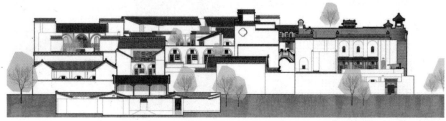

作　　者：崔维鹏

作品名称："记忆场所·乡土情怀"——基于山西省夏门村梁氏古堡建筑群修复与再利用设计

所在院校：西安建筑科技大学

指导教师：刘晓军 王敏

设计说明：

　　此次项目以"记忆场所·乡土情怀"为设计主题，也正是体现了当地村民对往日生活习俗的期盼和渴望，以及对现有村落现状无法改变的无奈。在方案中我们依据对不同建筑功能的划分，通过依旧修旧、新旧对比的方式，使新材料与旧肌理、老空间与新功能、原空间与传统文化、老房子与新设施相结合，在追求延续本土乡土文化的同时，提高当地居民的生活环境。

　　最终方案通过修复、改造、再利用的方式，重新激活当地原有的乡土文化场所，留住乡情、留下乡土、挽住乡愁，使我们悠久、醇厚的乡土文化，在当下可以源远流长，得到更好的继承和发扬。

思路发展

木廊桥系列方案内

思路深化

木廊桥系列建桥方案

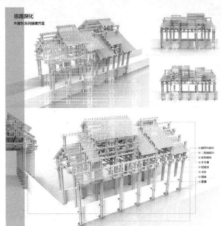

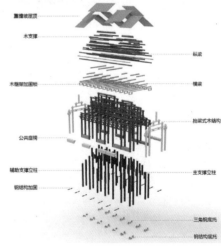

重檐坡屋顶
木支撑
纵梁
横梁
木框架加固锁
抬梁式木结构
公共座椅
辅助支撑立柱
主支撑立柱
钢结构加固
三角钢底托
钢结构底托

作　　者：孙文鑫 梁贵勇

作品名称：木廊桥——感受历史变迁中的廊桥文化

所在院校：南京艺术学院

指导教师：邬烈炎 施煜庭

设计说明：

　　作品灵感来源于北宋画家张择端《清明上河图》里的一座老木桥，画面中来往的行人络绎不绝，让人不禁感叹造桥技艺之高超。作品借鉴廊桥之乡浙江泰顺县的几座经典廊桥，提取重檐、飞檐、辅廊、斗拱等元素，并以现代木结构与传统木结构的构造形式相结合，试图在作品中融入电影《廊桥遗梦》经典桥段，将电影叙事与建构文化相结合，产生中西文化的对撞，为青春洋溢的南艺校园提供一座供大家休憩、祈福、静思、眺望的风雨桥。

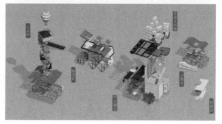

作　　者：霍振声

作品名称：北山新声——北山音乐节主会场场地设计

所在院校：广州美术学院

指导教师：沈康 杨颋

设计说明：

　　珠海北山村是位于珠海市香洲区南屏镇以杨姓为主导的宗族村落，是珠海市目前不可移动文物最为集中的自然村，在 2009 年被公布为广东省历史名村。本次设计将珠海北山村的文化名片"北山音乐节"与公共空间改造结合，运用环境行为学的方法与理论，基于村落的社会性活动参与，为音乐节设计位于村落核心地带的新会场，解决现有空间问题，重新激活村落内部的空间活力，达到服务不同类型参与者的空间功能多样化的目的。

作　　者：谢宗效
作品名称：城市社区文化公共空间设计探索
所在院校：西安美术学院
指导教师：周维娜

设计说明：

　　城市社区文化公共空间以当下社区受众的普遍需求为设计出发点，以曲江二期 CCBD 商务区为项目拟建所在地。以体量适中的"分布式"文化空间为类型，针对社区中老年人、3~15 岁儿童、年轻家庭父母、社区工作人员、社区访客等不同受众，分别从其文化需求及行为需求进行分析，设置了自然景观教育、寓教于乐、社区共享及社区休闲四个对位板块，试图解决当下城市集群化社区的文化需求活动。作者通过对社区文化公共空间的物理、视觉、体验三种传达介质的研究与设计，突出受众从事社区文化活动过程中的空间信息传达、认知及体验关系，以达到社区文化体验过程中人与人之间情感交流的目的，为即时性社区文化公共空间的设计提供了一种尝试方式。

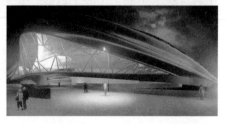

作　　者：巫雅婷 李梦诗 张岚

作品名称：浸岸——码头联动空间设计

所在院校：西安美术学院

指导教师：丁向磊 吴晓冬

设计说明：

　　通过内部空间的改造与外部空间的联动，探索新型立体渔业生产生活空间模式。新增当地居民与游客的共享空间，促进游客与居民的互动联系。通过对功能空间的设计与利用，从而提升当地经济的发展，改善渔民的物质与精神生活，推动美丽乡村的建设。此次码头建筑外壳的设计遵循了对现有环境的尊重，尽量消减它在环境中的突出地位，力图与环境相融合。选取海洋的元素，提取海浪的流线形态，创造了丰富的建筑形态，并与内部空间相连接，遵循形式的多元化、模糊化与不规则化。通过这一课题研究一种未来的码头功能模式，实现多功能化、多样化、多元素的空间形式。

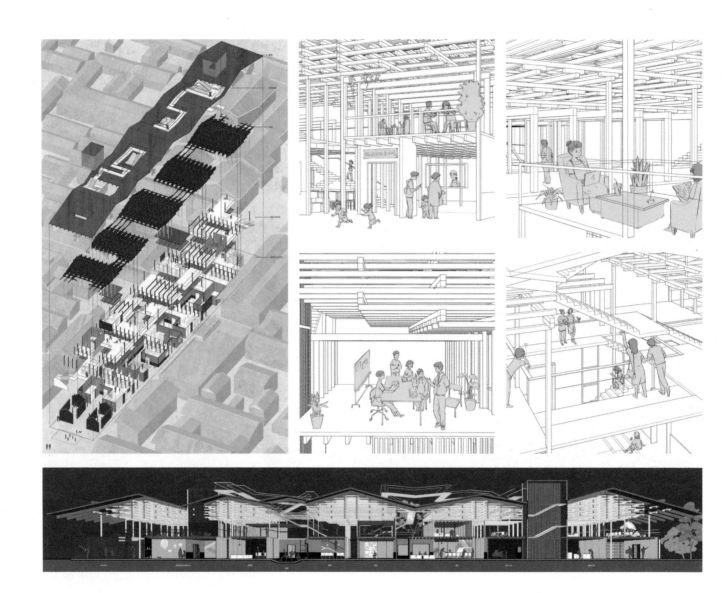

作　者：陆畅

作品名称：构筑与再生——白塔寺社区综合体设计

所在院校：中央美术学院

指导教师：苏勇

设计说明：

　　位于北京市西城区西二环以东、阜成门内大街以北的白塔寺历史文化保护区，是北京旧城 25 片历史文化保护区之一。由于历史原因，保护区内四合院肌理被破坏，人员构成复杂，本设计通过引入新构筑样式、新商业功能完善当地设施不足，改善居民生活的不便之处。既保留该地区文脉，又完成白塔寺社区与金融街工作人群的衔接，给予当地居民以及外来游客共享共生的空间。

作　　者：招锦棉 王吴迪 李霖
作品名称：大岭博览园
所在院校：广州美术学院
指导教师：杨珽

设计说明：

　　大岭博览园项目的初衷不仅是对大岭村乡土建构的回应，对建构进行一定的提炼和发展，并且是对大岭村
乡土文化的一种传承。大岭村博览园是一个信息交互体验中心，通过交互的手段对大岭村的文化遗产进行提炼
并对外展示，让外来游览者在各种感官信息器上获取大岭村的文化遗产信息。

　　对于大岭村博览园建构，正是回应了大岭村古建遗存的显宗祠，及改建的三环庙。从造型屋檐的檐角延伸，
对现有建筑及新建筑进行回应，材料上建构技艺的使用和发展，回应应有的乡土面貌。而对于其民俗风情、族
谱家规，也通过大岭博览园的物质载体，去提供物质上的延续和发展。

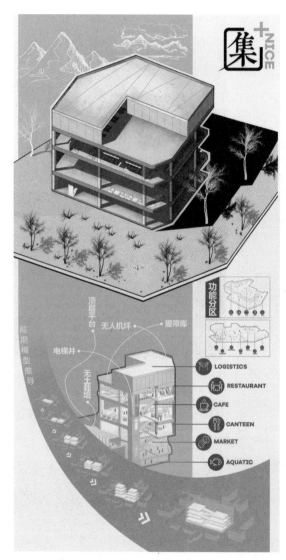

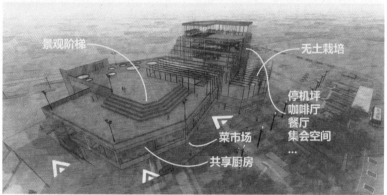

景观阶梯　　无土栽培

停机坪
咖啡厅
餐厅
集会空间
...

菜市场

共享厨房

前期模型推导

顶层平台　无人机坪　履带库
电梯井
无土栽培

功能分区

LOGISTICS
RESTAURANT
CAFE
CANTEEN
MARKET
AQUATIC

即时摊位

作　　者：张昊龙　冯彦玮　陈韦光
作品名称：集＋
所在院校：西安美术学院
指导教师：吴晓冬　丁向磊

设计说明：

　　从旧工业建筑的拆散组合、元素的保留与提炼、色彩的运用和搭配出发，运用多种改造手法，对建筑内部空间与外部场地进行改造，力求在保留旧纺织工业建筑特征和肌理的原则下，打造出现代化的博物馆。在外部改造中，利用周边区域空间、内外部场地的升级和改造，有效地提升和解决建筑群体和城市空间如何融合衔接的问题。内部的改造过程中，分为内部结构处理、交通流线组织等，内部空间的改造升级核心点就是在保留了原有历史建筑文化底蕴的同时，把旧的工业设计元素有效地融合进新的展示空间中。

作　　者：盖龙波 陈浩夫 黄晓茜
作品名称：叶形物语（The Shape Of Leaf）——西安美术学院长安校区图书馆建筑设计
所在院校：西安美术学院
指导教师：华承军

设计说明：

　　研究了各类植物，了解它们生长形态的共同点，以此衍生出"大屋顶"新型建筑构筑；研究了植物群落的生长形态，创造出新型的建筑屋顶衔接形态；依据植物群根茎与叶子的生长形态，设计出参差分布的高柱和屋顶美感对接的外建筑形态；研究了植物群生长空间以及空间内生长的生物活动，设计了新的建筑内部空间。整个图书馆建筑设计，大屋顶与柱子有韵律地结合，建筑形态轻盈多变，像极了微植物空间群内的自然生长出的建筑。通过对植物生长形态的研究，追寻一种"境"，然后有机形态结合建筑最终达到"筑"，"境·筑"设计出建筑。

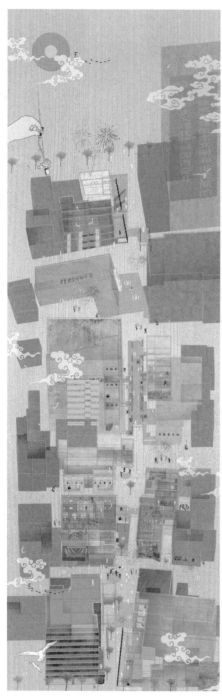

作　　者：赵旭波

作品名称：Vinyl Party——陶街音乐社区更新设计

所在院校：广州美术学院

指导教师：谢璇

设计说明：

　　本设计是一场对未来陶街发展运行的一次畅想。依托对国内外黑胶产业发展的解读，以"唱片业"作为设计的切入点来完成对陶街整体业态的升级。未来的陶街是一处开放的音乐社区，是一处综合立体的城市街道。不同体验的功能空间和宜人尺度将改变整条街道原有相互孤立的居民楼和侵占公共空间的店铺。这里是集收藏、娱乐、交流于一体的场所发生器，体现城市活力的一处生活舞台，设计希望借此为未来城市带来更多的惊喜。

作　　者：陈子阳 范逸尘

作品名称：秦淮曲艺中心设计

所在院校：南京工业大学

指导教师：胡振宇

设计说明：

　　本次设计旨在向人们宣扬江南地区曲艺文化，同时满足当地人民文化需求。从江南民居中提取反宇向阳的意向，并通过现代建筑手法融入设计中，完成了古代与现代的融合。

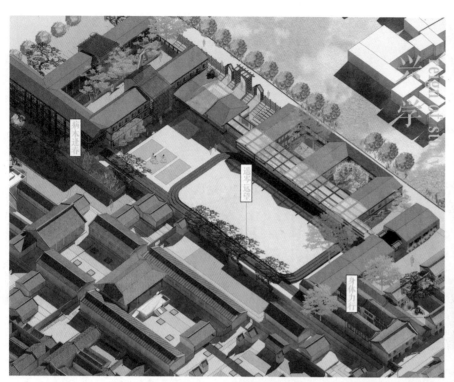

作　　者：李宣霖

作品名称：守护与发展韩城古城片区城市设计

所在院校：西安建筑科技大学

指导教师：叶飞 王晓静

设计说明：

　　本设计是对韩城古城基地一个重要文化片区进行的城市设计。包括"夜宴"、"庙市"、"乡愁"、"兴学"四个主题板块。"兴学"板块的基地位于韩城古城东侧，北临东营庙，西接文庙，南侧是新规划的韩城古城东城门。基地原址有二班制的文庙小学一所，负责接受古城内外原住民适龄儿童。但建筑肌理与大体风貌和古城既有环境格格不入。本案的主题便是"兴学"主题下，受历史街区和传统建筑影响的小学和国学体验中心的复合建筑。

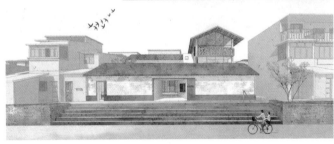

作　　者：李其 何璇 谭画
作品名称：昙华林纪事
所在院校：湖北美术学院
指导教师：詹旭军 顿文昊

设计说明：
　　昙华林老城区位于武汉市中心区域，有着浓厚的武汉文化底蕴，但内部空间、基础设施都与周边环境不协调。我们针对昙华林老城区这些现象提出问题，并给出了相应的解决方案。
　　主要针对老城区的年龄结构单一和基础设施老旧两方面提出解决方案。一是民宿设计，意在加强老城区的活力，吸引年轻人进入老城区，与老年人产生互动，改善老城区人口结构单一的问题。二是对老城区中老年人活动中心的改造设计，老城区大部分人口为老年人，改善老年人的生活娱乐基础设施是必要的。

作　　者：朱佩琪 朱芳仪

作品名称：半土·共生——五凤山地坑窑洞综合体

所在院校：西安欧亚学院

指导教师：郭治辉

设计说明：

　　本方案以"半土·共生"为核心设计理念，通过符号学原理提取窑洞的"拱形"符号，同时结合"新民宿"与"旧窑洞"的重组关系，将"半"解构为"在上在下"、"在内在外"、"在高在低"、"在虚在实"、"在左在右"，以此进行地坑窑院综合体的空间形态塑造。空间功能涵盖窑居空间、餐食空间、茗茶栈台、休闲庭院、攀玩台阶、观景露台，最终打造一个开放与活力、质朴与创新，给人以全新生态体验且独具地域特色的窑洞式新民宿空间。同时，我们借此项目，全力塑造带有地域特色的"民居遗产生态游"，以设计师的身份介入乡村振兴战略的探索和实施，并为我国西北地区乡村经济的发展提供新的机遇和转型。

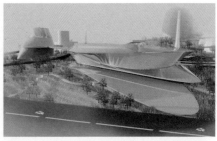

作　　　者：杨建勋 冉洋旖 谭鑫宪

作品名称：泇

所在院校：四川美术学院

指导教师：刘川

设计说明：

　　泇，康熙字典里原意为一条古水的名字，现几乎成为无用字。此意与九龙半岛电厂的衰败甚是相似。

　　重启两者的废用性质，变成激活整个城市更新的发起点。

　　把对烟囱的改造作为发起点的核心点，一是利用烟囱本身巨物崇拜的特定属性，继续开发精神导向的作用；二是将烟囱本身的历史角色形成转换，从污染环境的罪魁祸首变为治理环境的源头之一，从而激发当代性质的思考和发展。

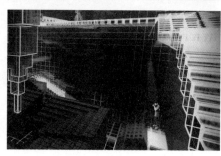

作　　者：陈舒婷 吴凯 朱敏

作品名称：世远年陈——西安美术学院长安校区博物馆设计

所在院校：西安美术学院

指导教师：华承军

设计说明：

　　博物馆作为具有纪念碑性质的公共建筑，根据其建筑定位，应突出其肃穆、严明与开放的精神。设计运用纵深的线条营造出简洁与丰富、少与多的建筑关系。在建筑表皮及内部采用清水混凝土，整体性强，对其入口至前厅部分运用空间层次变化和景观变化体现建筑的灵动性。将博物馆大招城艺术学术高地，区域的城市地标文化性建筑。

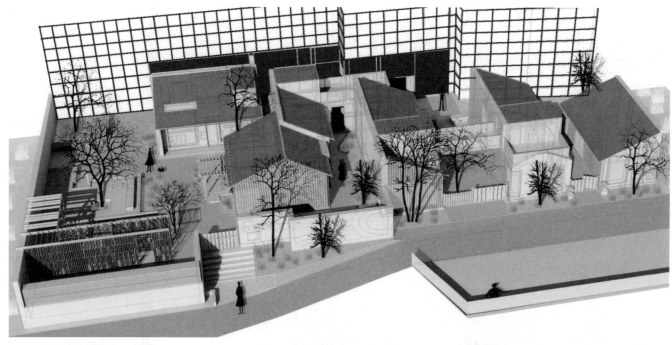

作　　者：肖振华 万梓杰

作品名称：宝鸡翟家坡民宿改造

所在院校：宝鸡文理学院

指导教师：马劢磊

设计说明：

　　设计项目位于宝鸡市陈仓区翟家坡村，项目定位为传统民居的新时代复兴。本着向史而新、折射未来以及保留城市边缘时代印记的态度，对这座沿着山脉的聚落进行探索和改造，通过挖掘历史的细节内涵并结合设计，展现城市化进程中的村居新貌。设计通过对原有场所的清除和整改，并运用结构设计，展现空间本身的魅力，赋予其新时代的生命力。

作　　者：叶如茵

作品名称：生长的市场

所在院校：广州美术学院

指导教师：谢璇

设计说明：

　　设计是位于广州五仙观街区的甜水巷市场，五仙观在广州如同祖庙一样重要，旁边市场的繁荣更是印证着中国传统"市"与"庙"常在一块空间的表达。本设计目的是立足于街区未来市场的发展，保持广州特色与延续老城区中菜市场的活力与人文气息，如何让市场在2046年保持活力并成为社区活力的催化剂。从甜水巷市场的现状开始研究，透过现象研究街道肌理、故事、人文，从而找到未来市场的设想：为了菜市场持续繁荣，因此置入新的功能，由此衍生出的一系列模块空间设计，灵活多变的市场就像一个box仓库，垂直生长可利用闲置屋顶，水平蔓延可重塑五仙观广场，带来更丰富的空间自组织变化。

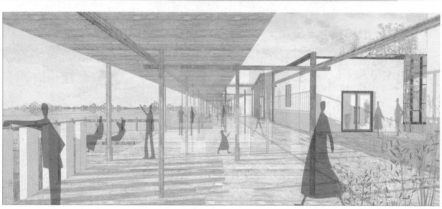

作　　者：武晏如
作品名称：共生
所在院校：天津美术学院
指导教师：彭军

设计说明：
　　空间意境的营造：布坊建筑形态此起彼伏，强调与周边山势的交融，庭院空间时紧时松，移步异景，室外晾布区在粉墙黛瓦的掩映下显得格外突出，不仅具有实用价值，同时具有提升空间审美价值的作用，风姿婆娑，影影绰绰，营造浓厚的文化艺术气息。观景平台与下置晾布区域的设置增加布坊整体的通透性，扩大参观者的视阈范围，这种通透性使得建筑与周边环境以及高高低低的城市天际线自然地融为一体，达到和谐共生的建筑理念。

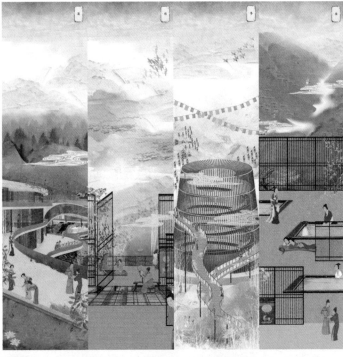

作　　　者：王佳怡

作品名称：丘园养素

所在院校：中央美术学院

指导教师：苏勇 程启明 刘文豹

设计说明：

　　郭熙《林泉高致》中所言"可行，可望，可游，可居"。现代语言讲，凡人可以诗意栖居的自然，就是丘园。栖居在这样的丘园，终极目标是养素。素是没有染色的白丝，喻为没有受尘俗污染的心灵，一种干净的精神状态。让进行休闲体验的人们在优雅舒适的自然环境中与自己对话。这样的文化体验不仅可以丰富游客的旅游体验，也能带动当地旅游产业，激活临近乡村，既能成为当地居民休闲娱乐的场所，同时也吸引外来游客到此感受宗教文化。

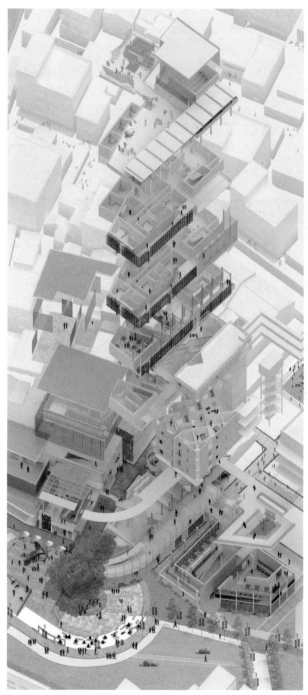

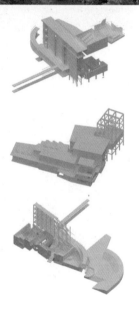

作　　者：罗必争

作品名称：拼贴条件下的混合空间形态设计

所在院校：广州美术学院

指导教师：沈康 杨颋

设计说明：

　　设计以珠海北山村为主体，村落肌理与密度的抽疏整理为设计前提。通过整理历史资料，结合当前通行形成研究的组团分区，以此对组团分区进行包括形态、功能、肌理分析。同时城市关系介入聚落的新肌理当中，结合分析结果形成城村联系的主节点。在有效控制建筑面积的前提下，通过对主要节点的"混合"形态设计希望能以此达到村城的链接关系，形成小尺度的城市更新。

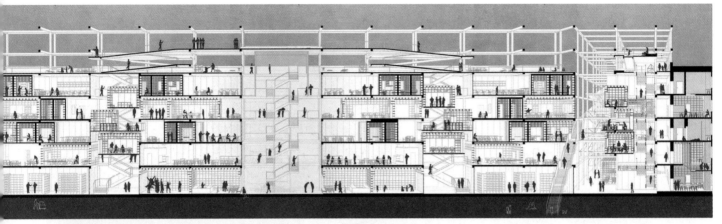

作　　者：张嘉雯

作品名称：创客垂直社区设计——福绥境大楼再生计划

所在院校：中央美术学院

指导教师：苏勇 程启明 刘文豹

设计说明：

　　城市再生需求的日益增长，让每个建筑行业的人都无法避免地关注到城市更新规划，而北京作为中国的经济行政核心城市，每一块老城区规划的更新换代都备受关注。联合办公模式的不断发展，在职业越来越轻资本化的时代，联合办公模式不仅在公司运营成本等方便给企业带来极大的经济利益，同时在发展的过程中，人文关怀也逐渐成为检验联合办公模式的重要标准。基于两者的背景，在对福绥境大楼进行实地考察并精细分析后，通过功能置换和空间重构等方法对大楼进行了有机更新的方案设计。

作　　者：蔡梓莹 李蕙琳
作品名称：重生与激活
所在院校：湖北美术学院
指导教师：张进 何东明 伍宛汀

设计说明：

　　我们的改造计划是激活这个处于风景区内的特殊城中村的潜在能量，并利用改造旧建筑的方式为其带来重生。我们关注村民的精神文化问题，将东湖雁中咀村的一栋废旧建筑改造为一个小型艺术综合体。这栋结合了商店、咖啡店、展览、艺术家工作室等功能的艺术综合体，将为雁中咀村带来新的活力，它服务于村民与游客，给村民与游客带来新的生活体验。除此以外，我们为街道做出统一规划，并植入景观小品，利用自然植入的元素，为街区的自然景观增添新意。在这次城中村改造中，我们利用文创功能完成了城中村的微更新。

72
/
133
景观与规划设计
Landscape And
Planning Design

作　　者：吴迪 王珏
作品名称：自在得乐——依水傍田的村落老年大学
所在院校：中国美术学院
指导教师：俞青青

设计说明：
　　当今社会人口"老龄化"是一个不可避免的话题，我们希望从景观角度出发，以生活模式为切入点，探求人们实现高幸福指数晚年生活的可能性。同时，这里并不是避世的"桃花源"，我们希望这个模式能够激发周围农村的活力，简而言之，这是一场农村模式的现代化革命。

作　　者：李智凯 王莹晖
作品名称：厦门轮渡码头景观规划设计
所在院校：天津美术学院
指导教师：金纹青 都红玉

设计说明：

　　厦门轮渡码头作为连接厦门中山路商业街区与鼓浪屿的主要港口，在区域中扮演了交通枢纽的角色。该设计的首要目的便是对厦门码头区以及滨海景观进行了系统的梳理，基于原有的区域动线基础，设计更多的交通动线以增强码头与周边各区的联系，使码头成为区域连接的交汇点与转换点，采用地景建筑的方式，使得场地与周边商业区以及城市的关系得到更新与改善，增加了区域活力的同时，创造了更为快捷的交通与丰富的景观休憩体验。

作　　者：李子奕

作品名称：城市展廊——超现实的景观映像

所在院校：中央美术学院

指导教师：钟山风 侯晓蕾 栾雪雁

设计说明：

　　场地拼合了银河 SOHO、大方家胡同以及朝内小区三种不同年代、尺度、使用方式的建筑类型。银河 SOHO 被认为是此区域的经济发展中心，原住民被反客为主，成为这个中心的边缘群体，这里的空间结构缺乏公平性和合理性。

　　我用红色控制点恢复了元代 44 步的胡同格局，将胡同中宜人的尺度感水平延伸到其他区域，在尺度上进行三者的统一。并通过景观方式加强场地中的 "＋" 形。在一套固定的数学模型的基础之上，建立一个新的结构体系，缝合区域，重建秩序和社区文化。

作　　者：邱健敏

作品名称：蒙圣幸福里——海珠桥南婚纱街微更新设计

所在院校：广州美术学院

指导教师：杨一丁

设计说明：

　　"微更新"是当下的热门课题，本人借助"城市触媒"理论，探讨优化微更新理论的可能性。笔者以海珠桥南婚纱街作为实践场地，通过实地调研、理论结合、案例分析、空间设计，提出未来以婚庆文创为转型核心的街区微更新计划。主要的设计策略：通过创造触媒地标、编织触媒网络、塑造触媒界面，达成促进社区空间的渐进式、缓慢地修补和优化。通过"文化创意"引入，触发社区空间产生渐进式的连锁反应。笔者对婚纱街未来的展望：①整体规划为手段，②以改善民生为根本，③以面向实施为目标，④以婚庆产业链接为依归，⑤政策指导与大众参与。

幸福广场

我们结婚了

中式婚礼广场

作　　者：濮文睿 王晨颖 董一平

作品名称：城市中心的植物园

所在院校：上海大学上海美术学院

指导教师：刘坤

设计说明：

　　我们设想将长寿路地块打造成立体植物园，希望把绿地归还城市，给予人们更多亲近自然的机会和空间。流线布置上，我们设计了一系列模数化的核心筒作为立体交通，通过不同大小板块的堆叠，满足基本安全、消防和通行的要求；在节点设置上，我们筛选了世界上不同位置的九个国家和地区，将它们高低错落地布置在整个场地中，并通过规定的缆车线路将它们联系在一起，旨在呈现各种各样的植物种类和世界各地的气候特征。人们可以在其中，自由穿梭，拥抱大自然。在地面的流线系统中，以一条贯穿基地的主路为轴线，在其两侧设置多个节点，同时底层均采取架空的形式，而不是通过筑墙来限制空间，这样人们的视线不会受到阻碍，行走在其中，如同真的行走在森林中，自由而美好。

作　　者：乔洁冰 王孝海 李幼羚

作品名称：隙间之链

所在院校：四川美术学院

指导教师：王平妤

设计说明：

　　以地形重塑的手法，构建一个输导艺术活力、丰富社区生活、开发与链接绿地和公共空间资源、创造承载城市功能空间的黄桷坪生活体验综合体。居住区+：居民生活品质区提升＋拓展，节点位于选地范围的开始端头部分是整个方案的起始处，决定其在开始处应结合地形设计开敞的公共空间，功能上是以社区生活服务为主同时作为步道系统的构成部分，需要完善步行交通；绿地+：城市与废弃工业绿地的链接，节点位于原城市公园片区，链接工业区与居住地，依据原城市公园，重新架构步行系统，梳理车行，并将车行下穿达到地面步行交通的连续性，同时对电厂方向的景观资源进行整理；艺术+：艺术体验功能延展，节点位于选地的中部，是"社区＋"与"生态＋"部分的连接区域。在空间上承担着连接、聚集的作用。在功能上依托与原501艺术基地的艺术创作的基础上增加艺术品交易、艺术家交流、参观者体验等功能，打造一个更为系统化的艺术平台。

作　　者：周函蒨 包夏星 刘瑾 沈心如

作品名称："弹性"——城市复合景观空间探索

所在院校：西安美术学院

指导教师：孙鸣春

设计说明：

　　以陕西省西安市高新区创业咖啡街区为毕业创作的选题背景，将弹性景观与青年创业空间相结合，目的在于解决城市中寸土寸金地块如何实现土地利用的最大化。重点在于表现弹性空间、弹性功能在不同的时间和不同的受众上体现出来的不同用途。

　　将选址背景定义为一个主要以青年人为受众的场所。以年轻、活力、多功能为主题，以功能、空间、时间、受众四个轴为主要轴线关系贯穿整个广场空间。以个人生命体为抽象曲线构建建筑层体，形成不规则变化的建筑形态。

作　　者：王雨婷
作品名称：共生的场所
所在院校：清华大学美术学院
指导教师：管沄嘉 崔笑声

设计说明：

当今社会传统村落的文化传承、建筑拆改、遗迹保存与复原、居民生活以及未来发展等问题的解决方法与平衡都引起了社会的热议，城市的迅速发展造成了城乡发展的两极化，而乡村复兴战略的引导也引起了乡村建设的热潮。

基于此我将关注点放在了传统文化村落的发展与保护的设计策略中，就此我想探讨的是当下我们作为设计者如何利用设计手段去权衡传统古村落的未来发展、物质文化遗产、非物质文化遗产和村落居民生活之间的关系，在保护传承文化的同时满足人们现实生活的需求，兼顾历史保护与居民生活之间的共生关系。

作　　者：姜宇威

作品名称：畸零空间——沈阳市克俭公园景观改造规划

所在院校：鲁迅美术学院

指导教师：石璐

设计说明：

　　沈阳市红梅味精是沈城的符号，是历史的印记。工厂旧址位于铁西区卫工街，因周围布满居民区，该地块已经不适合再作为工厂而废弃。将废弃的工厂旧址打造成集画展、艺术品展、歌舞剧、音乐会、分享交流、红酒与餐饮文化品鉴等于一体的多元化创意区，能够提升市民的文化素养，提升城市的文化内涵，符合可持续发展战略思想，成为低碳更新的地标性设计。

第一幕·搭句
序·望屏
第六幕·完婚
第二幕·逸谢
第四幕·定约
第三幕·聘琴
第五幕·伤别

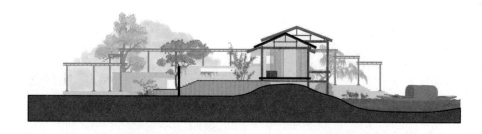

作　　者：吴凡 温梓彤
作品名称：戏园人间——游园剧场村落改造
所在院校：中国美术学院
指导教师：沈实现

设计说明：

　　有道戏子："其解意在烟视媚行，性命于戏，下全力为之。"时日万千，人们对戏的厚爱不减。

　　我们研究了湖州与南浔的文化，发现一个独特的剧种——湖剧，时代变迁，湖剧观众流失，我们受到浸没式与后现代主义戏剧的启发，希望改变原有的观戏、演戏方式，将村落改造为一个游园式的剧场，再现湖剧的光辉。

　　我们的意图是将戏与现实的边界暂时抽离，通过对观演序列、空间与器物的设计，使戏剧与村落融为一体。同时通过对观演方式、人流状态的控制帮助观演者形成"浸没"的状态，观者像是真实地经历了一个故事。

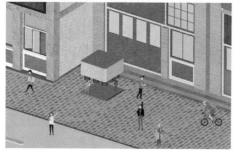

作　　者：林梦婷 刘冬怡

作品名称：西安市明城区城市微空间更新设计研究

所在院校：西安理工大学

指导教师：李皓

设计说明：

　　以西安市明城区为主要设计基地，探讨城市更新在典型老城区中的设计和运用，选取两种不同类型的地块，通过一系列的微小更新和装置介入，达到自下而上整治空间的目的，从而使老城区焕发新的活力。

作　　者：王婷

作品名称：此处＆彼处——基于增强现实技术愿景设计的疗愈性景观系统

所在院校：香港大学

指导教师：姜斌 何志森

设计说明：

　　通过重新定义"增强现实"这一概念和技术，该设计旨在为清湖社区生活在「此处」压力中的工人，创造基于愿景设计的疗愈性的景观系统。其中「彼处」的场景，收集于多次和工人的采访，一次与工人的情景互动表演秀，和无数来自工人内心深处的渴望。设计包括两个部分：第一，去定义什么场景能让工人"逃离"现实的压力和治愈心理。第二，去实验探索，除了运用新兴技术，如何通过不同层面材质来"增强现实"在城中村"看不见"的边界上，以此将疗愈性的景观愿景设计与场地和公众参与结合。

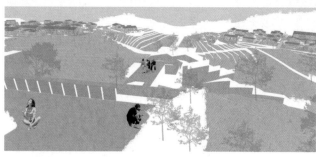

作　　者：郑凯 高体 张宏宇

作品名称：厝·语——平潭君山石头厝村落规划改造

所在院校：四川美术学院

指导教师：李勇

设计说明：

　　该设计是福建平潭岛君山石头厝村落规划改造，旨在以尊重村落场地文脉的基础上进行石头厝村落的更新设计。

　　在提取场地要素的基础上，以"海"、"厝"、"石"、"街"、"巷"、"山"、"田"、"宿"、"望"九个节点为主要切入点对场地进行改造，九个节点分别解决了村落存在的不同类型问题，同时，九个节点中又存在着和场地故事相关联的景观要素，通过景观故事轴的串联，来进行场地的景观叙事。

作　　者：李健权

作品名称：Rooftops Funk——舞托邦

所在院校：广州美术学院

指导教师：杨一丁

设计说明：

　　作者将自身的街舞爱好与景观艺术设计专业方向相结合，选取广州珠江琶醍啤酒文化创意区为对象，在工业遗产文创园区不断升级更新的背景下，探究流行文化主题深化及内容拓展融合的可能性，设计过程对空间基础要素、街舞主题设施、日常及事件性活动功能需求、多种业态等方面进行了综合性的构思和处理，旨在为其他文创园区主题更新与街舞文化在城市公共生活建设带来参考价值。

作　　者：王欢 牛瑞甲 朱雅晖 张婧悦

作品名称：亚麻精神的坚守与供养

所在院校：天津大学

指导教师：郝卫国 贾巍杨 蹇庆鸣

设计说明：

　　概念生成：根据调研，发现场地中建筑、植被和交通能够形成交织的网格。
我们将编织给人的柔软的感觉与网格相结合，形成既有一定规律又有一定韵律
的编织感。同时将网格编织出的节点生成为景观节点。以原场地树种做纬线，
与场地铺装、绿化和设施营造经线进行编织，通过这种手法，将场地中的交通、
景观、建筑和居民生活编织在一起，使它们形成紧密的关系。

作　　者：孙顺福 麻娇 韩克 陈豪亮 刘华林 崔梦宇 岳伟 曾旗 施建兴 麻雪
作品名称：渔印留声——乌龙浦古渔村村落规划设计
所在院校：云南艺术学院
指导教师：杨春锁 穆瑞杰

设计说明：
　　渔印留声是滇池渔村文化的缩影，整体设计赋予环境亲切宜人的艺术感召力，通过改造"渔村"的整体风貌，诠释呈贡的渔村记忆，展示呈贡典型渔村生活；在整体设计上尊重历史，保护和利用，对于历史保护地区的景观设计注重保留在先的理念；同时设计对传统的"一颗印"和"半颗印"建筑进行合理利用，并体现所在地域的自然环境特征，因地制宜地创造出具有地域特征的"渔"空间环境。

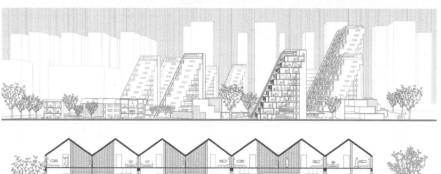

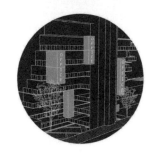

作　　者：徐叶欣

作品名称：善融·利合——居住区规划及住宅设计

所在院校：上海大学上海美术学院

指导教师：章国琴

设计说明：

　　设计用地位于上海的新江湾城，周边多为文教建筑和高端住宅区，但是人烟稀少。因此，契合社会、环境的需求，提升地块的人气活力是本设计的关注重点。"水善利万物而不争"，水具有滋养万物生命的德性，它使万物得到它的利益而不与万物争抢。居住区唯有善于将人、社会、环境的需求得以圆融满足，才能真正体现用地空间的居住价值。

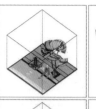

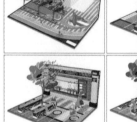
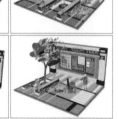

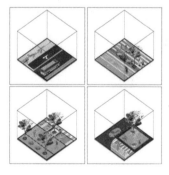
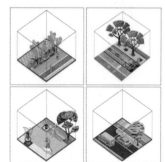

作　　者：范文鹭

作品名称：集体记忆视角下西安纺织城三棉住区养老环境的更新与活化

所在院校：西安理工大学

指导教师：王慧 乔治

设计说明：

　　西安纺织城是辉煌一时的工业老城。本设计首先对纺织城的现状矛盾进行探究，结合辉煌的工业背景，以纺织城老人的集体记忆作为设计的切入点。其次，选取纺织城三棉住区作为核心规划部分，根据场地所在区域的综合属性，划分为历史、文化、环境记忆轴线，提取记忆节点元素，运用微小干预的方式，将其贯穿到场地的设计中，起到延续记忆的作用。最后，构建适用于纺织城发展的养老模式，并在三棉住区进行人群生活的模拟，通过社区帮扶的方式丰富老年人的日常生活，实现住区的整体活化。

作　　者：陈翎裴　胡冉冉

作品名称：浔里寻味——浔酒文化体验园

所在院校：中国美术学院

指导教师：沈实现

设计说明：

　　浔酒文化体验园，以黄酒的制作流程和酒文化为主题和线索，以浔酒文化的开放体验、传承为目的，对南浔褚家坋进行乡村聚落改造，对场地进行规划设计，形成一个以酒文化为中心的当代乡村聚落园林。区别于传统的酒厂，园区将制酒过程进行开放式展示和互动体验，其原理放大化、户外化，增加了观者的参与感和体验感，近距离了解制酒流程和酒文化，达到传承目的。

作　　者：储涛 黄卫杰 李洲

作品名称：以树为媒——开封复兴坊街区点状更新设计

所在院校：郑州轻工业学院易斯顿美术学院

指导教师：汪海 张杨 樊萌

设计说明：

　　本方案为开封复兴坊街区的点状更新设计，选取临近鼓楼商业广场的原政协片区以及复兴坊腹地高密度居住区的一个居民院落作为点状更新设计的两个主要节点，这两个节点均有一颗几十年树龄的老树，原属政协片区的现为梧桐树，居民院落现为香椿树。以老树为切入点，我们试图去探索新与旧的关系，出于对原有建筑历史的尊重，对于旧建筑保留原有特色结构，开掘历史记忆，保留历史性，注入新功能推动产业升级创造经济价值。关注原住民、邻里、社会网和生活方式作为设计的出发点，使整个片区恢复活力，利用服务业来吸引人气。

作　　者：汪晓东 谢思钒 陈启俊

作品名称：融·归故里——大阳泉城中古村更新改造设计

所在院校：郑州轻工业学院易斯顿美术学院

指导教师：张玲

设计说明：

　　课题基址位于山西省阳泉市城郊大阳泉村，本村村民与外来务工人员之间有着严重的隔阂，交流甚少，我们想通过对公共空间的更新改造实现两个群体的融合。"融"围绕村民与外来务工人员的融合交往问题进行，分析这两个人群的行为活动轨迹后找到两者行为场所的交集点，通过散点植入的方式对几个公共空间进行更新改造。"归"回归乡土，尊重所处环境的地域特征，对原有公共空间进行更新改造，采用可以表现其地域性的建筑结构及材料展开设计，让原本老旧的户外公共空间重获新生，使两个人群更好地进行融合交往。

作　　者：李雨倩 朱明龙 柯子晨 王腾龙

作品名称：竹——重塑背后隐匿的技艺

所在院校：西安美术学院

指导教师：吴文超

设计说明：

　　设计方案在以汉中市二里镇金沙滩为研究地点的基础之上，基于当地的旅游特色，设计因地制宜，以竹工艺作为我们设计的理念核心，构建了四个理念。"使竹为竹"注重人与景观自然的互动，人在空间中的心理感受与连续的竹林空间转换；"形声内外"充分利用竹的物理特性，由内生外的构建形态；"消隐"大巧无工，巧妙的设计景观，意求人与自然之间和谐的状态；"篱竹卧水"从自然形态到几何推演构筑景观，在构建的合理性之上，再添竹构架的艺术美感与观赏性。

作　者：孙灏 张琛 于扬

作品名称：追宗——双楼村传统场域展示

所在院校：西安美术学院

指导教师：海继平 王娟

设计说明：

　　追宗追的是双楼村的根源，通过从村域、巷道、院落、建筑、结构、材料机理六个方面重新规划，商业区增加公共区域优化道路流线、民宿区废弃房屋改造、民俗区凸显韩城文化、宗祠文化区增强村落向心力、耕读文化区修荒退林保持传统农田风貌。继承传统的优秀文化，从中得到启示，从而塑造出环境优美、村民富足、和谐自然的双楼村。

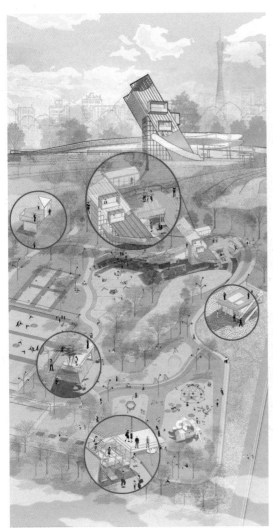

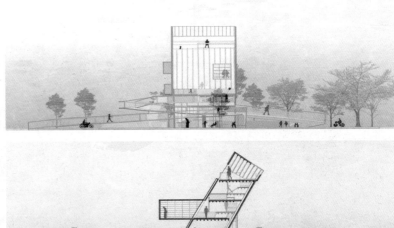

作　　者：张丽军

作品名称：城市公园——行走、体验与瞭望

所在院校：广州美术学院

指导教师：杨一丁

设计说明：

　　视觉作为一个看与观察的活动方式，有多种多样的表现方式且经常作为设计中的首要出发点来重点研究。此次设计通过为二沙岛体育公园内置入瞭望设施来更加活跃整个场地的气氛，丰富公园特色，给使用者不同于以往的体验与感受。并且通过流线设计，丰富节点，使每个节点在满足瞭望的基础上能改善园区环境与受众体验。

作　　者：王嫣然　吴溢凡

作品名称：时还读我书——南浔趣味书园

所在院校：中国美术学院

指导教师：俞青青

设计说明：

　　我们在场地置入园林式的图书馆，将图书馆的集中式空间作划分，依据古典藏书中"经、史、子、集"分为四座藏书楼与大量的大小阅读场所，将这些藏书空间大盒子与阅读空间小盒子散落在一块绿地毯上，来组织具有趣味性的游园式读书体验。同时设计中更侧重于趣味性场所的设计，有感于古人月下读书、树下读书、水上读书、石室读书的惬意，将这些古人的情怀结合在这些小的阅读空间里，既有尚古的模拟，亦有现代的转化。希望引起年轻一代对读书的兴趣，在不同的空间内感受各异读书氛围。

作　　者：张永泰

作品名称：绿洲——国际文化交流中心概念设计

所在院校：鲁迅美术学院

指导教师：文增著 刘健

设计说明：

　　方案中所有的室内空间都与室外空间联系在一起，从空间上进一步体现"生活画布"的概念。这样的设计让建筑和环境可以通过视觉和材料进行连续不断的对话。当人们进入任何空间内，这里没有封闭的展览室，而是一条连续开放的走廊，给人以持续不断的文化熏陶。在这里，内与外，居民与城市以及自然结合在了一起，人们可以自由参与到公共座谈之中，享受全方位的透明与开放。

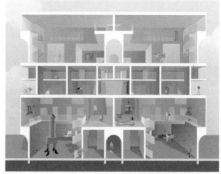

作　　者：肖天植
作品名称：生长的边缘——环铁艺术区迁移计划
所在院校：中央美术学院
指导教师：李琳

设计说明：
　　该作品制定了一个将环铁内的艺术区整体迁移到环铁南侧的规划，希望能够保留面临拆迁的艺术区，让艺术家们继续使用当地便利的区位条件。同时试图用渗透的建筑方式将建筑融入当地环境中，让艺术活动能融入当地居民生活，改变生活，进而为当代艺术区的发展提供新的思路和参考。

作　　者：李婉莹 辛亚兰 刘茜 吴鹏程

作品名称：盐减·盐碱——宁夏暖泉盐碱地景观修复

所在院校：西安美术学院

指导教师：海继平 王娟

设计说明：

　　针对宁夏盐碱地对于环境造成的影响，通过对盐碱地水盐运动规律的分析，将科学性改良与景观设计相结合，使盐碱地地区形成一个可循环利用系统，改善土壤盐碱化。本次设计涉及其他学科领域，与景观设计中的设计美学相结合，也使地下的水盐运动和地表的景观干预能够紧密结合，在改良盐碱地的过程中共同发挥着各自的作用，在景观设计中渗入了更为实用的科学研究性。通过水文、地质、设计美学等多方面对宁夏盐碱地进行调研、研究并改良，从而达到本专业领域与跨学科领域的有机结合，为人们对生态的改良提供新的思路，为环境艺术设计向改善生态自然环境靠近提供更为科学的方向。

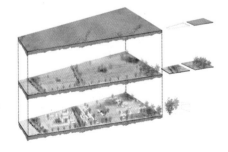

作　　者：覃堂

作品名称：涝池的再生——关中地区基于涝池的人文性设计研究

所在院校：西安理工大学

指导教师：苏义鼎

设计说明：

　　蓝田惜惶岭村在城市化进程愈来愈快的步伐下，因村落风貌恶化、人文缺失，缺乏合理的规划与整改，对居民生活质量产生严重影响，从而需要一种合理的方式来改变现状。

　　结合村落现状，以关中地区广泛存在且当地特有涝池为出发点，以人文性为主要研究对象，对村落旧貌进行整改和重组。弱化边界意识，形成组群，营造节点，意在通过有限的手法，通过建筑、交通、景观等加强人与人之间的交流，促进人文的发展，保护村落风貌，还原原始村落活跃、融合的交流气氛与模式，关怀人文。

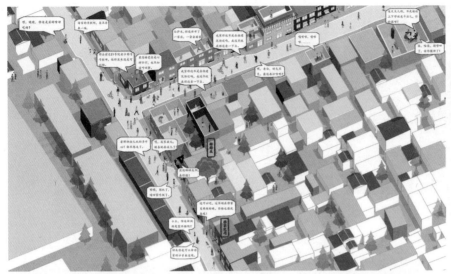

作　　者：孙帅　卜铅云

作品名称："老寺门儿改造记"——基于回族传统生活片区下的历史街道微更新

所在院校：郑州轻工业学院易斯顿美术学院

指导教师：汪海　杨超　孟瑶

设计说明：

　　本次课题选址位于河南省开封市顺河回族区清平南北街。东大寺门儿回族小吃街，开封人称为"寺门儿"。通过对地区的多次调研，提出设计由生活原真性出发，以东大寺为核心，梳理街道空间，更新建筑立面，重组碎片空间，改善居民生活条件，促进人与人之间的交流。

　　我们将产生的碎片空间整理植入棚架结构，主要为了满足居民遮阴避阳等功能，为居民产生互动的空间，改造街道节点功能空间，为街道注入新的活力。采用叙事性的手法表现出设计后的街道节点以及不用时刻的原始生活状态。

作　　者：张宁一 王丹 孔幸

作品名称：伍园·院地共生

所在院校：西安美术学院

指导教师：王娟 海继平

设计说明：

　　现代社会发展过快，现代人群与自然的接触日益减少，使人们对乡村田园生活产生向往与参与的简单愿望。如何满足这类人群的需要，并为乡村城市之间搭建起共享的平台，是我们思考的问题。在乡村建设的大前提下，利用韩城范村与双楼村两村中空地进行伍园·院地共生的乡村再造概念设计。建立一个参与式、与自然互动的公共服务的景园，引导人们接触自然、回归自然。同时村民在园子这个体系中扮演着重要的服务及参与者的角色，寻求新农村发展中的新型生存模式。

作　　者：庞君玉 王文佳 刘小慧 薛佳音

作品名称：" 月之暗面 "——暴力与空间环境研究

所在院校：西安美术学院

指导教师：孙鸣春

设计说明：

　　本设计以西安市甘家寨、边家村、无极公园三地为例，通过梳理其建筑空间的现状和问题，探讨城市建筑空间的改造设计与犯罪预防之间的关系。

　　设计的立足点为 CPTED 理论（环境设计预防犯罪理论），挖掘边界空间的安全潜质，构建健全的空间管理能够增加空间环境的安全感，营造安全的空间环境，在一定程度上使空间处于积极的状态，通过改变空间环境来降低和缓解暴力犯罪和社会矛盾。

作　　者：杨湘灵

作品名称：版筑之间——曹师村规划

所在院校：西安美术学院

指导教师：刘晨晨

设计说明：

　　设计的场地选在西安北部的三原县曹师村，以贴近黄土的生土建筑为出发点，选用夯土的建造技术，力求建筑及景观设计能与当地环境完美融合。建筑的造型上结合了仰韶文化中的经典纹饰，对它进行提纯、创作和再设计。设计重点在于对水库和村中生土建筑及古树周围环境的设计，同时借鉴了当地窑洞空间，创作了更现代更舒适的新居民住宅。曹师村土地贫瘠，植被较为稀疏，所以设计中在绿化方面，选用了大量当地的农作物作为种植元素，以保证既留存原有村庄乡土风貌的同时又以更为舒适现代的生活环境和建筑方式展现在人们眼前。

作　　者：刘春华

作品名称：由两级到共生的黄河文化——郑州花园口景观重塑

所在院校：铜陵学院

指导教师：黄俊

设计说明：

　　本次重塑黄河沿岸历史文化走廊，以花园口为主要节点，深层次地挖掘区域内的历史文化和重要事件。以挖掘场地特色为出发点，以改变场地现状杂乱无章、规范秩序为切入点，探索后城市浪潮中城市、人、自然之间的融合共生，探索承载五千年中华文明的黄河沿岸城市蔓延及城市需求的交汇点。从而塑造城市特有的记忆点，塑造新的城市形象，重返大河边，使两级的黄河今天能重新和城市、人达到共生，延续不屈的黄河文化。

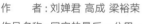

作　　者：刘婵君 高成 梁裕荣

作品名称：回家的最后一公里——郑州国棉四厂菜市及街道改造

所在院校：郑州轻工业学院易斯顿美术学院

指导教师：樊萌 孟瑶 汪海

设计说明：

　　本次课题选址位于郑州国棉四厂，课题的方案设计主要通过了解国棉四厂的区域文化、巷子文化，建筑空间等元素。进行整理和思考，结合设计概念及设计思想，将复合性功能设计和社区地域文化相结合，营造既有现代化设计与应用功能，又能呈现出和谐、热闹的社区菜市场文化。

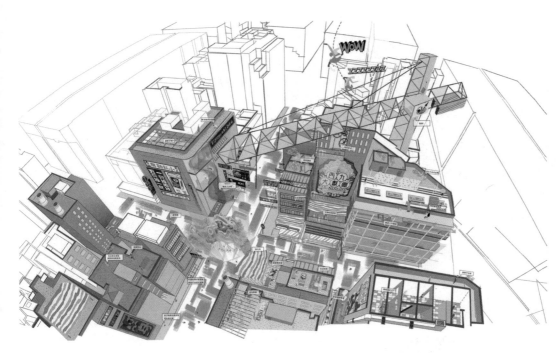

作　　者：邝俊亮 苏紫莹 孟思圻
作品名称：会呼吸的街道——香港市集更新设计
所在院校：郑州轻工业学院易斯顿美术学院
指导教师：张玲

设计说明：

　　在街道市集内通过模块的组成与堆叠，形成以市集为单元的主体，以单元与单元之间的关系为主题，通过模块化层层堆叠让参与者深入体验一个"街头市集"的邻里生机，确定用模数化"n"的搭建后，为了避免秩序的混乱，我们整合思路，进行了一些模块推演，确定在植入模块时，先为街道市集的三种大形态植入固定的大型模块，根据城市使用者的需求变动小模块，通过模块化的填补可以让空间进行多元性的变换，给人一种稳定和简洁感。形成一种秩序的同时，在这个秩序下允许以不同的解读和使用方式来表现"街头市集"的多样性。

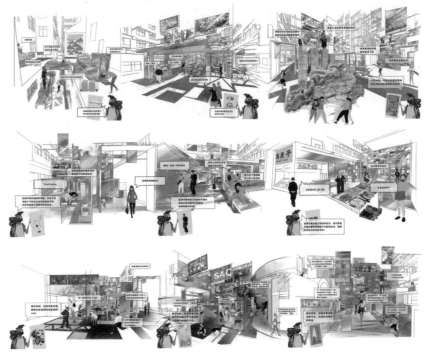

作　　者：杨文彬 吴昊芸

作品名称：拓山园——南浔藏书刻书文化体验聚落

所在院校：中国美术学院

指导教师：邵健

设计说明：

　　以浙江湖州南浔深厚的藏书刻书文化为背景，将现代科技艺术与传统造园手法结合，以南浔独特且具有民国时期印迹的红砖材料拓山印水为设计诱发点，形成以游园的方式体验藏书刻书文化的聚落。

作　　者：戴佳妮 曾鸿铭
作品名称：临溪自宴——以南浔褚家兜为例的渔文化村落改造
所在院校：中国美术学院
指导教师：康胤

设计说明：

　　主题为临溪自宴，临溪而渔，溪深而渔肥。溪边设宴，味美而意趣。渔文化饮食村落。在设计中保留了原场地的许多痕迹，且积极倡导村民回归，为村民提供工作机会、改造生活场所，为城市居民提供一个餐饮、聚会、休闲的场所。以传承渔家文化和水乡韵味为目标，以鱼饮食、渔体验为方式，对湖州南浔的褚家兜旧村落进行规划设计，试图达到一种"鱼—渔—娱"的活力转变。

作　　者：李仁德 连少文

作品名称：踏浪·山房——镇海角村落复兴概念规划设计

所在院校：天津美术学院

指导教师：孙锦 杨申茂

设计说明：

　　本次设计通过探索环境中地势、文化、需求等优势，拎出来寻找其意义和需求。在空间设计中介入有景、有观、有内、有外的理念，最后几者相结合而完成的观景空间。在设计过程中力争做到不破坏现有自然环境、丰富人文趣味、增添观赏方式等。

作　　者：赵雨薇 齐豫

作品名称：归田乐购——风景式田园超市

所在院校：中国美术学院

指导教师：康胤

设计说明：

　　概念基础是将传统城市超市格局与场地江南水乡湿地基底结合，生成一个户外
风景式田园超市。最终目的就是以这样一个城乡互动的体验模式，使村民回归家园，
吸引市民参与劳作，最终激活整个场地。村民作为服务员，管理土地，制作农副产品，
提供耕种教学。市民作为顾客，体验耕种，了解食材生长过程，收获安心健康的食品。

作　　者：罗云 邓丽雯 段文霞
作品名称：依线生机——文化创意园景观改造设计
所在院校：郑州轻工业学院易斯顿美术学院
指导教师：张杨 杨超 汪海

设计说明：

　　本次的设计内容是位于洛阳市洛龙区八里堂文化创意产业园园区，其内容包括对创意产业园内的功能分区进行布局，丰富创意园区的景观设施，重新利用园区工业遗址，丰富建筑立面，将科技与文化相融合，营造出特殊空间氛围的场景化空间体验，打破传统产业建筑的束缚，创造全新的，适合现代环境和审美要求，集生产、展示、休闲、娱乐为一体的创意产业园。

作　　者：郑钢 侯留全 江志威

作品名称：融罐载笙——扬州芒稻河中石化工业旧址改造设计

所在院校：郑州轻工业学院易斯顿美术学院

指导教师：樊萌 张杨 孟瑶

设计说明：

　　融罐载笙——扬州芒稻河中石化工业旧址改造设计提出"三个平衡，三园共生"理念。通过对社会问题的调研，提出方案三大平衡观，一是邻里的情感，营造基本的生活方式。二是弱势群体和正常人的边界虚化，形成空间共享化。三是建筑情怀，新建筑是为了完善旧建筑，而不是为了去替换老建筑。三园分别为罐体艺术区、雨水花园区、滨水休闲区。

作　　者：张懿

作品名称："U+ 社区"——城市更新背景下西安老旧社区的改造及智慧化手段的渗入

所在院校：西安理工大学

指导教师：符锦

设计说明：

　　此课题设计题目为"U+ 社区"，U 在英文中是"你"的意思，同时也可理解为：优 +、"互联网 +"。社区是若干居民聚集在一起形成的生活上产生联系的场所，也是一个社会的微观缩影。随着互联网快速的发展，智慧城市的理念已经迅速渗透到居民的日常生活中。本课题将城市更新中的老旧社区问题与智慧化手段的渗入作为研究的重点，希望将西安纺织城地块的四棉社区打造成具有当地特色的老旧社区更新示范区，体现"以人为本"的同时并融入智慧理念，使居民的生活更加宜居，充满活力。

作　　者：商逸尘

作品名称：津湖·曲苑——天津水上公园琵琶亭周边景观设计研究

所在院校：北京理工大学

指导教师：赵玫 黄镇煌

设计说明：

　　设计主题是景观飘带主题设计，飘带是一种将过去与未来相互串联起来的介质，同样可以把整个景观设计中的步道、景观小品、景观广场甚至是某些建筑物的细节联系在一体。把整个设计区域重新规划，为这片区域规划出一个更合理、美观、适当的景观设计。以理性、实用主义的精神针对市民的需求对城市地块集约化规划，把建筑和街道周围零碎化的土地进行统一绿化，以流畅的直线条花坛，简洁的几何形草坪、广场，相对通达而便捷的步行道路，以及相配的座椅、路灯等市政设施为主要设计手段。

作　　者：张传奇 韩雪红 郎哲

作品名称：小写的空间——上海石库门里弄改造设计

所在院校：郑州轻工业学院易斯顿美术学院

指导教师：樊萌 杨超 汪海

设计说明：

　　本课题选址在上海庆源小区，既有石库门的历史文化底蕴，又是被城市遗忘的一部分。课题将对选址进行合理的规划，从"小"的视点出发，尝试探索空间能否回归正常生活，使其脱离社会属性、政治属性以及理论主义。使其与使用者、人体尺度、自然、情感和状态相对话。集中探究了空间类型的演变和日常生活内容，从日常生活出发做出设计来服务日常生活，在里弄空间更新中进行功能节点的植入和部分建筑空间的删减，从而来满足在里弄生活的人们的日常需求。

作　　者：陈剑君 萧斌

作品名称：二三里——湖南省古丈县老司岩村文化空间设计

所在院校：天津美术学院

指导教师：彭军 高颖

设计说明：

　　以乡村幼儿园定点扶持项目为依托，对当地传统建筑营造方式、建筑传统风格等进行研究与梳理，以为当地居民提供更加优美的生活环境为目标。

作　　者：周岑洁 李佳蕙

作品名称：水畔栖居——水乡风貌精品酒店

所在院校：中国美术学院

指导教师：康胤

设计说明：

　　水畔栖居——是一个水乡风貌的栖居式精品酒店。设计此酒店的起因是为了唤起江南传统水乡中居民的水乡乡愁情结。我们将巨构型酒店功能打散至村落内，以村民回归并参与酒店内工作的模式激活场地，利用水路与陆路的立交交通方式串联场地。我们根据酒店原来的建筑，在此基础上进行梳理，形成了三种建筑母体，通过其排布形成了封闭式庭院、半开放式庭院和开放式庭院。住客在场地内乘船可通过码头到达公共区域，通过河埠头到达客房。场地将保留南浔的水韵文化，保持原生态的水乡村落特征。

作　　者：陈瑶 胡力文

作品名称：麁相——甘泉村豫晋古道景观设计

所在院校：郑州轻工业学院易斯顿美术学院

指导教师：樊萌 孟瑶 任志远

设计说明：

　　针对甘泉村的空巢化、对外交通不便、与时代脱轨等问题，此次课题对甘泉老村沿豫晋古道的景观点进行设计，主要是从保留、介入、融合三个方式去更新设计。保留：保留村落原有的院落巷道、胡同以及村内树木的布局；介入：将艺术介入到设计当中，将一幅代表村落风貌特色的山水画介入与村落布局与建筑的形态上；融合：将本地建筑元素与艺术介入相融合，并呈现于村落更新的布局上。

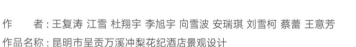

作　　　者：王复涛 江雪 杜翔宇 李旭宇 向雪波 安瑞琪 刘雪柯 蔡蕾 王意芳

作品名称：昆明市呈贡万溪冲梨花纪酒店景观设计

所在院校：云南艺术学院

指导教师：彭谌 杨霞

设计说明：

　　宝珠梨就像是上天遗落在古滇国的一颗明珠，它的闪耀和当地劳动人民的智慧结合碰撞出了一个灿烂的万溪冲梨文化。根据当地的历史和梨文化，把设计场地分为五个区域，并且赋予每个区域不同含义和精神，以此为切入点展开我们对场地的设计叙述。在规划设计时围绕"一心、二轴、五区"来设计。一心指商业街的梨园文化馆，二轴指商业街的两条主轴线，五区则是根据当地的文化及设计功能来分的五个主功能区。创作名为"梨花纪"藏头诗一首："万水终成梨、溪客铸梨园、宝僧梨花影、珠落古之滇、梨韵传四海"。以此来命名五大功能区。

作　　者：谢迪 石永强

作品名称：无痕设计在城市生态滨河湿地景观设计中的应用

所在院校：兰州文理学院

指导教师：曹峻博

设计说明：

　　本方案所探索的城市滨水区域更新改造中景观设计及建设的方法论，对城市滨水区景观设计及建设做出理论分析与研究，适应中国城市化开发建设的趋势与潮流。兰州黄河湿地是典型的城市滨水湿地，由于城市滨水湿地是一个脆弱的生态系统，它脆弱的平衡机制极易遭到破坏，并且破坏后很难恢复。但城市滨河湿地作为一种特殊的生态系统，是生态系统的一个重要组成部分，有其独特而丰富的生物多样性。本案以兰州雁儿湾湿地恢复建设为例，通过案例的分析，系统地研究滨水区景观空间的设计，为其他城市滨水区景观建设的再开发提供更好的借鉴。

134
/
187
室内空间设计
Interior Space
Design

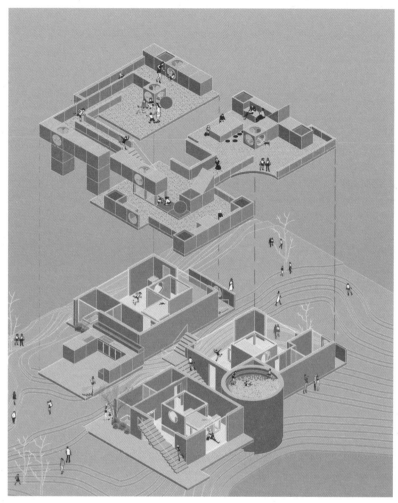
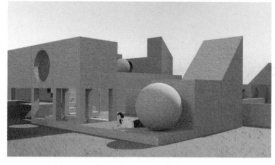
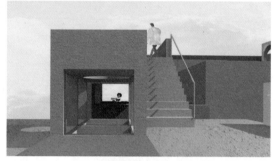
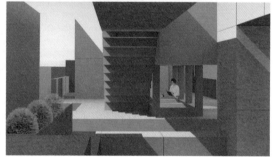

作　　者：邓晓倩

作品名称：积木之家

所在院校：中央美术学院

指导教师：邱晓葵 杨宇 崔冬晖

设计说明：

　　概念从儿童最基本的玩具——积木出发，提取积木中最基本的几何图形进行重新组合和变化，通过不断的实验来寻求一种平衡孩子和成人之间与建筑互动的尺度，旨在希望儿童和成人在行走的过程中有浸入式的戏剧性体验，这种体验不仅是视觉上的戏剧感受，更是情感上与空间上的体验。

作　　者：杨桂炜

作品名称：紟脉乐园

所在院校：广州美术学院

指导教师：李泰山　蔡同信

设计说明：

　　案例以金坑村文化空间与岭南客家建筑文化传承为目的，结合"美丽乡村扶贫计划"设计为"紟脉"农场乐园，首先从人文地理切入，再因地制宜、就地取材，分析其背景和具体运用手法，运用创新设计活化空间。归纳其特点，然后从当地人文地理客家建筑得以启发形成形体，结合"紟脉"农场乐园设计理念和可持续生态技术手段，强调建筑与周围环境的联系，顺应地形、地貌并与自然融合，进行多维度艺术场景及戏剧情境化的环境创意整合，用以完成农场乐园设计。

作　　者：许美玲

作品名称：微·观城市呼吸——海绵城市建设生态科普展馆优化设计

所在院校：西安美术学院

指导教师：周维娜

设计说明：

　　在对海绵城市建设生态科普展馆的空间优化设计中，使各种生态元素与受众进行视觉、知觉、心理以及情感的交流，既要满足观展者的视觉感受，又要将理念在心理和情感的认知上充分体现。在设计中通过挖掘空间生态元素的属性，探索空间生态性，与使用者在空间中进行有效交流，并拓展设计手段，从而提升空间的质量，使得生态空间更具空间生态性、主动性和文化性，成为本次课题研究的主题。

作　　者：孙楚伦

作品名称：废墟寄生计划——西安凤翔氮肥厂艺术重构

所在院校：中央美术学院

指导教师：黄建成 李亮 方伦磊 孔岑蔚 王晓骞

设计说明：

　　"废墟"是建筑的尽头，而"细胞"则意味着新事物的降
生和繁衍。

　　新生与衰败相遇，让细胞体寄生在废墟中，以保留和延续
的方式呈现废墟历史中的瞬间。

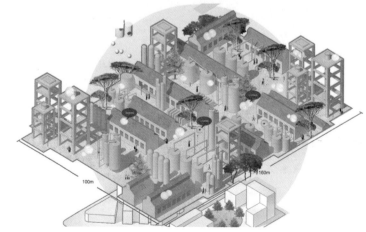

TRAFFIC FLOW PLAN

RESIDENTS RELATED TO THE FACTORY

FLAT GROUND OR FIELD

作　　者：胡歆可

作品名称：根号三·艺术商业新生综合体

所在院校：鲁迅美术学院

指导教师：张旺

设计说明：

　　本方案项目名称为根号三·艺术商业新生综合体设计。旨在打造一座追求卓越未来体验的艺术商业新生综合体，具备了餐饮、购物、展览、休闲等多项功能，也可以称为小型的综合艺术博物馆。该项目将创新业内领先的商业和艺术文化模式，并将空间环境美化、优化，突显创意和特色，远离烟火气，倾听内心最深处的声音，真正成为一个独具魅力的公共场所，并在一定程度上引领人们新的生活方式和品位诉求。

作　　者：谭婧

作品名称：SHAKE SHAKE 活动桌椅

所在院校：清华大学美术学院

指导教师：刘铁军

设计说明：

　　清华大学美术学院三教中部的公共区域较窄，学生在此区域进行学习行为时与过往人流有冲突，所以找寻可以进行一些围合和遮挡的材料，保证学习区域的稳定性。通过调查，空间内还需要用于讨论的空间，而自习的学生需要安静的环境，为了解决这种矛盾，将一些较活跃的讨论或休息空间进行一定的隐藏。

作　　　者：王常圣

作品名称：匠心独运——桃花源茶室设计

所在院校：天津美术学院

指导教师：彭军

设计说明：

　　本室内设计的手法是比较现代的，不仅满足功能上的需要，在形式和装饰语言方面也有一些传统和地域性的东西在里面，在建筑和室内设计中运用了大量的当地材料，一方面节能环保，另一方面可以和当地的建筑、环境更好地融合在一起，整体设计都是为了追溯最初发现这个"桃花源"的感觉进行营造。最后呈现出的建筑、室内形式既是过去的，也是现在的，更是未来的。

作　　者：朱奕颖 毛鋬滢 汤昀畅

作品名称：浙江省安吉县老房改造亲子中心

所在院校：中国美术学院

指导教师：朱姚菲 王彤 陈谷

设计说明：

　　项目位于浙江省的安吉县，其现状是一个闲置许久的农民用房，需要改造成一个可以活动、娱乐、学习的亲子中心。空间概念源于折纸，外观由游戏"东南西北"折纸形状变化而来，空间内部也围绕着这个主题元素进行设计，在软装、纹样上有所体现。考虑到其面积较小，同时为了避免因功能区域多造成拥挤狭小的问题，我们将室内设计得更加通透，消除了墙壁的隔阂，在入口可以看到出口，中间整个通道没有遮挡，主要的功能分区在通道的两侧，并且局部加建二层，这样活动空间更大，趣味性也更强。同时，每一个区域的使用功能都是自由的，在保证所有功能区域齐全的前提下，还有很大空余的空间（蓝色地板周围）给孩子发挥想象力，加强亲子之间的互动。

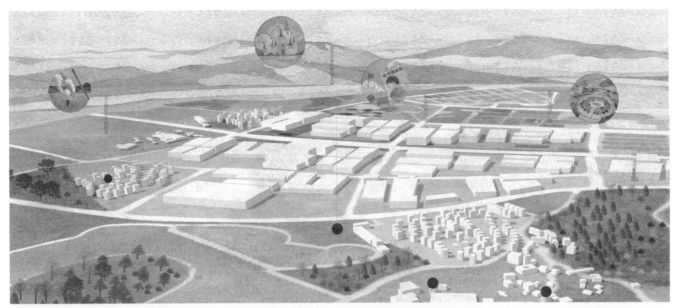

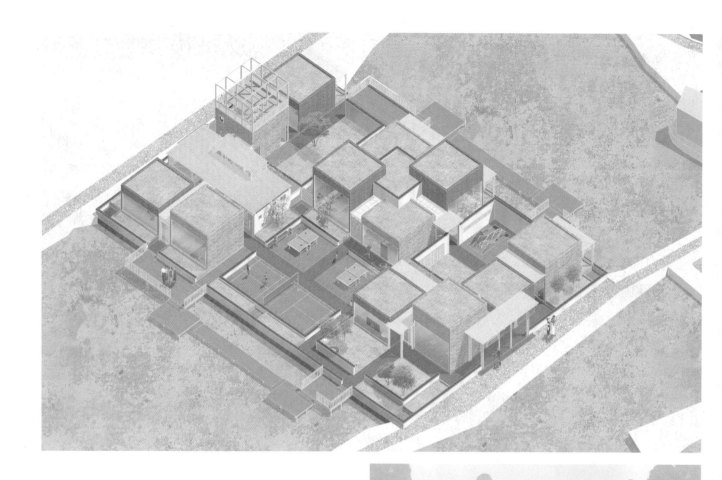

作　　　者：谢天聪

作品名称："山罗"与"万象"——荷塘村社区空间营造

所在院校：广州美术学院

指导教师：陈瀚 朱应新

设计说明：

　　作者从人的知觉感受出发，直接提取来自场地具有共鸣性的真实感受，提取场地独特存在的知觉体验——
"山罗"与"万象"，然后将"山罗"与"万象"体验转译为建筑空间的手法，探究集体活动空间的营造方法，
最后以当地资源、社区空间作为功能载体，介入连续性的情境体验，结合对建筑的精心经营，让人们通过真实体
验了解建筑——知觉体验与空间关系，希望通过设计村民集体活动的社区空间，整理村民的生活环境，提升村
民的生活品质。让老有其乐，幼有所学，为村民提供集体活动的空间，以期在未来能够接待游客。

作　　　者：刘竞雄

作品名称：山亭茶语话晴岚——安化茶庄设计

所在院校：西安美术学院

指导教师：孙鸣春

设计说明：

　　在共享理念盛行的环境下，以美丽乡村建设为背景，将开放模式下共享场所精神运用到乡村建设中。设计实践项目以湖南非遗——安化黑茶为设计研究的出发点，以安化茶庄为设计项目探究建筑中对于场所精神的塑造，塑造当地乡村生命力与产业发展共享共生模式，以及场所精神重塑对于昭山的发展建设起到的积极意义。

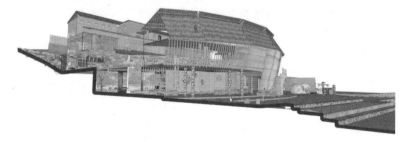

作　　者：吴灵珠

作品名称：丘隐——金坑村休闲乡村体验园环境设计

所在院校：广州美术学院

指导教师：李泰山 蔡同信

设计说明：

　　该项目位于广东省梅州市五华县金坑村，在休闲乡村体验园的规划设计过程中，一方面考虑当地的历史文化和客家民俗风情，突出金坑村地域特色和人文底蕴，融入符合园区主题定位的传统元素空间，使园区不仅满足人们对使用功能的需求，同时也满足人们的审美需求和历史记忆，营建既有动态游览观景的空间，又有静坐休憩畅聊的私密空间，还有科普农业知识的娱乐空间。另一方面通过对场地原有坑土建筑进行保留和传承并融入客家建筑元素的小品及构筑物，加强本土归属感。

作　　者：熊若兰 黎浩彦 李轩昂

作品名称：厚墙·后墙——叙事视野下的餐厅空间建构

所在院校：南京艺术学院

指导教师：施煜庭 卫东风

设计说明：

　　我们的设计从墙体对人的行为、精神影响中提取出"坐、看、穿、错、洞、遮、连、围、叠、爬、靠、绕、散"这几个关键字。由这些关键字组成了不同形式的单元墙体模块，模块在空间中拼接组合，人在墙中的行为感受成为我们空间设计的手法。室内材质取于周边地区的墙体，散座空间的墙面采用红砖墙，红色的砖墙重拾了人们对于墙的记忆，搭配原木色的吊顶和暖色系的灯光，营造出温馨的气氛。中庭空间自上而下的混凝土墙成为餐厅室内的戏剧主角，既起到了分割功能区域的作用，又起到了联系空间的作用，墙上有意识的开洞使墙既分割了空间又不完全将空间封闭。

作　　者：周宇星 梁春梅 曾子维 邱金明

作品名称：燕归巢·居

所在院校：广州美术学院

指导教师：幺冰儒 钟志军

设计说明：

　　通过运用现代的手法诠释非物质文化遗产客家古建筑的空间，建筑及空间主要尊重当地客家围屋以中轴线为主的空间排列方式，保留前庭后院、东西两边对称等，以及南方传统客家建筑天井采光的理念，重新排列农村住宅。根据地域整体建筑风貌及特点，结合矛盾的普遍性原则，引入当地古建筑的代表性元素，凸显民居的地域特征。

作　　者：王博旸

作品名称：THE RED PLUM 1939——剧院式艺术酒廊概念设计方案

所在院校：鲁迅美术学院

指导教师：张旺

设计说明：

　　沈阳市红梅味精是沈城的符号，是历史的印记。工厂旧址位于铁西区卫工街，因周围布满居民区，该地块已经不适合再作为工厂而废弃。将废弃的工厂旧址打造成集画展、艺术品展、歌舞剧、音乐会、分享交流、红酒与餐饮文化品鉴等于一体的多元化创意区，能够提升市民的文化素养，提升城市的文化内涵，符合可持续发展战略思想，成为低碳更新的地标性设计。

作　　者：陈星光

作品名称：Confused Life——透明性理论的延伸与转变

所在院校：南京艺术学院

指导教师：卫东风

设计说明：

　　本次设计主题为透明性理论的延伸与转变，不仅仅只有物理透明性的使用，整体正方体元素在空间内堆叠排列，绘画手段与空间相结合，并将集装箱置于空间当中，对其进行开孔处理，与物理透明相结合，整体橘红色的空间刺激视觉，同时与霓虹灯相结合，让人沉醉，就像生活中的我们被这些刺激所淹没，忘记了自己的初衷。Confused Life，正是这一点。

作　　者：许译方

作品名称：记住乡愁——基于陶庄老宅的民宿新空间设计

所在院校：上海第二工业大学

指导教师：邹涛涛

设计说明：

　　本次设计是基于我奶奶家老宅的一个民宿空间改造设计项目。项目基地位于风景秀美的江南水乡浙江嘉善的陶庄。本次设计的目的是改造这座具有家乡记忆和淳朴风格的老宅，以民宿为概念进行设计，将旧的陶庄老宅赋予新的生命。以"慢生活"为切入点，通过各种手法以及材质的运用将原本破败的老房子得以重生，满足前来度假旅游客人们的需要。

作　　者：魏文诗 祝思萍 杨合英

作品名称：惠然之顾——主客共生的交互空间设计

所在院校：西安美术学院

指导教师：吴晓冬 丁向磊

设计说明：

　　经调研发现，位于秦岭周边的平利县自然资源丰富，风景优美，传统茶业、养蚕业、木工业为典型乡村家庭作坊式产业模式，我们希望在经济介入的情况下，发展区别于传统"民宿"的乡宿，不是单一的酒店式住宿体验，而是融入村民家庭中，新型主客投宿模式，作为客人融入主人家庭中去，主人接纳客人并带领其体验当地文化和自然风光，在一定程度上弱化主客观念，主客共生在空间内部。在主客投宿模式下探索主客共生的交互空间设计。

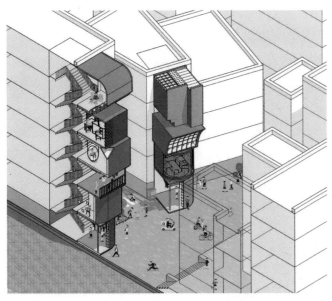
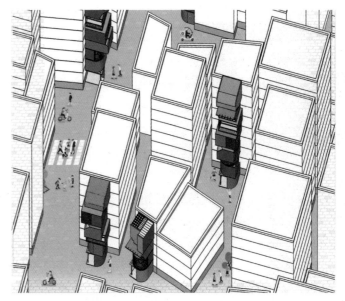
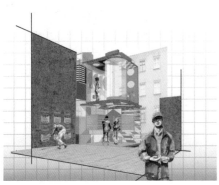
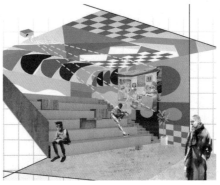
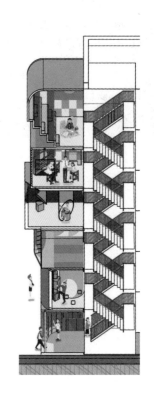

作　　者：牛聪

作品名称：楼上楼下——楼道中的邻里综合体 寄生于城中村公租房的楼道扩展空间

所在院校：广西艺术学院

指导教师：邹涛涛

设计说明：

　　城中村是当今时代出现的具有中国特色的城市化现象，其公共空间所呈现出的数量不足、品质低下以及组织形式单调的特征都难以满足不同的行为需求。从分析不足出发，本项目为节约空间、创造公共空间的功能多样性寻找思路。项目在最常见的公共场所中完成以上所要解决的问题。采用寄生的手法，在城中村楼道中增添楼道扩展空间。模块搭建的形式，实现组成形式多样、点状发散式分布、垂直排列的邻里综合体。为城中村注入新活力。

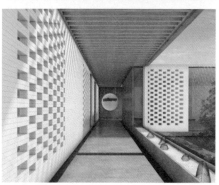

作　　者：李健勇 谭淑芳 王文举 林超常

作品名称：青舍

所在院校：广州美术学院

指导教师：钟志军 么冰儒

设计说明：

　　项目所在地位于素有"生态之乡"的佛山市三水区芦苞镇，有"世外桃源"的美誉。"青舍"有机餐厅选址在小岛的东南面，地上空间两层，地下空间一层。每层空间净高 4.5 米，总面积约 1500 平方米，其中涉及餐厅的部分约 700 平方米，可容纳 140 人左右。在形体上，我们借鉴了原有古建筑合院的布局，改成一个三面围合带下沉式庭院的空间。在尺度比例上，维持了原有老建筑两层的高度。在外观材质上，我们选用了原有老建筑的青砖、大面积的玻璃，在色调和谐的基础上增加空间的灵动性。

作　　者：梁华勇 程明域

作品名称：祥裕楼改造与再利用——金坑村村民活动中心

所在院校：广州美术学院

指导教师：么冰儒 钟志军

设计说明：

随着农村的快速发展，类似祥裕楼这种梅州客家民居，从功能布局上已经不再适应当下的生活方式，同时在形象上已经遭到乡村村民的嫌弃，我们调研发现只有小孩和老人留守在村子里，平日他们活动方式单一并且缺乏适合他们的活动场所。我们希望在可持续绿色建筑的潮流下，通过祥裕楼改造与再利用，把祥裕楼改造成一座活动中心，为留守村里的老人和小孩创造一个适合他们的活动场所，同时能将这种居住形式得到新的发展。

作　　　者：曹东楠 张梦雅

作品名称：童梦交互——新媒体环境下幼儿园儿童活动空间设计

所在院校：山东建筑大学

指导教师：张玉明

设计说明：

　　以"童梦交互"为设计理念在空间中多运用曲线作为基础的设计元素，采用曲折圆滑的隔断墙体分割不同空间，在给儿童带来趣味性体验的同时，将空间造型中的角度设计做圆角处理，从而给予儿童更好的保护。

作　　者：邢天炜 吴京遥
作品名称：分裂与聚合——基于细胞活动对新型农贸市场可移动模块化的研究
所在院校：南京艺术学院
指导教师：卫东风

设计说明：
　　分裂与聚合——来自于大自然的形态。将生物活动与空间变化结合，将生物细胞的自然运动转化为具象的空间形式——相同空间元素的分裂与分化即可移动模块的变化。我们将可移动模块运用在室内，解决了农贸市场布局不合理、僵硬化的问题，使内部空间更加灵活。可以根据季节变化将各种类蔬菜、肉类供需的变化进行合理布局，使得空间利用更加系统，使整个空间布局便于管理，同时会变化的空间会给人一种有趣、生动的感觉。

作　　者：方伊水

作品名称：首钢 2 号演艺中心

所在院校：清华大学美术学院

指导教师：汪建松

设计说明：

　　首钢工业园是这个时代的奇迹，高炉是其中里程碑式的功臣。她是一座令人惊叹的建筑，更是一套严密的系统。在生产运转的过程中，多个要素各行其路，条理清晰，互不干扰，在关键时刻形成交汇或转化，达到最高的生产效率。在这种逻辑路线的启发下，我选择将演艺中心的使用主体与这些生产要素并置，得出一套条理清晰、互不干扰的动线。这套动线穿插着新的功能空间，传送着新的人群，延续了高炉建筑的二次生命。

作　　者：陈倩 杜冰

作品名称：疏·密·集·散——西美长安校区蜂巢型艺术空间设计

所在院校：西安美术学院

指导教师：胡月文 周靓

设计说明：

　　作品选址于西安美术学院长安校区，通过对蜂巢空间的探索、提取及运用，解决空间的使用和公共交流的问题。最少利用建筑占地面积的同时，提供各系空间的交流沟通，我们在设计中以公共空间为主要因素，将设计系的各空间充分联系起来，使得西安美术学院长安校区艺术工作室空间得以合理运用。

作　　者：张晗沁

作品名称：内街外巷——芝英古镇院巷群落复合性空间再造

所在院校：清华大学美术学院

指导教师：管沄嘉　崔笑声

设计说明：

　　以浙江永康芝英古镇为场地，通过走访、调研，探索古镇建筑院巷群落之间的丰富空间关系，旨在空间上以院、巷为主体，由内而外地进行改造，从室内出发再扩展到建筑、景观，系统地又尽可能符合原建筑生长方式地去整合空间内部逻辑，划分区域重点，由点到面，有主次地进行改造，从而达到古镇保护与复兴的目的。

作　　者：武宸旭 张建伟

作品名称：无极·河南温县陈家沟文化颐养健体型度假村设计

所在院校：天津美术学院

指导教师：孙锦 杨申茂

设计说明：

　　陈家沟的传统乡村建筑分布是比较无序的，因此我们从整体规划出发，对改造部分建筑肌理进行了研究划分，并进行了整体功能分区。我们关注于整体规划的同时，对度假村做了几个重点表现的区域：景观方面有主入口景观以及沿河景观带，室内主要有太极练功房、餐厅，冥想区入口为三进式入口，有林间小道，水景布置，竹林茂密，曲径通幽，有山有水，仿佛使人置身于自然中。河道景观带两侧的绿化，我们保留了大部分原景观，以保持其乡村的原生态之美。

作　　者：刘菲

作品名称：青年公寓的生态化设计研究——以上海 M50 公寓的空间环境设计为例

所在院校：山东建筑大学

指导教师：陈华新

设计说明：

　　本案针对于当前青年公寓中生态化设计意识较为缺乏的现状，通过生态化在 M50 青年公寓室内设计的应用，得出以下几点结论：①对于青年公寓的生态化设计，必须充分利用可再生能源，达到室内自然采光通风的要求，做到建筑构造技术与生态可持续功能的协调统一。②青年公寓的生态化设计研究离不开生态审美的应用，在设计过程中应当考虑空间中色彩、布局及装饰材料的搭配关系，保证材料及施工过程的环保性。③青年公寓有别于其他酒店住宿形式，在设计中应站在青年群体的角度去思考他们的住宿需要，满足他们的情感需要，将生态化设计与人性化考虑相结合。

THE
CAT'S
COUNTRY

201□

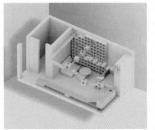

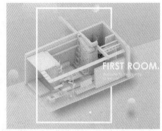

FIRST ROOM.

ROOM.
05

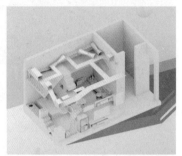

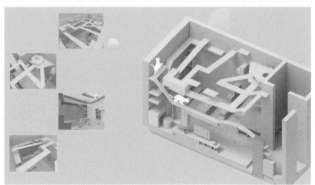

作　　者：方浩韵 邹楚红 奚青

作品名称：猫的国——以猫为例探究人、宠共居空间的可能性

所在院校：西安美术学院

指导教师：丁向磊 吴晓冬

设计说明：

　　在建筑批量化生产的今天，建筑类型的同质化异常严重。建筑师、设计师在熟练使用程式化建筑设计方法的过程中，却逐渐淡化了建筑的创造力。

　　我们的设计方案以猫为切入点，用类型学的研究方法，创造新型的猫和人共居的空间类型，展现空间创新的可能性，试图给固化的设计规则以提示。

作　　者：强媚

作品名称：我的故事——儿童性教育科普体验空间设计研究

所在院校：西安美术学院

指导教师：周维娜

设计说明：

　　本次创作研究旨在通过展示设计系统理论结合儿童行为认知特征，来指导建立一个系统的、友好的性教育
科普空间，并因此探索临时展览建筑、儿童展示空间、展示道具之间的关系，致力于创建友好型的儿童展示空
间。以《我的故事》为主题，讲述有关于我们每个人"来自于哪里"、"怎么来的"等一系列生命诞生的故事。
让每个小朋友作为故事的主人公，从回归妈妈的肚子开始，像进入"时光机"似的感受时光的倒流。通过不断
探索的过程，追溯自己来时的经历与变化，解答心中的不解和好奇。

作　　者：范馨亢
作品名称：儿童艺术探索馆
所在院校：山东建筑大学
指导教师：刘昱初　张啸风

设计说明：

　　本方案借美国旧金山的儿童博物馆"旧金山科学探索馆"的"探索馆"之名，旨在希望引导儿童对艺术的
探索学习过程。针对于儿童参观艺术类博物馆时对于学习与体验的诉求进行思考，拟定为一种鼓励探索的体验
式展览空间。内部空间将儿童展览学习空间、运营及行政管理空间作为首要考虑空间，结合外环境将空间分为
动——展览学习区、静——行政管理区，再进一步将功能分区细化，将支援服务型空间均匀置入。流线采用与
建筑形态呼应的环形流线，环中部是自然景观而行，两环通过坡道相连，激发儿童探索的乐趣。

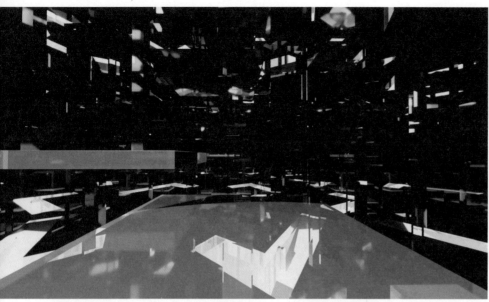
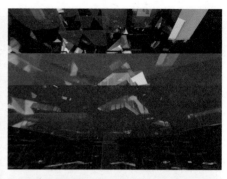

作　　者：沈太和 周逸

作品名称：放空和抽离——浸入式空间探索

所在院校：南京艺术学院

指导教师：卫东风

设计说明：

　　灵感来源于莎士比亚浸入式戏剧不眠之夜，以人主观意识跟随角色进入视角。提取浸入式戏剧碎片化形式，在整体空间制造不同场景，建立多重具备独立性的艺术文化主题空间；抓住浸入式戏剧"不完整却清晰"的特征，提取相互浸入的蛛网元素以规划整体场景线路的错综，建立多层次室内路径，场景间具备可视性；为达到放空和抽离后的自我认知目的，大部分提取巴别塔的建筑形式，延伸空间高度，弱化立面层次关系，空间形态具备仪式感。

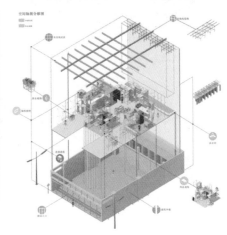

作　　者：石宇航 吴锐 徐众

作品名称：本源之垣——自然之意在质朴空间的承载与延续

所在院校：南京艺术学院

指导教师：卫东风

设计说明：

　　本次设计旨在将自然的气息与服装空间相结合，尽可能将自然的元素用在整个空间上，达到一种自然味道的状态。通过木质等自然材料的表面肌理构建空间。通过模块化的方式，将一整块空间分割成大量的小空间，进而将模块堆积，再次构建一个连贯的空间。简约的空间色调中，运用导视系统设计的方法，将一个个模块贯穿起来，形成高低错落的空间分割，并且通过这个概念方法来划分内部空间的不同区域，比如展示空间、等候区、试衣间、收银台等。

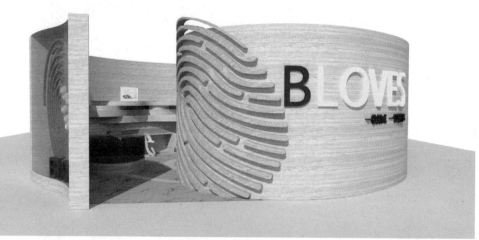

作　　者：智佳倩 盖永全

作品名称：B-LOVES 婚戒定制展卖空间设计

所在院校：西安工业大学

指导教师：朱安妮

设计说明：

　　本次展示设计主要围绕 B-LOVE 的定制钻戒产品、B-LOVE 婚戒定制，无故事、不婚戒的独特定位，以及指纹是人类最为独特的生命密码，独一无二；我们将指纹融入设计，增强了空间的趣味性，在建筑颜色上采用干净明亮的颜色，并搭配适当的粉色，使 B-LOVE 定制钻戒在更加明亮耀眼的同时又不缺乏温馨。"见证唯一的誓言与承诺"。

作　　者：郭书琪

作品名称："忆·窑"晋南民居主题酒店环境设计

所在院校：山东建筑大学

指导教师：张炜

设计说明：

　　该项目以地窨院民居原型为依托，以和谐共生、尊重自然的理念为载体，以创新性应用晋南民居建筑文化符号为指导思想，运用抽象简化、夸张对比等手法，对晋南民居建筑文化符号进行选择性应用，把"忆·窑"主题酒店打造成极具人文价值、历史价值的特色主题酒店。在设计过程中，时刻考虑形式与功能的有机结合，特色文化符号的提炼，文化符号与现代审美的把握。

作　　者：孙萌 陈柯宇

作品名称：行于指尖——后工业时代下的文化自觉性重塑

所在院校：南京艺术学院

指导教师：施煜庭 卫东风

设计说明：

　　本案尝试着以音乐曲《卡农》为叙事载体并转译成为文化艺术空间，试图以音乐精神唤起文化自觉性。乐章叙事与空间流动共同营造场景的温度，照亮后工业化时代下隐藏消解的城市历史文化。文化和音乐一样游走于指尖，如同《卡农》般的规律，后工业时代不管发展到何种地步，文化自觉性终究是复行往憩最终会回到原始而被我们点亮。同时，运用嵌入式和消解式的空间手法，半保留半改造地实现工业与传统的对话，空间仿佛是一个时间的容积为我们留住文化。

作　　者：薛惠芳 梁翠婷

作品名称：乐享金坑文化站

所在院校：广州美术学院

指导教师：李泰山 蔡同信

设计说明：

　　设计围绕乡村儿童文化活动空间展开的，探讨了城市文化素质教育与乡村文化素质教育的差距，思考儿童
素质教育的重要性，结合当地实际情况，保留当地特色文化等关系，将各方面需求融合在一起形成乡村儿童文
化活动空间，该活动空间设计包含客家特色建筑元素，对原客家特色建筑布局进行重新规划，半围合的布局空
间使视野发生变化，并通过自然环境的引入，打破原来的封闭式围合与自然环境相对孤立的状态，集学习、娱
乐、管理为一体，为金坑村村民增添新乐趣。

作　　者：郑惠文

作品名称：R-HUI 联合办公空间

所在院校：鲁迅美术学院

指导教师：文增著 刘健

设计说明：

　　本作品为艺术中心叙事性研究，通过小故事、对话、空间场景与建筑相结合，并搭配景观要素，从而探索不同人群对建筑的心理与肢体的反应，使人们更加透彻了解艺术中心这种特殊氛围的公共环境。

作　　者：宋曼 周婷

作品名称：微笑 微爱 微醺——艺术教学楼改造设计

所在院校：上海第二工业大学

指导教师：邹涛涛

设计说明：

　　整个空间结构的设计思路来源于一个 box。我们采用"盒中盒"的形式对整体空间做了错层处理，且空间内部融入了大大小小的 box，使空间变得更加生动、灵活、有趣。

　　我们所向往的是生机勃勃、自由、灵活、开放的空间，并且我们认为未来是做以人为本的绿色可持续发展的设计，所以我们从人的角度出发，一切围绕人们的心理、活动设置功能区与设计整个空间。所以我们在整个设计中更加注重休闲空间与学习空间，营造出舒适的交流环境与浓厚的学习氛围。

作　　者：李博涵

作品名称：驿站往事

所在院校：西安美术学院

指导教师：周维娜

设计说明：

　　作品通过对西凤酒历史文化的了解与体验，从而唤起人们重新审思西凤酒文化价值情怀及其空间文化的创新改造。作品以工业厂房特有的工业气息与历史痕迹为切入点，在设计中通过恰当的手法转换空间，利用新材料改造旧物，保留旧厂房原有历史文化符号，融合现代设计元素，应用特别的情景元素，形成一种空间结构的变换节奏，使得原有工业厂房的价值得以传承与发扬。西凤酒主题空间设计在传统文化与现代设计相互交替中既保留原空间的历史韵味，又更新工厂空间，延续西凤酒历史文化的精髓。

作　　者：李林泽

作品名称：韵憩之间

所在院校：四川美术学院

指导教师：杨吟兵

设计说明：

　　韵憩之间选址于拉萨万豪酒店的二十四层，原始建筑结构中间圆形场地被承重柱包围，所以改造项目尽可能地减少对现有环境产生影响。酒吧为新增的，所呈现出来的是在原有建筑构造基础上新添加的附加物，采用独立式设计、可根据需要替换或扩展。由于休闲空间位于藏区独特文化之中，室内中心使用奥松板材料打造出流线造型隐喻着西藏经幡文化，哈达作为一种礼节元素，白色吊顶作为浮动的哈达运用在吊顶设计中，白色吊顶作为浮动的哈达，在造型上强化空间感。纯净的白、原木的天然真实、热情火焰的红以及高贵典雅的金加强了空间的戏剧化风格，在展现酒吧热情与活力的同时又保持了藏区的独特文化。

作　　者：潘晴

作品名称："觅"的知觉体验——荷塘村精品酒店设计

所在院校：广州美术学院

指导教师：陈瀚 朱应新 曾芷君 卢海峰

设计说明：

　　通过项目场地蜿蜒曲折的路径与"柳暗花明又一村"的现象，提出了"觅"作为本设计的概念。提取"觅"的知觉现象作为连接人与空间的媒介，介入空间功能，进行"觅"知觉体验的空间设计。本文研究了四个方面，一：基于场地考察分析项目需求，剖析场地知觉感受、"觅"的心理和行为现象与旅游体验的关系，以及"觅"概念在建筑中的实践和讨论。二：分解"觅"的构成元素，将".觅"的现象转移为建筑的构成元素，研究"觅"在建筑空间中的体现。三：以精品酒店作为设计载体，用"觅"的连续性体验作为线索，结合酒店功能和当地元素，以空间的引导与暗示作为切入点进行空间设计。

作　　者：谢天豪

作品名称："对话群山"荷塘村精品度假酒店设计

所在院校：广州美术学院

指导教师：陈瀚 朱应新 曾芷君 卢海峰

设计说明：

　　本设计的出发点希望运用知觉现象学的建筑语言，通过场地调研，汲取场地经验，还原场地强烈的精神感受，创造一个舒适的栖居空间，使游客在远离城市的大山里，唤醒久违的知觉，留下独特的记忆。通过学习Steven holl 关于"视差"知觉现象学的实践作品（Y-house KIASMA 等），提出从"外在知觉与内在知觉交融"的思路进行空间设计。

188
/
199

公共艺术创作
Public
Art

作　　者：黄咏酮

作品名称：清湖制造

所在院校：香港大学

指导教师：姜斌

设计说明：

　　清湖制造的概念源于清湖的人。从他们的生活出发，把本来平庸的生活点滴化成艺术品。即使是一些简单微型的装置，也能为清湖的景观增添生气，表达清湖人对生活的渴求。清湖制造的七个微型装置都代表着他们生活中七个特别的小时刻，亦代表着清湖中不同背景的人们。它是属于清湖的，也属于清湖每个人的。

　　有人说城中村的环境很混乱和拥挤，但是从这么多元化背景和人群中，有一种独特的美。而这种美是需要被发现和被发掘的。你对城中村的印象是什么？对清湖的印象又是什么？

作　　者：韦菲 于晓楠 王蕴一

作品名称：舞中觅音

所在院校：南京艺术学院

指导教师：Thom Puckey

设计说明：

　　设计来源于舞台中舞者伴随着音乐起舞的优美姿态。我们希望机器能拥有灵魂，可以进行"表演"。机器通过加入轴承、同步轮、杠杆等原理，后加入编码与数字编程技术，使建造不再仅仅是静止的表象空间，而让音乐与律动注入机器灵魂。团队赋予机器简单的动作规则，在不同速度的控制下进行舞动，同时伴随音乐响起。这些摆动的手臂犹如一个个舞者，它们弹跳着、牵绊着，跳出一支关于重量与光影的舞蹈。使机器与人有一定的互动与共鸣。

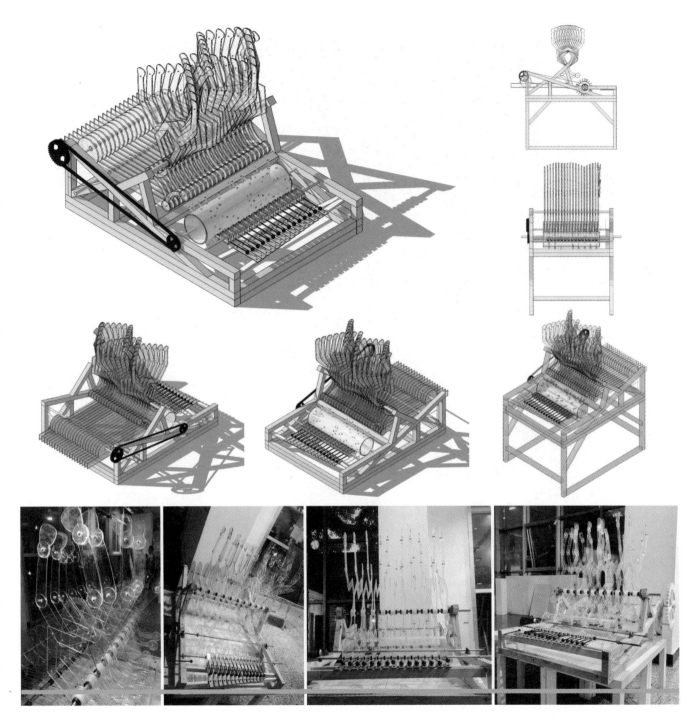

作　　者：傅立新

作品名称：静观云涌

所在院校：广州美术学院

指导教师：覃大立

设计说明：

　　作者将一张张坚硬结实的不锈钢钣应用现代工艺技术镂空成一张张布满虚实、空灵、流动的线面兼容的造型材质条时，原本坚硬、冷酷的不锈钢钣金变得柔化了、可塑了，原本只能机械冲压、铁锤锻打的不锈钢钣材料，可以通过自己的双手塑造出各种流动、轻盈的柔美形态。因此，常态下不可能手作的不锈钢钣，此时却让我感到了一种征服的力量和手作之乐的快感……

作　　者：韩娱婷 张颖 董昌恒 原艺洋

作品名称：初·壹

所在院校：南京艺术学院

指导教师：施煜庭

设计说明：

　　我们做事情抱着最初始的愿景，在过程中受到别人的、社会的、利益驱使的、事情突发的影响，而导致偏离了我们的初衷，甚至毫无发觉地执行下去……往往得到了结果，却忘记了那个"基础"。做这个机械装置，希望能唤起人们最开始从事某个事件的起点，不是为了某种学术含义也不是为了复杂的形式、形态。它只是简单的一个原理，一个简单的起点。

作　　者：李天 张雯雯 汪杰 王园

作品名称："寻"——机械动态互动装置

所在院校：南京艺术学院

指导教师：Thom Puckey　施煜庭

设计说明：

　　通过情感可视化来表达一个过程——机器寻找自己。在设计最初我们想通过以下内容来实现机器的情感可视化：机器运动的频率是否可以代表一些情绪？比方说人的情感在开心或者难过时会有不同的表现，开心时会笑而难过时会哭。当然机器并不会哭或者笑，那么机器快速运动时会发出一些热量是不是可以说明它现在的状态是兴奋的？当它速度减慢，也会产生热量但是相比较快速运动时而产生的热量要少很多，这是否可以代表它一些微妙的情绪？

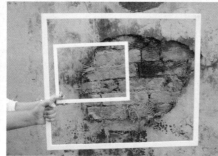

作　　者：郭小曼

作品名称：无有形之框

所在院校：香港大学

指导教师：姜斌

设计说明：

    这个作品的第一部分是一个交互瞬时设计，富士康的工作人员被邀请和设计师一起作为瞬时设计师，在清湖老村里使用框架寻找被忽视的这些卑微的美。他们框画出场地中的空间、人物或物体，有时他们自我架构以展示与空间的互动。这些时刻的设计按照不同的尺度和类别分别记录了下来，包括：村庄尺度、街道尺度、在地人、生机活力、时间的自然艺术、门、镜子、窗户、吊饰等。在地人、生机活力和时间是这个古老村庄的三大主角，形成一个"生活景观"。

作　　者：莫文宇 钟磊 陈爱娜 陈睿童 曹小奇

作品名称：那达慕——内蒙古文化符号的抽象与表达

所在院校：西南林业大学

指导教师：杨姣

设计说明：

　　颠覆感与构成相组合，推倒结合构成被翻转构筑的意向。所设计的构筑存在一种动势，一种压迫，加之地面装置的设计，使其与构筑背面契合，从塌陷中牵引钢索至其背面，一是提供拉力，二是如漫画里速度线一般加强构筑的冲击感，同摔跤一般，构筑本身则是这个民族生活方式的具象体现，是对内蒙古民族文化特质的抽象与表达，形成地标性的文化符号，以内蒙人民对待本源文化的热情感染到更多的人，让更多的人们感受中华文化的魅力。

本末归源

——中国精神的坚守与弘扬

学术研究

成果集

建筑与设计专业教学年会

第十五届全国高等美术院校

Collection of achievement of the 15th national annual teaching conference on architecture and design in colleges and universities of fine arts

主编 周维娜　副主编 王娟

中国建筑工业出版社

本书出版得到西安美术学院学科建设专项资金资助

陕西高等教育教学改革重点攻关研究项目 项目编号：17BG022

目录
CONTENTS

根植与特植——艺术院校背景下风景园林专业特色化教学体系的建构与探索

王平妤 黄耘

四川美术学院 建筑艺术系

摘 要：根植于四川美术学院在当代艺术领域创作领域的学术基础，提出了艺术院校中风景园林专业建设的基本构想，提出风景园林核心知识教授为主干、特色课程为支撑、培养创新能力为重点的本科专业培养体系，通过核心设计课程的整合、"三跨"特色教学课程的穿插、多学科融合的课题类课程补充、"联合毕业设计"课程的实行的教学实践，初步建构"多维立体倒金字塔"的教学体系，探索属于工学门类的风景园林专业在统一的学科体系下，融合艺术类学院特色、紧密结合地方化建设、丰富学科外延的途径。

关键词：风景园林 艺术院校 特色化教学 当代艺术

引言

风景园林学作为一门现代学科，这门在古典造园、风景造园基础上建立起来的新生学科，迄今在世界60多个国家近400多所大学设置了该专业，这一数字还在持续增长中。面对学科目录调整后，风景园林也成为了一级学科，与建筑学、城乡规划学一起共同组成人居环境科学体系。[1]风景园林学科较为复杂而多样的学院背景和归属，使得长期以来借助建筑学（或林学）一级学科的臂膀下发展。目前，风景园林专业主要在建筑类、农林类、艺术类院校内设置，受传统教学体系（建筑学、林学）的影响，专业已经建立了相对严谨的教学科研体系，但同时需要开拓风景园林自身的视野。[2]进一步探讨专业的特色化发展途径是艺术院校办风景园林专业的立足根本。学科群、交叉学科、边缘学科、跨学科、学科融贯等的提出，使得学科边界交叉、重叠之处恰恰是科学新发现和技术新发明最容易生长之处。因此保持学科边界的弹性和模糊性是学科持续更新和发展的必要条件。风景园林与其他专业如建筑、农林、设计、艺术专业的交叉性，恰恰是专业特色发展中需要强调与凸显的。[3]因此，使学科产生更有益于地方发展建设的理论思想，则依赖于理论的地域化与在地化，特植于统一的学科体系下风景园林教学的地方特色体现。[4]

1 地方与个体

伴随着城镇化进程的逐渐推进，新增城市人口对公共绿地的需求增加。当前面临快速的城市化运动，在西方现代风景园林设计源潮与东方古典园林造景思想之间，企业经济发展的诉求、地方城市特色化塑造与自然生态的生活愿景相遇，风景园林行业需求与标准日益更新，伴随着行业领域的扩展与国民生活水平的提高，生态文明意识的增强，人们对生态园林及旅游景观园林的需求也不断增加。西南地域的风景园林规划设计在发展之困境和传承之创新中面临着新的机遇。"使居住者望得到山，看得见水，记得住乡愁"。努力建设美

丽中国的实践，大力推进生态文明建设的倡导，为实现中华民族永续发展而全民努力。[5] 也从国家战略层面对风景园林行业的建设发展提出了要求。风景园林行业在都市功能核心区建设历史文化名城、美丽山水城市，都市功能拓展区建设主城生态屏障，城市发展新区建设现代山水园林城区集群，渝东北生态涵养发展区建设国家重点生态功能区，渝东南生态保护发展区建设生态民俗文化旅游带等一系列发展要点中承担了明确的责任和使命。重庆五大功能分区发展战略对行业发展的迫切性尽显无疑。

目前我国风景园林专业主要分布于三大类院校，即"农林类院校"、"工科类院校"和"艺术类院校"，其中"艺术类院校"所占比重最小。我校的风景园林专业强调艺术背景，将与重庆大学等工学背景下、西南大学等农林背景下的风景园林专业，共同构成重庆风景园林高等教育的合理布局。据不完全统计，全国现有地市级风景园林管理局 680 个，各级管理机构 6000 余个。重庆市现有园林企业 670 余家，从业人员近 10 万，年产值 70 多亿元。重庆市 26 个区县均有风景园林相关机构，按每区县年需求 5 人计算，年总需求量为 130 人；行业内仅设计单位就有 144 家，按每单位年需求为 3~5 人计算，年总需求量为 423~720 人。[5]

在这样的背景下，具有"艺术创造力的风景园林师"具有特别的优势，并在这些领域产生越来越有价值的影响。在全民创新的热潮中，在创新创意经济成为今天中国的显学大潮的背景下，具有风景园林专业知识和素养的人员，往往具有令人耳目一新的创造力和难能可贵的技能和动手能力，因此，特别是有创作力的高端人才需求突出、专业细分更加明显、素质教育迫在眉睫。整个市场呈现出多元化趋势，"主动适应"的人才培养模式逐步取代"被动接受"的模式，素质教育迫在眉睫。

四川美术学院的风景园林专业创建于建筑艺术系，迄今已十年有余。2006 年建筑艺术系设置的景观建筑设计本科专业开始招生，2012 年更名为风景园林专业。本专业依托学校在当代艺术方面的学科优势，强化特色，立足本土，致力打造西部地区高等艺术类风景园林教育和科研创作学术高地，立足地域特色，服务西部发展。因此，本专业在教学上坚持有特色、有主题、有内涵的差异化教学，通过课程与师资力量的调整提升教学质量，以社会需求为导向，大量邀请社会实践人才进校支持教学，来培养具有"良好人文艺术素养和突出艺术创新能力、工程技术能力与艺术创新能力"结合的，具备人文、审美、艺术修养的"具有艺术创造力的风景园林师"。

2 尝试与变革

（1）差异性的尝试

基于艺术类院校与工科类院校自身基础和氛围，风景园林专业教育呈现出差异性特征，这种差异性是在当前市场多元性导向下形成的，也是一种客观的良性特征。三类不同院校背景的风景园林专业课程体系建设，在面临特色发展需求的时候，基于规范性的教学体系下也进行了不同程度的调整。

在以农林为背景的院校如北京林业大学，针对原有培养方案进行了变革，专业基础训练新开设了园林植物基础、制图基础、素描基础、色彩基础、造型基础、设计表现技法等基础课程，弥补空间造型能力的薄弱；在植物方面先后开设园林植被的识别、观赏、栽培养护类课程、园林植物景观规划设计等课程，强调风景园林专业理论教学，反映出强化主线教学的同时壮大空间训练与理论课程。[6]

而在以工科为背景的院校如重庆大学建筑城规学院，在新的课程体系设置中，将类型教学转为目标教学，以"问题"为导向，分学年、阶段进行以设计课为核心的课程配置，主干设计课、理论历史课、园林技术课以及各类实践环节相互贯穿，组建层次分明的教学系统，以此适合于风景园林专业教育特点的教学体系。[7]

艺术类院校的风景园林专业教育相对于具有城市规划和建筑学传统教学基础的建筑老八校而言，起步普遍稍晚，但后劲十足。艺术类院校建筑学专业定位与培养目标大多为：依托自身艺术氛围和基础，将当代风景园林艺术及其他艺术形式同现代的科学技术和社会需求紧密结合，强调当代设计创作的多元化及艺术性。

中央美术学院为代表的艺术院校风景园林专业教学中，也从空间形式训练出发，提出风景园林空间塑造能力训练的框架，从具体设计课程中针对空间形态设计方法构思了不同的切入点，包括从具象体验—抽象分析—具象营建的思考，以及结合图解的方式进行空间能力培养的渠道，反映了针对学院特色的教学变革思路。[8]

（2）封闭性的打破

艺术类院校和工科类、农林类院校之间缺乏足够的融合和沟通，比如，建筑老八校之间的资源流动性相对较强，但与艺术院校之间的资源流动性较弱；十大美院之间的资源流动性相对较强，但与工科类院校之间的资源流动性较弱，这种现行并不利于风景园林教学资源的互补和水平的整体提升。

3 根植与特植

"多维立体倒金字塔"人才培养模式示意图四川美术学院风景园林专业发展起步较晚，提出培养具有"良好人文艺术素养和突出艺术创新能力、工程技术能力与艺术创新能力"结合的，具备人文、审美、艺术修养的"具有艺术创造力的风景园林师"，培养理念倡导助力于艺术介入，协调城市空间建设；严守于艺术本底，倡导学科跨界融合；植根于生态文明，探索山地城市艺术。整个风景园林专业的教学体系依托四川美术学院在当代艺术领域的学术前瞻性，根植于风景园林专业教学立足的大学科体系，提出在培养方式上区别于传统单口径教育，打破原有依附于建筑学类型教学的课程设置和教学途径，将知识组团化，区别于传统的"单维线性串联模式"，构建"多维立体倒金字塔"人才培养模式（图1）。按照《高等学校风景园林学本科指导性专业规范》（2013年版）中对专业教学内容的规定，专业教学内容由通识教育、专业教育和大学城创新训练三大部分构成。专业知识体系与专业实践体系共同构成专业教学内容。其中，专业知识体系由体现"厚基础"的核心知识领域与体现"宽口径"的专业知识体系的选修部分共同组成。基于单位人才培养现状、风景园林企事业单位用人需求，对原指导性培养方案进行修订完善，形成了以风景园林核心知识教授为主干、特色课程为支撑、培养创新能力为重点的本科专业培养体系。核心课程覆盖教育部专业目录的专业核心课程的专业知识领域，每门课程都根据培养方案制定了课程大纲，并能够严格执行。从以下方面优化课程体系，实现创作型人才培养的课程建设与整合。

（1）"创新型"核心课程的确立——结合艺术院校教学平台强调空间本位训练

1）风景园林核心课程的优化

在课题体系的总体框架上，继续延续"1+X"课程体系，即"1支主干体系课+若干选修体系课"，进行核心大小课程组合：将每个年级的各阶段核心设计课程拆分成景观规划理论课与设计课程，将场地调研与理论讲授、系统设计进行整合，作为3~4周的小课程，后阶段则以个人设计、空间创作为主要内容，强调设计方法的系统掌握、设计手段的综合运用、设计成果的呈现，其目的在于强化艺术院校学生的空间创作能力。

在课程体系的具体增减上，适当增加与"景观规划"专业方向相关的GIS技术课程、与"园林生态"相关的原理课，以及"现当代风景园林设计思潮"等注重文化观念的课。

2）空间形态与建构融合的教学改革

将工科专业的教学知识点与艺术美学素养的培养结合起来，通过教学手段的调整与扩充以达到适应美术学院背景下学生知识结构和思维方式，在课程中不仅能有效地学习知识，更能带动对建造技术的热爱。一年级的整个造型、形式基础的训练都围绕空间认知、形态创作、材料、制作的过程训练，强调"动手做"实践教学方式。通识教育的课程主张围绕高效知识点的学习，结合全院"选修+网络课"的教学方式，大量提供高质量的微课与网络课程。

在基础课程中，最能体现地域性、特色性的就是景观材料的利用与发展，尤其是地方材料。建立具有专业特色和地方文化特点的现代设计教育理念，基础课程中力求将地方材料、乡土材料的构造知识纳入教学

图1 人才培养模式的转变图示

体系，设置了相关技术人员与教师参与环节。打破单一课程内容，形成整学期的单元课，实现"all in one"的教学理念——使学生经历"从设计到管理、施工建造"的整套流程。一改一般课程中教师讲授、布置作业、学生完成作业、教师打分的常规手段，采用了以问题引导思考，以思考带动方案，以方案引起实操的教学手段。比如，建筑设计初步两课程阶段，在最初的时间，由学生制作小型竹桥、竹凳等来熟悉材料的手感、交接方式，体验不同的构筑方式对建造的形态带来的变化；等熟悉了竹子的特性后，再根据竹子构筑物设计主题与场地进行方案构思，按照1∶1的比例搭建起来。在此过程中，引入不同专业的教师进行引导和讲授技术要点，并设置了全系、全校评图、投票公选的开放手段，以及学生自己运作资金、教师监管等策略，让学生充分理解"all in one"的含义。

（2）"三跨"特色教学课程的穿插——突出实践教学的实验性、批判性语境

以学院建筑艺术系"三跨"教改为具体措施，将拔尖人才教学课程与"三跨"实践结合，以"跨校、跨境、跨界"的三跨方式，定期组织实践工作坊、联合教学课程。针对当代城乡建设实践中的前沿话题进行形式多样的探讨，此环节强调实验性、前瞻性、开放性。在教学实践中，采用师生互派、联合工作坊、联合设计课程的形式展开，间插学术讲座、场地考察与观察、集中评图、学生交流等教学环节。师生进行混合分组，采用交换指导、混合辅导、交叉评图的教学方式。倡导学生用观念化、实验性的作品表达设计意图。纳入更为当代的国际视野，注重当下社会、人文、艺术的多界面的知识素养积累，摆脱从常规教学中形成的固有设计思维定式，尝试从不同的途径理解现象和问题的解决思路，采用反常规程式化设计思路探索城市空间的发展可能性，以更为灵活的设计策略、艺术形式、空间手段来呈现。突出联合设计的即时呈现，设计作品结合雕塑、新媒体、景观装置往往体现出非常态化的艺术装置效果、徒手作业形式、影像数字化作业形式。

自2010年至今，连续五年系统性地推出"跨校、跨界、跨境"设计教学改革。"亚洲城市设计联合教学"——联合印度、越南、新加坡等国际院校组织实施，已开展四次联合教学，主要探讨亚洲城市的形态、特征、演变，以及风景园林专业在城市更新实践中的视野和手法。

"当代美学与工程联合教学"——与英国AA建筑学院联盟联合组织，主要探讨城市公共空间中材料美学、造型艺术与工程结合的技巧。

"艺术与环境国际联合教学"——邀请巴黎第八大学、法国斯特拉斯堡大学等组织实施，邀请当代艺术家、规划师等，跨界探讨设计实践和艺术创作中的环境与美学问题。

依托"跨境"教学活动，借助国际工作坊及论坛等形式，实现了教学成果的国外推广。如，2010~2015年间，以"亚洲城市设计工作坊"为平台，联合印度KRVIA建筑学院、越南国家工程大学、新加坡大学等，先后在广州、孟买、重庆组织师生针对亚洲城市公共空间存在的各种问题开展毕业设计交流系列活动，形成长效联合教学机制；以"跨界系列国际工作坊"为平台，邀请纽约帕森斯设计学院组织实施"重钢工业遗产保护设计营"，邀请巴黎第八大学、法国斯特拉斯堡大学组织实施"中法艺术与环境国际工作坊"等国际联合教学活动；在"一带一路"战略背景下，与中意校际联盟、意大利领事馆、重庆市建委联合举办"异域同构"新型城镇化国际论坛和学术交流活动等。

（3）多学科融合的课题类课程补充——聚焦西南地域的命题导向

四川美术学院地处西部，也是西南片区唯一的高等美术院校。对西南自然景观资源与少数民族聚落资源开发与利用的关注与研究持续多年，涵盖了生态学、景观建筑学、艺术学、旅游学、人居环境科学等交叉学科知识，并与企业城乡统筹建设项目挂钩，联合开展教学，拓展了教学延展面，强化了专业的综合性。

教学中采用以研带学的教学方式，强调分命题研究并结合社会学调研、田野调研、实地测绘；积累了近十年深入性的科研基础与一定成果，逐渐形成以课题研究为基础的课程体系；搭建稳定、多层次的教学团队；具备相对固定教学实践区域与调研对象。近年来集中开展过西南泸沽湖、四川道孚、西藏山南等区域的调研与生态学考察。教学过程中以人居科学视野下的景观美学、文化人类学整体观的视角，运用比较法以及深入细致的田野调查工作，对民居建筑、聚落景观的形态等做系统的考察，以探求地区的聚落景观现象、聚落美景现象学分析、聚落生态格局、聚落结构与形态以及当地人的景观视角是课程体系重点关注的内容。

（4）"联合毕业设计"课程的实行——探索当代艺术融入创新教学的方式

以毕业设计教学环节为契机，对毕业设计课程中的教学方式及方法，进行了多元化、特色化的教学改革探索，以期实现"跨界共融，艺术创新"的教学目标。教学改革过程中主要探索以下问题的策略：

1）强化"观念"设计的核心性，解决"差异性培养特征不明显"问题。

教学突破了以往学生设计中理念单一、成果均质化程度高等问题，通过引导、激发等教学手段，鼓励学生自我设计观念的形成，强化了学生在各阶段性学习中对于自我设计观念的培养。

2）探索"跨界"思维的可行性，解决"教学资源整合力度低下"问题。本次教学深度挖掘了"风景园林、艺术、工程"等相关领域资源的关联度，通过对多学科知识体系的引入，积极进行了多维度跨界方式的探索。课程推进的过程中，不仅尝试了"多学科"之间的学习跨界，引入了关于当代艺术、策展方式、人体行为学等跨界的学科门类知识学习，还充分利用了"校企合作"、"东西交流"等教学互助服务，最大化地利用教学资源开拓学生思维视角，探索了跨界思维在教学上的可行性。

3）拓展"艺术"创新的全面性，解决"学科本底特征弱化"问题。课程建设以风景园林专业特色化培养为重心，强调了以四川美术学院浓厚的艺术氛围基础。教学过程中，充分利用当代艺术的本底特征，在"艺术本底"发展的基础上，强化了学生的艺术创新能力。

4）落实"策展"模式的创新性，解决"成果呈现方式单一"问题。与目前高校建筑毕业展览所沿用的"模型+展板"的二元展示方式所不同，联合教学的最终成果打破了以往风景园林专业毕业作品展览的局限性，强化了设计作品的"展示性"、"参与性"与"表达性"。毕业作品展览中，针对五个不同的设计主题及内容，五个小组的学生充分结合了雕塑装置、声光影像技术、建筑实体构造、文献资料视觉化呈现等方式，非常到位地表达了自我的设计理念，传达了自我的设计想法。

5）提升"传达"方式的参与性，解决"教学成果推广力度弱"问题。此外，在近几次的教学成果中，为了解决以往风景园林专业学生成果由于专业性导致的外专业人群信息获取难度高的问题，成果中强化了对观展人员参与方式的研究。在最终的毕业展示中，学生通过引导观者"走进作品"、"体验作品"、"共享作品"、"创作作品"等，极大地提高了展览的观众参与度，同时，促进了教学成果对于公众的传达性。

在当前多元文化的大趋势、大背景下，风景园林教育必须以"跨界"求出路、以"特色"求发展，以真正的"人本"回归为内涵进行转型，才能顺应时代和社会发展的需要。在此背景下发展起来的艺术类院校风景园林专业，其专业规划及培养模式多脱胎于工科院校，在专业知识点上纳入工科、农林学科相关内容，同时针对专业特点强化人文艺术类教学内容，此教学体系目前已显现出新的适应性。本院风景园林专业作为具有工学背景的艺术院校特色专业，本科教学以设计创作能力的培养为主线，以景观艺术与工程技术相结合的设计创作能力为重点，将专业知识与技能进行整合与重组，并以就业为导向，让学生有选择性地主动学习，从而提升人才培养的针对性和高效性。

结语

目前，为了适应现代社会转型带来的多元化需求、当代教育模式带来的宽口径选择、当下学生特征带来的动态性反馈，风景园林专业拟建构"适应性"的专业教育体系，可以实时反映的教学机制、多样化的教学模式，给学生创造选择性学习的机会。通过近年来的课程探索，打破原有依赖于建筑教学体系产生的封闭、单维、静态培养模式，建构一个以全院选修结合网络课程的通识教育为基础、课程群体教学结合高效知识点学习、STUDIO教学结合创新思维开拓、课题式教学结合设计创作的倒金字塔培养模式。针对不同年级制定差异化教学方式，并充分利用知识组团化来进行课程建设，建立一种更加宽泛的、自由选择的教学机制。充分利用四川美术学院的当代艺术的创作土壤，美术学、设计学科的教学平台，加大与雕塑、手工艺设计等艺术类、设计类学科的联系，突出个人创作环节与辅导，并通过选修课程和现代网络课程来弥补教学资源的不足。进一步凝练了西南少数民族聚落人居环境、西部乡村建设、旧城更新与城市修补等学术方向并开展系列课题研究，以科研反哺本科教学，引领本专业的本科教学内容导向服务地方。鼓励对地域文化、人文艺术的理解，并在此基础上创新，艺术类院校尤其需要取长补短，才能探索出自己的独特学术特色和培养人才之路。[9]

参考文献

[1] 高等学校风景园林学科专业指导委员会编制.高等学校风景园林本科指导性专业规范[M]. 北京: 中国建筑工业出版社, 2013.

[2] 杨锐.论风景园林学发展脉络和特征: 兼论21世纪初中国需要怎样的风景园林学[J]. 中国园林, 2013(6): 6-7.

[3] 杨锐.论风景园林学科建设中的9个关键问题[J]. 中国园林, 2017(1): 13-16.

[4] 杜春兰.当代风景园林教育的发展挑战与思考[J]. 中国园林, 2017(1): 26.

[5] 四川美术学院申请增列风景园林硕士专业学位授权点论证报告, 2014.

[6] 李雷.北京林业大学风景园林专业本科教学体系改革的研究与实践[J].中国园林, 2008(1): 4.

[7] 杜春兰.风景园林一级学科在以工科为背景的院校中发展的思考[J].中国园林, 2011(6): 31.

[8] 侯晓蕾.风景园林本科教育的空间塑造能力培养[J].风景园林, 2015(7): 24-30.

[9] 丁圆.大树和种子的对话: 艺术类院校建筑与环境设计教育的所感所想[J].建筑创作, 2009(5): 143.

"现代主义"之后的中国环境设计艺术人才培养体系
——以"无痕设计"为例

陆丹丹

苏州科技大学 传媒与视觉艺术学院

　　摘　要：我国的设计正处于转型期，对于设计教育的改革迫在眉睫，国家艺术基金特别设立艺术人才培养资助，为研究前沿的艺术人才培养体系提供资金保障。"无痕设计——环境设计艺术人才培养体系"在2015年获得了国家艺术基金的资助，一直致力于以"无痕设计"理念为先导的环境设计艺术人才培养体系的研究。本文系统梳理了我国和西方环境艺术设计教育的发展和演变。在此基础上，阐述了"无痕设计——环境设计艺术人才培养体系"的教学特征，提出在中国的设计教育经过"布扎—摩登"体系之后，出现"以设计教学为研究、以设计本体价值观为主导、以中国传统哲学逻辑构建概念"的高层次设计人才培养体系是非常值得业内关注的。

　　关键词：无痕设计 环境设计 艺术人才培养体系

1 我国环境艺术设计教育发展与演变

　　和英国、法国等西方国家相比，我国的环境艺术设计的高等专业教育起步较晚，新中国成立后十大建筑①的修建促进了室内装饰设计的发展。直到1957年，中央工艺美术学院成立了室内装饰系，侧重于以室内装饰陈列为特色的室内设计方向。改革开放后，随着社会文化和经济的发展，我国的建筑环境设计领域也得到了进一步发展，由于专业领域和业务需求的不断扩大，在1988年，中央工艺美术学院将其"室内装饰系"更名为"环境艺术设计系"，同年，同济大学等高校的建筑系设立室内设计方向。20世纪90年代之后，无论是专业院校还是综合类大学，百余所高校先后设立了环境艺术设计专业。

　　我国的环境艺术设计教育在建立之初受装饰主义影响较大，但随着时代的发展和多学科的相互渗透，环境艺术设计的概念及其涵盖的内容越来越大，从最初侧重室内装饰陈列转向室内空间、展示、景观、规划等设计方向。

　　环境艺术设计概念的扩大促使了环境艺术设计教育也有了显著的变化。从20世纪50年代开始，我国的环境艺术设计教育同建筑设计教育一样，受西方"布扎（Beaux-art）"教学体系的影响较大。根据顾大庆在《图房、工作坊和设计实验室》一文中的描述，"布扎"体系也就是俗称的"学院派"，其设计训练模式被称为"图房"式的训练模式，首先训练学生的绘画造型能力，然后通过在图房里师徒制的"言传身教"来传授"只可意会不可言传"的知识，"它主要取决于教师和学生之间通过解释和示范来沟通交流，其特点是在动态情境中的即时反应。"[1]"布扎"的设计方法"存在于它组织设计教学的一系列安排之中。一门通常两个月的设计课程包含快图和设计渲染两个阶段。学生的设计想法在一天（12小时）中就基本确定，而后在余下的两个月中

将基本的想法发展成具体的方案并以渲染的方式进行精致地表现。"[2]

这样的设计教育方式虽然有些地方一直沿用至今，但随着 20 世纪 60 年代起，西方建筑、设计运动的风起云涌，设计教育也开始从古典主义的"布扎"模式转向现代主义设计教育。在顾大庆的另一篇文章《"布扎—摩登"中国建筑教育现代转型之基本特征》中指出，中国建筑教育的发展并非"布扎"单一线索，"现代主义建筑的影响也几乎是在相同的时间引入到中国建筑教育中，并始终与'布扎'在交织纠缠中演进"[3]。这样的交织和纠缠事实上一直到今天都在很多专业院校和综合大学的环境艺术设计教育中能看到。但在 20 世纪 50 年代之后的三十年间，这样的交织纠缠似乎被政治原因中断，一直到 20 世纪 80 年代，由于改革开放，迅速打开了与西方国家交流的渠道，一些走在前面的院校在建筑环境设计领域引入了包豪斯基础课程训练模式，即从日本引进的针对艺术设计学科的专业基础训练——"形式构成"课程。此后，我国的建筑、环境设计教学快速走上现代主义的转型之路。20 世纪 90 年代之后，我们又看到一些专业或综合院校的环境艺术设计专业开始从基础课程到设计方法进行全面地向现代设计的转向。

2 西方环境艺术设计教育的发展与启示

虽然环境艺术设计是舶来物，我国的环境艺术设计教育也深受西方的影响，但西方的环境艺术设计教育发展却与我国有所不同。早在 19 世纪中后期，英国、法国等国家已经开始环境艺术设计的高等专业教育，比如法国国立布尔高等实用艺术学校的前身"布尔室内装饰学校"在 1884 年就已经成立。通常来说，环境艺术设计教育的发展不能与现代建筑设计教育的发展割裂。欧美的现代建筑设计教育大致经历了三个阶段：第一阶段在 20 世纪 10 年代之前，以法国巴黎美术学院"布扎"教育体系相匹配的设计教育体系；第二阶段在 20 世纪 20 年代至 50 年代，受包豪斯设计教育思想影响转向现代主义建筑和设计基础教育体系；第三个阶段是非常重要的转折期，那就是建立和传授现代主义建筑设计方法阶段，时间在 20 世纪 50 年代末至 60 年代。

这里，我们重点来谈一谈第三个阶段，以 50 年代中后期在美国德州大学建筑系进行的一次被称为"史无前例的建筑教育改革实验"作为此阶段的谈论对象。在 1951~1958 年间，美国的德克萨斯大学建筑系（The University of Texas School of Architecture at Austin）在其系主任哈维尔·哈里斯（Harwell Harris）的领导下，一批当时还默默无闻的年轻教师，如本哈德·赫斯里（B. Hoesli）、科林·罗（C. Rowe）、约翰·海杜克

（J. Hejduk）、沃纳·赛立葛曼（W. Seligman）等，针对当时的建筑教育状况提出了自己的看法：一方面质疑和批判包豪斯教育理念和现代建筑法则，认为，建筑设计应该有其自身的设计特点和规律；另一方面则表现为对当时已经过时的"布扎"教学方式的鄙视。他们希望能建立一个能与"布扎"教育相匹敌的教学体系[4]，这就是著名的"德州骑警②"。

"德州骑警"认为建筑的本质是空间，提出以空间组织为主线的现代建筑设计教学体系，以设计产生过程为中心的建筑设计教学法。将建筑的空间设计还原到最基本的几何逻辑上，成为了一个对于建筑学本质问题的抽象思考，使建筑学的基本问题得到了抽象化的还原，具有普遍性意义，而不仅仅只是对建筑个体的风格再现。

约翰·海杜克与斯拉斯基共同发明的一套建筑空间与形式的训练方法，称为"九宫格练习"。"九宫格练习"成了战后最流行的当代建筑设计入门的一个经典练习，它为建筑学提供了一套可以用于训练的"语言"，用以讨论建筑的结构与空间的本质逻辑问题，处理建筑学中各种"关系"和"元素"的基本问题。在海杜克看来，九宫格问题所涉及的是对于建筑基本要素的理解问题，其中一系列"成对"的要素，已不仅仅局限于"结构—空间"的问题，而是"在抽象形式和具体构件之间的各个层面上展开了更普遍的对话关系"[5]。遗憾的是，这群年轻教师的教学改革最终在重重阻力下宣告破产，但留下的设计教学方法却使 60 年代欧美建筑教育的现代转型得以完成。

从这个角度来看，"德州骑警"的探索和研究对于欧美现代建筑设计教育的贡献是至关重要的。当然，这样的教学方法前些年也被引入到了我们国内，比如东南大学建筑学院、香港中文大学建筑学院等。但是，显然，我国的现代建筑教育、现代设计教育抑或环境艺术设计教育，都没有经历类似"德州骑警"这样的现代主义设计教育探索，即使有些学者认为冯纪忠于 20 世纪 60 年代在同济大学所做的教学大纲《空间原理》里所提出"建筑的本质是空间，建筑设计教学应该以空间组织作为核心"的观点[6]与"德州骑警"不谋而合[7]，但由于历史原因冯先生的观点并未能得到发展。

改革开放之后，很多院校通过国际交流、学习等方式引进西方先进的建筑教学方法。然而，随着时代的变迁、社会文化的发展，现代主义设计教育的方法是否还适用于今天的时代？在"德州骑警"探索建筑教学体系半个多世纪后的今天，我们又该如何去思考今天的设计教学体系？是否能够寻求到一种建立在设计的一般规律之上的设计教育方法？

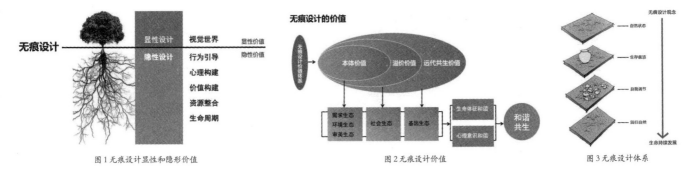

图1 无痕设计显性和隐形价值　　　　　　　　图2 无痕设计价值　　　　　　　　图3 无痕设计体系

设计教学除了传授设计的基本原理、知识、技法之外，其最主要的核心价值又是什么？

3 "无痕设计"环境设计艺术人才培养体系的特征

带着对这些问题的思考，"无痕设计"——环境设计艺术人才培养体系的研究应运而生。因此，它具有以下几个方面的显著特征：

（1）将设计教学作为研究

将设计教学作为学术研究的行为并不太多见，其主要原因在于在传统的大学固有观念中，教学和学术研究是两根分离的平行线，是现代大学所具备的两大功能，研究和教学有本质的区别：研究重在发展知识，而教学则重在传授知识。然而，设计教学知识的传播过程是一个设计的过程，它并不仅仅是知识的传播，更多的是对于设计对象的研究、对设计的新想法或新形式进行实验、对实施到实际运用中的设计产品进行分析和论证的过程。因此，研究性的设计教学其目的是通过教学的手段来发展知识和方法，教学即是研究的手段，也是研究的目的。

"无痕设计"——环境设计艺术人才培养体系借助国家艺术基金的科研平台，将设计教学作为学术研究的手段和目的。从整体共生体系的角度，进行系统化的管理设计、流程设计和环境设计研究，对设计思想及意识的多元化、设计功能的深度完善、文化元素的重新解读、技术与艺术的相互协调、造型审美与心理因素等方面的内容进行了大量的前期研究。并在已取得的研究成果基础上，对于设计的隐性价值进行深入研究，涉及行为引导、心理构建、价值构建、资源整合、生命周期等内容。它是在环境设计教学中提出新问题、创造新形式、发展新方法的一种设计实践活动，是具有探索性和实验性的学术研究行为（图1）。

（2）以"有人文关怀责任"的设计价值观为理念先导的设计教学体系

"无痕设计"——环境设计艺术人才培养体系的核心理念为"无痕设计价值体系"，具体体现为三个主要的价值次体系。其一为本体价值，包括设计需求生态、环境空间生态、审美观念生态三个方面，意在寻求环境设计专业本体的设计价值体系，并通过设计的基本方法、设计生产过程来探讨建筑、环境空间设计的本体价值。其二为溢价值，表现为通过建筑、环境设计的设计方法、生产过程和设计产品所引发的社会价值的思考。其三为远代共生价值，是指在全球化不断推进的过程中，人类生命基因和文化基因的差异化渐渐消失，如何使人与自然、社会的各种不同的基因存在于其各自的体系中，尊重基因的差异化，在自然的体系中共生共融，这是"无痕设计"价值体系最高的追求（图2）。

"无痕设计"——环境设计艺术人才培养体系不同于"德州骑警"突破现代主义大师们作品的束缚来讨论建筑的结构与空间的本质逻辑问题。它是建立在环境设计本体价值上，试图探索一种体现设计本体价值的设计方法。以设计价值观作为设计理念先导，再回归具体的设计问题，探索基本的设计方法，表现于抽象的视觉形式。

（3）"无痕"概念的构建具有中国文化所特有的辩证逻辑，突出形式空间和知觉空间

"无痕设计"价值体系具有中国文化所特有的文化辩证逻辑，其主要的哲学观点来自于中国传统道家哲学"无为"论的辩证逻辑，意在追求"埏埴以为器，当其无，有器之用。凿户牖以为室，当其无，有室之用。故有之以为利，无之以为用。"（《道德经·无之为用》）的自然生态演变的设计之道（图3）。

根据《"无痕"设计之探索》（2014）一文中的阐述，"无痕设计是一种注重人文设计理念、遵循客体环境规律、倡导生态循环、倡导民俗文化内涵、生命持续发展共生的设计方式。"主要分为三个方面的内容：首先表现在设计师对于"生命"的敬畏；其次，无痕设计的目的在于消化设计的痕迹，达到另一种设计境界，谓之"大无痕"；最后，"无

痕设计"是一种对空间有积极意义的创造性设计思维，它的创造性在于"小无痕"而"大有痕"[8]。

"无痕设计"的设计理念同样认为建筑、环境设计的本质是空间，其教育应该以空间的组织作为核心问题，即从单一的、单个的空间到复合的、多元的空间；从单一维度的空间到多维度的空间。因此，"无痕设计"对于空间的认识，并不只存在功能空间层面，它注重创造性的形式空间和能够被感知的知觉空间，注重多维度、多元空间中产生的不同价值表现。

（4）构建于"布扎—摩登"教学体系之上的高层次教学。

"无痕设计"——环境设计艺术人才培养体系是构建于中国式"布扎—摩登"设计教学体系之上的高层次教学体系，其教学人员和学员都有接受过美术学院"布扎"教学体系或建筑大学专业建筑系"布扎—摩登"设计教学体系的训练，对于"布扎—摩登"设计教学体系非常了解。然而，身处其中的这些设计人员并不认同或满意这样的教育体系，随着国际交流的进一步深入和设计认知水平的不断提升，这些教学人员和学员们怀着和"德州骑警"一样的野心，试图探索出一种与"布扎—摩登"体系可以媲美的设计教学体系。一方面，他们深刻认识到"布扎—摩登"体系在中国建筑、环境设计教育发展初期贡献巨大，但历经半个多世纪的时代变迁，这样的设计教学体系已经过时，对设计教育需要有新的思考，一种适合当代性的设计方式。另一方面，现代主义建筑的全球化泛滥，对于设计伦理和设计价值方面的思考使他们不得不考虑建筑、环境设计除了空间和建构之外，是否还有更重要的本体价值值得思考。

环境艺术设计教育从 20 世纪 50 年代在我国正式开设以来，一直以单纯的"输入"西方模式为主，无论是"布扎"体系还是现代主义建筑和设计体系，依靠留学人员、国际交流和外国人指教等方式，嫁接艺术设计和建筑设计的教学体系，混杂式地"输入"西方设计教学体系，因地制宜地以民族形式，使"布扎—摩登"体系与意识形态相符，从而获得"正统"的合法地位。但对于"布扎"体系或是西方现代主义建筑设计教学体系进行独立思考的教学和科研人员并不多，"无痕设计"——环境设计艺术人才培养体系在全球化推进迅猛的后工业时期，在还未经过现代主义式设计风暴洗礼过中国环境艺术设计领域被正式提出，不得不说将是一个值得被关注的事情。

注释

① 20 世纪 50 年代的北京十大建筑是：人民大会堂、中国历史博物馆与中国革命博物馆（两馆属同一建筑内，即今中国国家博物馆）、中国人民革命军事博物馆、民族文化宫、民族饭店、钓鱼台国宾馆、华侨大厦（已被拆除，现已重建）、北京火车站、全国农业展览馆、北京工人体育场。

② "德州骑警"是学生用当时当地正在上映的电影中的主人公，美国开发西部地区早期的一个松散的军事组织——德州骑警，来称呼当时参加设计教学改革的年轻教师们。德州骑警的成员个个善骑马，有好眼力和好枪法，这些特点和这群年轻教师个个善于设计，有敏锐的空间感和形式感的特征形成呼应。

参考文献

[1] 顾大庆. 图房、工作坊和设计实验室：设计工作室制度以及设计教学法的沿革 [J]. 建筑师，2001,(98)：20-36.

[2] 顾大庆. 建筑教育的核心价值 个人探索与时代特征 [J]. 时代建筑，2012,(4)：16-23.

[3] 顾大庆. "布扎—摩登"中国建筑教育现代转型之基本特征 [J]. 时代建筑，2015,(5)：48-55.

[4] Hoesli, B. Architektur Lehren, ETH-Zurich, Institut fuer Geschite und Theorie der Architektur GTA, 1989：9.

[5] 徐大路：从得克萨斯住宅到墙宅——海杜克的形式逻辑与诗意 [D]. 杭州：中国美术学院，2010.

[6] 冯纪忠. 空间原理（建筑空间组合原理）述要 [J]. 同济大学学报，1978,(2)：1-9.

[7] 顾大庆. "布扎—摩登"中国建筑教育现代转型之基本特征 [J]. 时代建筑，2015,(5)：48-55.

[8] 周维娜，孙鸣春. "无痕"设计之探索 [J]. 美术观察，2014,(2)：98-101.

澳门近代本土商业街形态的形成与演变
——以新马路片区为例

郑剑艺 何小敏
澳门科技大学 人文艺术学院

　　摘　要：新马路片区是20世纪10年代澳门最重要的城市变革，塑造了近代澳门的本土商业空间形象。本文采用城市形态理论视角，通过对新马路历史地图、文献史料、实地调查进行归纳和GIS分析，从切割式骑楼再开发、建筑类型和风格频繁变化、商业空间重构三个城市形态要素系统地梳理了新马路城市形态演变的脉络，揭示了在政治、经济、建筑师三者影响下的近代商业街形态特征及其演变规律。研究进一步发现，新马路的开通和不同时期风格立面的多样混合和频繁更迭是本土华人工商业发展和英葡建筑师影响的结果，体现了与南方近代骑楼商业街迥异的本土特征。

　　关键词：新马路 澳门 切割式骑楼 近代商业街 形态演变

引言

　　新马路[①]位于澳门半岛传统商业核心区——内港，是澳门近代最具特色、最繁华的商业街。建于20世纪10年代的新马路客观上对澳门内港和葡城传统城市肌理产生了切割和破坏[1]。然而从城市形态演变的角度，新马路片区的建设是澳门近代传统城市核心区再开发的重要标志，反映了近代澳门社会变革和城市发展的本土化进程。

　　自20世纪60年代，欧洲城市形态学者开始关注传统城市商业街的再开发[2]-[5]。康泽恩通过对英国泰恩河畔纽卡斯尔的研究，总结了欧洲城镇工业革命时期商业街开发的两种方式，即扩充式再开发（Augmentative Redevelopment）和适应性再开发（Adaptive Redevelopment）[3]。本文采用康泽恩城市形态学视角[7]、[8]，对新马路片区1910年代至1980年代的形态演变从平面格局、建筑类型、土地使用三个方面进行详细分析。

　　1 切割原有城市肌理

　　扩充式再开发是通过引入新的街道系统而改变原有平面格局，包括完全抹除原有平面格局的再开发和穿越原有城市区域的切割式街道再开发（Break-through Street）[9]，新马路商业街属于后者（图1）。

　　（1）葡式商业街区形态的不适应

　　澳葡政府在1900~1935年期间提出了四份新马路片区改造计划。1900年第一份华人街区改造规划图则（图2），拟将原本不规则的华人街道和街廓肌理完全推倒，重建为里斯本庞巴尔式小格网规整街区[10]。1903年

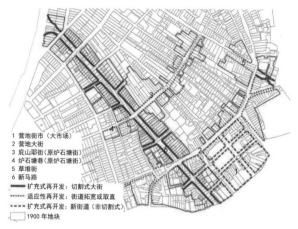

1 营地街市（大市场）
2 营地大街
3 庇山耶街（原炉石塘街）
4 炉石塘巷（原炉石塘街）
5 草堆街
6 新马路

━━━ 扩充式再开发：切割式大街
┅┅┅ 适应性再开发：街道拓宽或取直
┈┈┈ 扩充式再开发：新街道（非切割式）
▢ 1900年地块

图1 澳门内港新马路再开发（来源：自绘）

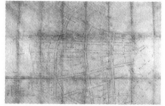

图2 澳门内港市集区1900年改造计划图则
（来源：澳门档案馆 MNL.03.09.CART）

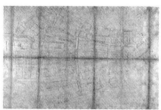

图3 澳门内港市集区1903年改造计划图则

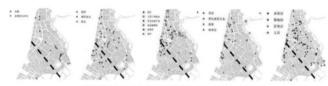

图4 新马路选线与1900年市集区店铺分布的关系
（来源：根据1850~1900年《澳门宪报》324条业态记录绘制）

第二份改造计划图则（图3），仅保留开通一条穿越原有街区的新街道（即新马路），成为最终实施的再开发计划。随后，澳葡政府又分别在1927年[②]和1935年[③]提出新的改造计划，但是新马路片区与里斯本庞巴尔下城区灾后重建不同，拆除大量现存建筑需要大量的资金，同时也会遭遇华人居民和商户的抵制。

（2）最经济的新街道线路

新马路从议事亭前地到内港巴素打尔古街的选线体现了经济原则。首先，选线避开了市集核心区的主要零售商业聚集区（图4）。其次，根据文献[12]关于内港实际地租价格进行克里金法推测，沿线房产价值较便宜（图5）。第三，沿线高差变化较小，议事厅前地也是整个葡城核心区地势最低的点。这些都有利于减少新马路建设的成本。

（3）最低成本的地块重构

新马路开通"所需购用各屋宇之地段，其系全间坐落路线以内者，即全间购用无余。若系在路线之内购用半者，亦可将所剩出路线外之半间购买8米，但系该间所剩之地或不够8米之长，即以购尽该间为止，不得再另行购及别间，如系政府所定购用一半之屋宇，其业主亦有权可以要求政府并购埋所剩之一半"[④]，两侧地块格局并非采用简单一刀切的进深尺寸。两侧的新铺屋地块进深约7~24米大小不一，开间则基本以4.5~5.0米为标准。相对原有城市肌理，形成了类似拉链的独立形态（图6）。

2 适合商业经营的多样化建筑平面和立面

（1）铺屋平面类型

20世纪10~20年代的铺屋主要以独户式为主，一层为店面，二层为储藏或居住，三层为居住。"店铺＋储藏"的布局为纯商业铺屋，在后部或靠一侧墙设置楼梯（图7a）。为了适应居住，有些铺屋的厨房和卫生间设于三楼（图7b），或是将厨房和天井设于一层后端（图7c）。

20世纪30~60年代新马路的基本铺屋平面出现了改进。一是有些铺屋增加了一二层的房间隔墙、厕所浴室卫生设施、扩大厨房（图8）；二是随着新马路商业价值日益显现，一层作为零售铺屋和二、三层居住分离，有利于增加居住空间，也有利于一层店铺的独立经营。最常见的是将二、三层独立楼梯设置在店面入口前端的骑楼面或者店面橱窗的侧面（图9左），店面的厕所和夹层楼梯间位于后端。如果该铺屋的后面或侧面有巷道，二、三层楼梯间则位于后端；三是竹筒屋式改造，这类平面出现于进深较大的地块，数量较少（图9右）。

有些单元式铺屋被合并改造，以适应新的商业需求。新改造的平面类型主要有办公楼、百货商店、中式茶楼，但保留了单元式立面组合和单元形式（图10）。另一些新马路铺屋的二层和三层使用空间延伸到新马路背后的铺屋（图11）。但是，这种合并使用往往最终导致了地块合并再开发，形成大体量的建筑。

（2）从折衷主义到装饰艺术风格

新马路建筑的立面风格包括20世纪10~20年代的折衷主义、30~50年代的装饰艺术（Art-Deco）、60年代以后的早期现代建筑。

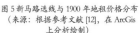

图 5 新马路选线与 1900 年地租价格分布
（来源：根据参考文献 [12]，在 ArcGis
上分析绘制）

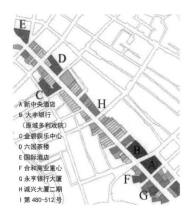

A 新中央酒店
B 大丰银行
（原域多利戏院）
C 金碧娱乐中心
D 六国茶楼
E 国际酒店
F 合和商业重心
G 永亨银行大厦
H 诚兴大厦二期
I 第 480~512 号

图 6 新马路 2016 年地块

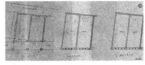

a. 新马路 91、93 号铺屋 (1915 年)：
"店铺 + 二、三层储藏"

b. 新马路 101、103 铺屋 (1915 年)：
"店铺 + 二层储藏 + 三层居住"

c. 新马路 139、141、143 铺屋 (1915 年)：
"店铺 + 二层、三层居住"

图 7 新马路 1910~20 年代铺屋单元
（来源：澳门档案馆新马路图则）

a. 新马路 119 号铺屋改建 (1961)

b. 新马路 103 号铺屋改建 (1953)

图 8 新马路铺屋单元增加附属设施的改造
（来源：澳门档案馆新马路图则）

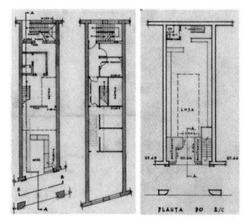

图 9 新马路铺屋改造（左图 1964 年 46 号店铺和楼梯，右图 1944 年 53 号竹筒屋改造）
（来源：澳门档案馆新马路建筑图则）

20 世纪 10~20 年代，新马路的立面必须按照统一风格建造[15]。根据这时期图纸判断，最初样式为折衷主义风格，混合了各种西方建筑元素。折衷主义骑楼改变了澳门传统葡式建筑或中葡混合的街道景观（图 12 中的 1910 年代立面）。最具代表性的是新中央酒店，该酒店 1~8 层为折衷主义风格立面，后面加建的 9~11 层为后期建设的现代样式[16]。

20 世纪 30~60 年代是新马路立面改建主要以装饰艺术风格为主。原本统一的建筑风格被打破，街道景观呈现多样化。新马路立面更改是将原有立面的装饰线脚清除，在原有结构层上增加新的立面面层，这种做法可以保留原有建筑主体结构不变（图 13）。

相比繁琐的折衷主义风格，装饰艺术风格采用简洁的线条装饰，迎合了澳门华商建屋较为务实和低调的心理。新马路德成按的立面改造（图 14），将 20 世纪 10 年代折衷主义的立面改为装饰艺术风格，相似的情况也出现在域多利戏院。另有葡国建筑师 1950 年设计的华人铺屋，将岭南传统建筑镬耳山墙的意向转换为简单装饰线条，可以认为是一种地域特色的装饰艺术建筑（图 15）。

（3）立面变更反映商业活跃度

20 世纪 30 年代至 60 年代末，新马路的立面频繁更改。对澳门档案馆公开的 76 栋新马路建筑图则（占新马路全部建筑一半）进行分类统计，新马路的立面和业主的变更最为频繁。业主的变更往往也导致立面样式的变更，新业主都会聘请建筑师重新设计立面，充分反映了新马路商业的活跃度（图 16）。装饰艺术风格成为主流，上述 76 栋图则中，有 50 栋为装饰艺术风格。国际酒店（1940 年）[5]，以及正对新马路的

十六铺码头（1945 年），是内港规模最大的两栋装饰艺术风格建筑。由此可见，20 世纪初盛行于欧洲城市商业中心的装饰艺术风格在澳门实现了本土化。

3 土地使用功能的变化

连接内港和南湾的纵向新马路成为内港乃至整个澳门的新商业核心（图 17）。主要有两个原因，首先是交通区位优势，是连接澳门半岛东西岸线最便捷的交通干道，具有独特的商业价值。其次，新马路两侧

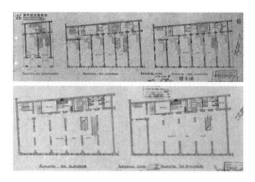

图10 新马路134号茶楼改造图则(1939年)
（上图为改造图，下图为最终平面）

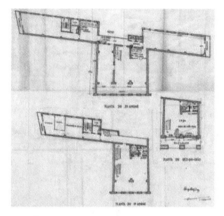

图11 新马路82、84号铺屋二、三层平面扩展（1963年）

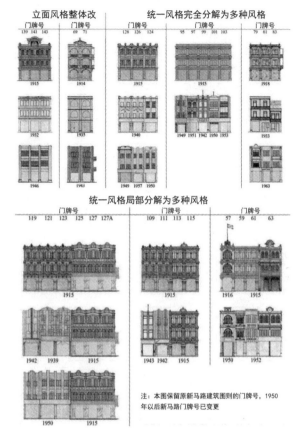

立面风格整体改 | 统一风格完全分解为多种风格

统一风格局部分解为多种风格

注：本图保留原新马路建筑图则的门牌号，1950年以后新马路门牌号已变更

图12 新马路建筑立面图则演变归纳
（来源：根据澳门历史档案馆新马路建筑图则整理绘制）

均为骑楼街道，有利于商业活动的开展，是澳门第一条两侧均为骑楼的商业街。新马路聚集五类新的商业功能，包括银行、办公、酒店、百货商店、休闲娱乐。根据1950年《澳门年鉴》[⑥]，新马路共有204间店铺，分为40种商业类型。其中排前五位的是九八行22间、首饰金器店20间、中西药品店16间、中西疋头洋货店14间、银号10间。总体上新马路的商业主要为非华人传统商业，很多受西方影响的新业态类型聚集，例如船务经理、牙科医馆、影像馆、洋酒店、大律师及律师、工程师等。这些新兴商业功能反映了这时期澳门经济社会发展的新需求。

4 形态演变的本土化动因

平面格局、建筑类型和土地使用三个要素演变的叠加影响，形成了新马路商业街的本土化形态特征，其背后动因有三个方面。

（1）二战前和二战期间工业化转型的需求

1911年开始，澳门工业有了较大的发展，20世纪20年代澳葡政府制定了工业化发展的宏伟计划，拟在澳门半岛东侧规划兴建新港口。新马路的建设有利于城市发展重心的转移，成为连接新旧港口区域的主要交通干道。由于澳门是二战期间的中立地区，大批内地和香港居民移居澳门，人口增长和财富的聚集使澳门经济获得了快速增长[17]。内港继续扮演澳门城市工商业核心的地位，1941年落成的国际酒店和1942年加高的新中央酒店创造了澳门的新高度，显示了二战期间新马路一带的经济繁荣。

（2）战后"繁荣计划"的推动

"繁荣计划（Plano de Fomento）"是葡萄牙战后推行的城市复兴和工业化发展计划，包括葡萄牙本土和葡属海外殖民地。澳门从1953~1958年完成了第一个六年计划，包括城市建设的各主要领域[⑦]。

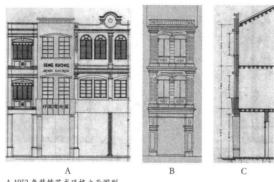

A.1952 年装饰艺术风格立面图则
B.1915 年折衷主义风格立面图则
C.1952 年立面改造剖面图则

图 13 新马路 61 号星光电器行 1915 年和 1952 年立面风格演变

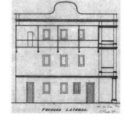

图 14 新马路德成按 20 世纪 20 年代折衷主义立面
和 50 年代以后的装饰艺术风格
（来源：左图澳门档案馆，右图自摄）

图 15 葡萄牙建筑师设计的新马路
112 号铺屋
（来源：澳门档案馆新马路建筑图则）

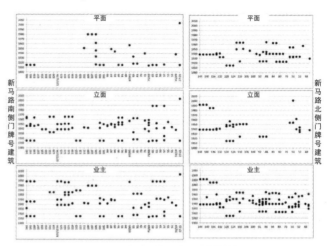

图 16 新马路铺屋平面、立面、业主变化图
（来源：根据澳门档案馆公开的新马路图则统计）

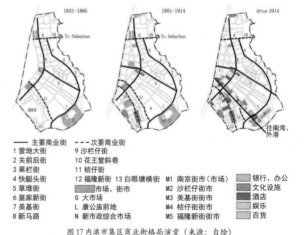

—— 主要商业街   --- 次要商业街
1 营地大街   9 沙栏仔街
2 关前街   10 花王堂斜巷
3 果栏街   11 桔仔街
4 快艇头街   12 福隆新街 13 白眼塘横街   M1 南京街市（市场）
5 草堆街   M2 沙仔仔街市
6 皇家新街   G 大市场   M3 美基街市
7 美基街   L 康公庙前地   M4 桔仔街市
8 新马路   N 新市政综合市场   M5 福隆新街街市

银行、办公
文化设施
酒店
娱乐
百货

图 17 内港市集商业街格局演变（来源：自绘）

葡萄牙政府废除了葡萄牙及其海外殖民地之间的进出口关税，极大地促进了澳门工业产品销往葡语国家和地区[18]。70 年代以后，中国和欧洲市场都对澳门产品的进口实施了优惠政策，更加促进了澳门经济走向繁荣。澳葡政府相继在内港新建 34 个码头，新马路也因此成为内港商贸的核心地带。

（3）建筑师的影响

新马路折衷主义建筑风格最早见于 1915 年由香港津林测量画则师楼（John Lemm Architect & Surveyor）设计的新马路 23~27 号铺屋。津林（John Lemm，1867~1917 年）是 1889 年从澳大利亚到香港开业的英国注册建筑师，其事务所设在香港皇后大道中[19]。可以看出，津林将这时期香港皇后大道中的折衷主义骑楼样式引入澳门新马路。

新马路的装饰艺术风格则直接来源于欧洲，由葡萄牙移居澳门的建筑师施若翰（João Canavarro Nolasco）引入。1936~1950 年，施若翰在澳门新马路开设事务所。上述 50 栋装饰艺术风格的建筑立面有 35 栋由施若翰设计，最具代表性的是 1941 年建成的国际酒店和 1945 年建成的

十六铺码头。新马路的装饰艺术风格较为朴素，以竖向线条为主，建筑艺术价值普遍不高。在英国建筑师折中主义风格和葡萄牙建筑师装饰艺术风格的影响下，新马路形成了两种风格混合的骑楼建筑景观。

结论

新马路商业街的形成和演变是澳门传统城市商业核心区的近代化转型，这种转型具有很强的澳门本土化特征。首先是源自澳门近代本土工商业发展的需求和促进，这与内港葡式骑楼由政府规划统一建设的外来殖民开发模式不同。其次，与这时期广州、香港、江门等地的新骑楼街和拓宽式骑楼街建设形成鲜明的对比，是一种切割传统城市肌理的较

大变革，而非一种城市美化运动。第三，新马路骑楼单元立面出现自由频繁变换，形成了不同时期不同风格混合的骑楼街。整条新马路骑楼从统一的折中主义逐步瓦解，再开发重建为装饰艺术风格的现代化演变，充分体现了本土商业资本对街道空间形态的关键影响因素。第四，早期英国建筑师的折中主义风格和后期葡萄牙建筑师的装饰艺术风格是本土工商业资本在物质形态领域的国际化表现。

＊本文受国家自然科学基金青年项目（编号：51308232）、福建省自然科学基金（编号：2016J01238）共同资助。

注释

①亚美打利庇卢大马路，又称新马路，葡文名称 Avenida de Almeida Ribeiro。
②刊登于《Boletim da Agencia Geral das Colonas》。
③藏于澳门档案馆 MNL.09.08a－f.CART。
④《澳门宪报》1908 年 7 月 4 日第 27 期。
⑤《Anuario de Macau 1922》p443。
⑥葡文名称《Anuario de Macau 1950》。
⑦《澳门工商年鉴 1959－1960》，澳门大众报编印，p4。

参考文献
[1] 王维仁 . 澳门阅读：城市空间的双城记 [J]. 建筑 Dialogue，1999(10):30－39.
[2]Conzen M R G. The morphology of towns in Britain during the industrial era[M]//Whitehand J W R. The Urban landscape: historical development and management papers by M.R.G.Conzen. London: Academic Press, 1981:87－126.
[3]Conzen M R G. The plan analysis of an English city centre[M]//Whitehand J W R. The urban landscape: historical development and management. London: Acadamic Press, 1962:25－54.
[4]Slater T R. The Built form of western cities: essays for MRG Conzen on the occasion of his 80th birthday[M]. Leicester University, 1990.
[5]Whitehand J W R. The making of the urban landscape[M]. Oxford: Blackwell Publishers, 1992.
[6]Conzen M R G. Alnwick, Northumberland: a study in town-plan analysis[M]. London: Institute of British Geographers, 1969.
[7]Whitehand J W R. British urban morphology: the Conzenian tradition[J]. URBAN MORPHOLOGY, 2001,5(2):103－109.
[8]Conzen M R G, Conzen M P. Thinking about urban form: papers on urban morphology, 1932-1998[M]. Bern: Peter Lang AG, European Academic Publishers, 2004.
[9]Proença S D S B. A diversidade da rua na cidade de Lisboa: morfologia e morfogénese[D]. Lisbon: Universidade De Lisboa Faculdade De Arquitetura, 2014.
[10]Grainger R. A proposal for concentrating the termini of the Newcastle and Carlisle, the Great North of England, and proposed Edinburgh railways, and for providing spacious and eligible depots, with convenient access, from these several railways to the Town of Newcastle[M]. Newcastle: T. and J. Hodgson, 1836.
[11] 汤开建，吴志良 . 澳门宪报：中文资料辑录 (1850－1911): 澳门：澳门基金会 [G]. 澳门：澳门基金会，2002.
[12] 田渝 . 澳门近代城市法规条例工程报告汇编 [G]. 澳门：澳门大学，2014.
[13] 民政总署 . 城市经纬：新马路及其周边街道特展 [M]. 澳门：澳门特别行政区民政总署，2012.
[14] 黄启臣，郑炜明 . 澳门经济四百年 [M]. 澳门：澳门基金会，1994.
[15]FORTUNA V N P. Portuguese Overseas Territories [J]. Civilisations, 1958,8(3):411－420.
[16]Lam T, 林中伟 . From British Colonization to Japanese Invasion: The 100 Years Architects in Hong Kong 1841－1941[J]. HKIA Journal, 2006,45(1):44－55.

中国传统园林的表现绘画创作途径探索与实践

王丹丹 宫晓滨

北京林业大学 园林学院

摘 要：在风景园林学科蓬勃发展的背景下，为进一步提升北京林业大学风景园林教育的核心竞争力，从园林美术基础课和风景园林专业设计课相结合的视角出发，本着创作性、实用性和示范性三个原则，园林学院开设了"素描风景画"特色课程。在教学实践过程中，不断探索中国传统园林的表现绘画创作途径，提出了系统构建"素描风景画"课程的思考，力求使这门精品课程更能适应风景园林学科发展和综合型风景园林专业人才培养的需求。

关键词：风景园林 中国传统园林 素描风景画 绘画创作途径 课程建设

在风景园林的教育逐步走向规范化的基础上，为保障风景园林本科教育的质量，处理好风景园林教育的共性与个性、质量与数量等问题极为重要。[1]"素描风景画"精品课程，是一门园林美术基础课和风景园林专业设计课相结合的特色课程，通过课程训练不断地启发和培养学生们园林风景组合的绘画表现力、艺术性的绘画与科学性的设计相结合的能力。因此，系统构建"素描风景画"精品课程，提高并拓展学生们对中国传统园林创作表现绘画的认识，探索中国传统园林表现绘画创作途径，是适应风景园林学科发展和培养综合型风景园林专业人才的需要。

北京林业大学园林学院的美术教育与北林一起走过了60余年的风雨历程，在老一辈先生们的指导下取得了非常优秀的成绩。园林美术教学是为园林艺术设计服务的，作为基础课，在课程内容上分美术基础（必修）和专业绘画（选修）两部分[2]，作为专业选修的"素描风景画"课程于2011年成为我校精品课程。在教学内容上，目前仍沿用孟兆帧先生等前辈的《避暑山庄园林艺术》以及其他中国传统园林的科研成果，参考相关平、立、剖面图进行透视和鸟瞰图的创作表现绘画。重点围绕中国传统园林的表现绘画进行创作，主要是指对中国传统园林中现已不存的园林风景的一种艺术再现和艺术创作。要求选课学生具备扎实的绘画基本功，能够准确把握透视规律，结合园林遗址的现场调研，在课堂上根据中国传统园林中经典园林的复原平面、立面、剖面图进行透视效果图和鸟瞰图的绘制。

1 风景园林专业"素描风景画"课程特色

（1）创作性——中国传统园林艺术的继承发扬

汪菊渊院士曾经说过"中国园林有独特优秀的传统，我们要去发掘、继承和发扬"，借助绘画形式表达能更加形象而具体。孙筱祥先生作为园林规划与设计教学上的开拓者，不断地将中国画、中国诗融于教学。孟兆帧院士强调一个设计学科的人才要有"三才"，即文才、画才、口才（图1）。这其中画才就是要将设计的立意表现出应有的诗情画意，化抽象为形象，实现自然与人的交融与结合。[3]与设计课程改革的目标一致，

即设计课程改革总的原则是强化设计训练在专业课程中的主导性、连贯性，培养具有创新性思维的园林设计人才。[4]素描风景画课程以创作性为核心，通过训练能够启发和培养学生们园林风景组合的想象力与创造力，以及将绘画艺术性与设计科学性相结合的创新思维能力。

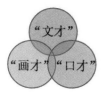
图1 设计学科的人才

图2 园林专业绘画系列教材

（2）实用性——风景园林学科发展的迫切需要

风景园林学科建设的总目标是逐步完善和构建以风景园林学为主导，建筑学、城乡规划学、风景园林学三位一体的人居环境学科学组群。[5]素描风景画注重实践，通过培养学生的设计表现绘画能力，为今后的设计课程建立一个良好的空间思维意识。

（3）示范性——领先于其他院校的典型示范性

该课程自1985年开设至今已有30余年，在教学与创作上，宫晓滨教授带领青年教师积极创作，先后完成了多部教材（图2），书中收集了很多优秀的学生作品。据不完全统计，在目前全国已开设风景园林专业的200多所院校中，该课程无论在开设时间还是目标模式上，都领先于其他兄弟院校，具有前瞻性和示范性。因此，如何在风景园林学科加速发展的过程中继续保持生命力并不断发展创新显得尤为重要。

2 中国传统园林的表现绘画创作途径探索

中国传统园林秉承了中国传统文学和传统绘画创作的精神内涵与艺术手法，是风景类绘画创作取之不尽、用之不竭的宝库。根据风景绘画的自身规律，以准确性为前提，注重风景绘画的说明性和表现力，如涉及园林建筑结构等首先要根据平面、立面的各项技术要求，遵循写实主义的基本规范和设计的各项要求，客观地进行描绘。具体来说就是充分遵照"造园逻辑"的严谨性与科学性，使之既符合造园的内在逻辑又符合艺术创作的规律，使想象和创作合情合理。中国传统写意山水画和传统工笔"宫阙图"在构思、构图、透视、立意、色彩、绘画技法等诸多方面积累了丰富的绘画经验且形成了完备的理论体系。[6]这些都可以借鉴来充实教学。

（1）品赏楹联匾额——探寻意境、提取物象

中国传统园林讲究立意，楹联匾额是物我交融所依托的平台。将主题、赏析和遐想以最简练的优美文字表达。通过品匾赏联有助于我们理解中国传统园林的本质和内涵。无室不匾、无柱不联不仅是颐和园的特点，也是清代皇家宫苑园林的共同特征，这与清代楹联艺术的兴盛有着密切的关系。[7]以颐和园后山后溪河景区的绮望轩—看云起时、赅春园—味闲斋为例，通过湖山品题，楹联解析，探寻意境并从中提取物象，为创作构思提供重要依据和参考（表1）。

	园名、景名、建筑名及楹联、匾额意译	探寻意境、提取物象
绮望轩—看云起时	（园名亦主体建筑）绮望轩：绮丽景色在望	层松、列柏、码头、石洞山荫、疏轩、环水
	（题额）蕴奇积翠：山藏奇观、水积翠玉	万寿山、后溪河、碧水
	（楹联）萝径因幽偏得趣、云峰含润独超群 松萝小径因幽致而别有意趣；山峰借云雾滋润而独具风采	松萝、小径、山峰、云雾
	（楼名）寒香阁：（梅花）寒日飘香之阁	梅花、朝岚、夕霭、石磴、嵌崎
	（亭名）澄碧亭：清澈如玉之亭	清澈、碧绿、下洞上亭 山谷、雨时流水
	（景点）看云起时：坐看白云升浮之时	白云、正殿、方亭、游廊 树荫、溪水、云润、雾林
赅春园—味闲斋	（庭园）味闲斋：闲情逸致之斋	林木森森、临溪、依山
	（园林）赅春园：万春之园	春色、沟谷、山林、峭壁
	（正殿）蕴真赏心：蕴藏真意，赏心乐事	清幽、惬意
	（建筑）竹簃：竹饰之室	竹篁、桂丛、月色、竹影花台
	（建筑）清可轩：清丽可意之轩	青崖、翠壁、岩壑、曲廊
	（题刻）集翠：山林葱翠	山林、青翠、茂盛、繁密
	（题刻）烟霞润色：烟霞为景物增色	云霞
	（题刻）苍崖半入云涛堆：苍崖斜入翻滚如波涛的云中	苍崖、云涛
	（石刻）香嵒室：修佛石室	岩洞、峭壁、回廊、岩嵣
	（建筑）留云阁：留得云聚	林茂、云气、山岩

表1 绮望轩、赅春园部分楹联匾额解读及物象提取

（2）搜集史料图画——考证实景、还原情境

以史为鉴，大量的历史资料为绘画创作提供了客观依据。《御制避暑山庄三十六景诗图》是康熙朝对承德避暑山庄的景致图咏。诗图对照，犹如徜徉在避暑山庄旖旎风光之中。

由孟兆祯院士编著的《避暑山庄园林艺术》一书，详细阐述了山庄建设的精细微妙和匠心独运所在，并附有彩色照片四幅和实测墨线图28幅。"研今必习古，无古不成今"，在《园衍》一书中再次图文并

茂地列举了古代帝王宫苑和私家园林的经典案例，包括避暑山庄山岳区的玉岑精舍、山近轩、秀起堂、青枫绿屿、碧静堂的复原图纸，以此为创作的基础。《圆明园四十景图》是以绘画形式表现的圆明园史料，有多个版本，彩色绢本《圆明园四十景图咏》、木刻版《圆明园图咏》、手绘本《圆明园四十景图》、彩色绢本《蓬湖春永》、法国《时世园林细部》（Detial DeNouveaux Jardins A La Mode）（引自陈志华《外国造园艺术》一书所译之名一书）收录的"圆明园四十景钢笔画"等，这些史料最全面地反映出了圆明园的景物形象，准确地传达出四十景中每个景点的不同格局、不同风格，使人一目了然。[8]尤其对于建筑形象和建筑群的展示非常清晰直观。

（3）借助科研成果——推敲布局、考究细节

与之相关课题的科研成果都可以作为参考，如郭黛姮主编的《远逝的辉煌：圆明园建筑园林研究与保护》中，依据档案和考古实迹复原了部分被毁建筑形象，并绘出了平、立、剖面图。贾珺编著的《圆明园造园艺术探微》一书从圆明三园建筑空间、造园主题和写仿景观三个层面进行研究，这些科研成果为绘画创作奠定了较为科学的基础。另外，提倡学生们通过Sketchup软件制作模型，推敲空间和细节。另外，《圆明园》、《颐和园》、《避暑山庄》等大型专题纪录片是生动而直观的影像资料。通过数字化模型的手段将远逝的辉煌复原再现，有助于我们从宏观上认识园林的总体布局和结构。

（4）研习经典佳作——探究画理、求其变法

中国传统山水画绵延几千年，名家辈出，流派纷呈，画论著录更是精严深广。《芥子园画传》是集明清中国画名家之杰作，分册记载了山水、兰竹梅菊、花卉翎毛和人物的各家画法，《中国古代画论类编》择要编辑了我国古代各种研究绘画理论的著作。"画无常形，但有常理"，在技法的选择上，提倡"万法归一"，即在满足设计科学性和艺术创作表现力的基础上，鼓励绘画风格的多样性和艺术性，以写实为主，适当兼顾写意、充实技法、完善创作。研习这些经典佳作，不断充实完善素描风景画教学，以西润中，将西方舶来的素描艺术与中国特有的山水画艺术融合，来寻求中国传统园林绘画创作的突破。[9]只有"守法固严、变法须活"才能称之为创新。正如潘天寿在《听天阁画谈随笔》中说："有常必有变。常，承也；变，革也。承易而变难，然，常从非常来，变从有常起，非一朝一夕偶然得之。"[10]创新是以继承为基础，又以发扬传统为归宿。

3 适应风景园林学科发展的"素描风景画"教学与思考

学以致用，该课程是将培养学生的形象创作性思维和较好的艺术表现力结合起来，提升学生们从平面到立体的分析判断能力和园林绘画创作表现能力，其教学目标是培养综合型的风景园林专业人才。

（1）拓展教学内容，加强教学实践，强化与后续设计课程的衔接

风景园林学科是注重理论与实践相结合的应用学科，中国传统园林是素描风景画课程的主体，在此基础上，需要不断拓展教学内容，适当增加东西方古典园林和现代景观设计充实教学，并有针对性地进行素描风景画的创作，无疑具有很强的实用性。[11]这既是对中国传统园林艺术的发扬，也是适应新时期风景园林学科发展的需要。另外，该课程与北方承德避暑山庄园林实习形成优势互补。承德避暑山庄实习是我院风景园林专业学生的必修课，结合史料对山庄遗址区域进行重点考察，借助复原平面图、立面图与场地环境进行比较分析，借助绘画的手段创作场景效果图和鸟瞰图，通过实习进一步强化学生们的识图能力和创作构思能力。通过这门课程将大大提高实习实践环节的针对性和指导性。

"素描风景画"这门课的表达方式包括结构素描和光影素描。结构素描，是以结构形体研究为中心，将对客观事物的感知提炼用线条刻画出来，在创作过程中突出研究性和说明性。如在描绘园林中的建筑结构时尤其注重科学性和严谨性，尊重透视规律，推敲建筑之间、建筑与地形及环境之间的结构关系。结构素描作为现代设计的基础，强调对形体和造型更为本质的认识与表达。结构素描便于培养理性的归纳概括的能力，便于与当代风景园林设计与表达等相关设计课程结合。而光影素描容易建立整体意识、色调意识等感性认识，两种素描方法优势互补。因此，在具体的教学实践中，两种素描方法的结合和强化（图3～图10），更有利于发掘学生的创造力，进一步拓展素描观念。[2]

（2）改进教学方法，丰富教学手段，强化艺术理论的引导与启发

结合实例精讲与创作过程相关的构思立意、取景构图、运笔手法、

图3 避暑山庄—碧静堂鸟瞰图　　　　图4 避暑山庄—山近轩秀起堂组合鸟瞰图

图5 避暑山庄—玉岑精舍平面图取景角度

图6 避暑山庄—玉岑精舍—玉岑室透视效果图

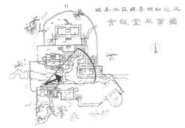

图7 避暑山庄—秀起堂平面图取景角度

图8 避暑山庄—秀起堂—振藻楼透视效果图

图9 避暑山庄—山近轩平面图取景角度

图10 避暑山庄—山近轩—古松书屋、养粹堂透视效果图

析和解决问题的能力以及创新精神，充实园林设计类专业学习与工作上的艺术素质。同时，随着教学的进行，急需编著一部与该课程作为精品课程相配套的教材。教材中的创作步骤通过视频记录下来，灵活地将多媒体教学充实到现有教学环节中，使学生们能够随时随地观摩创作过程，精品教材和多媒体视频课程的结合丰富了教学手段，也将在一定程度上提高教学质量。

4 结语

学院的老一辈先生们为我们树立了光辉的榜样，即作为一名优秀的风景园林师应具备综合的素质和修养，而表现在绘画艺术方面的素质结构最好是：绘画功底与形式美感＋表现技法与艺术修养＋文学水平与相关的人文社会科学知识＋主动性劳动能力。[12]

中国传统园林是中国传统文化的重要组成部分。以中国传统园林为主体具有无限的发掘潜力，其绘画创作是从艺术的角度进行的再创作，是凝聚中华民族独特魅力的创作形式。中国传统园林绘画创作任重而道远。

＊基金项目：中央高校基本科研业务费专项资金资助项目（RW2015-25）；中央高校基本科研业务费专项资金资助项目（2017JC06）；北京市共建项目"城乡生态环境北京实验室"资助。

注释：

图1 第一作者本人绘制；图2 第一作者本人拍摄教材封面；图3 为城规02-3 杨雪绘制；图4 为风图11-4 温馨绘制；图5、图7、图9 均由第一作者根据《避暑山庄园林艺术》复原平面图绘制取景角度；图6、图8、图10 均为第一作者课上习作；表1 参考《湖山品题—颐和园楹联匾额解读》一书整理绘制。

参考文献

[1] 李雄. 注重质量建设 提升风景园林教育核心竞争力 [J]. 风景园林, 2015,(4):31-33.

[2] 宫晓滨. 北林园林学院美术基础的作用及影响 [J]. 风景园林, 2012,(4):92-95.

[3] 大师访谈—孟兆帧院士访谈 [J]. 风景园林, 2012,(4):37-39.

[4] 郑曦. 北林园林学院园林设计发展概况与思考 [J]. 风景园林, 2012,(4):59-61.

[5] 历史发展—李雄访谈 [J]. 风景园林, 2012,(4):45-47.

[6] 宫晓滨. 中国园林水彩画技法教程 [M]. 北京: 中国文联出版社, 2010:7.

[7] 夏成钢. 湖山品—颐和园匾额楹联解读 [M]. 北京: 中国建筑工业出版社, 2008:54.

[8] 郭黛姮. 远逝的辉煌: 圆明园建筑园林研究与保护 [M]. 上海: 上海科学技术出版社, 2009:293.

[9] 徐桂香. 以山水画的艺术成就充实完善"风景素描"教学 [J]. 美术向导, 2010,(6):61.

[10] 刘松岩,岩志奇. 中国传统山水画技法解析 [M]. 北京: 人民美术出版社, 2006:355.

[11] 宫晓滨. 园林素描（第2版）[M]. 北京: 中国林业出版社, 2015:164.

[12] 韩立明. 从全国素描和结构素描的比较中探索园林素描教学的新思路 [J]. 中国林业教育, 2011,(1):76-78.

渲染手段等，在古园遗址创作方面，尊重历史面貌，如用色彩表现需讲究"画旧如旧"的原则，另外，中国传统山水画论在画面构图和画面结构方面很考究，非常强调规律性和辩证法，应用对立统一的规律，在形式表达上有宾主、开合、虚实、聚散、大小、黑白、疏密、奇正、险稳等一系列结构关系，如将这些艺术理论活学活用到素描风景画创作中，必将启发、引导和提升学生们的创作水平。

教师通过现场示范讲解与创作过程演示相结合，提升学生们的审美水平，使学生逐步具备形象的风景具象思维能力、风景组合的逻辑思维能力、空间想象与表现刻画能力。特别培养学生充分发挥自身艺术特质与技术擅长，并具有较熟练的风景创作绘画技法和综合运用所学知识分

论书法景观理论在历史城市公园中的运用
——以西安唐城墙遗址公园为例

岳红记 徐娇
长安大学 建筑学院

摘 要：历史城市公园不仅是一个城市居民休闲娱乐的地方，还是传播城市文化和提升城市文化内涵的载体。近年来，我国最重要的传统文化代表之一书法被作为主要元素广泛运用于历史城市公园景观设计中。本文以西安唐城墙遗址公园为研究对象，以调查总结为研究方法，对该公园内的书法景观现状进行实地调查和分类，重点分析了书法景观在历史城市公园景观设计中存在的一些问题并提出改进措施，从而使书法景观在历史城市公园景观设计中得以正确运用。

关键词：书法景观 城市文化公园 景观设计 文化传承 唐城墙遗址公园

1 书法景观

（1）书法景观定义

书法景观（Calligraphy Landscape）是由成批书法作品在特定地理空间内集体展现而形成的具有特殊外部视觉特征和特殊地方感的场所环境[1]。从文化景观的角度出发，书法景观是书法或类书法作品呈现在自然地貌或者人工建筑物上，使环境具有特殊的艺术审美效果和文化特征。当书法与材料媒介结合出现在景观环境中，景观因融合书法而提升品位，书法因景观而得到丰富，两者相互依托，互为增益，形成独特的书法景观[2]。

（2）书法景观在历史城市公园中的应用现状

书法景观是公众感知公园文化内涵的可视性景观元素，在当前历史城市公园景观设计中，书法景观主要以单体、界面、装饰小品三种形式呈现[3]。当前，在我国历史城市公园中的单体书法景观多以造型建筑、雕塑、景墙和植物为表现形式；界面书法景观包括墙面书法景观和地景书法景观；装饰小品书法景观包括景观柱、标识牌、景观灯等。

书法景观通过这些不同的可视性材料和表现形式给观赏者提供可悟性的景观内涵，以彰显城市文化特色和提升城市文化品位。但是在具体应用上仍存在诸多问题：书刻内容和书体选择杂乱无章且偏离主题；书法景观布置零散且不成系统；书法景观载体材质粗制滥造；书体大小和颜色使用不当。可见，当书法摆脱纸质形式，成为一门与园林景观结合且让人们感知的景观艺术门类时，就需要用书法景观理论做指导，以便科学、合理、正确地将书法景观应用到历史城市公园的设计之中。

2 西安唐城墙遗址公园案例研究

（1）西安唐城墙遗址公园概况

西安唐城墙遗址公园位于西安大雁塔南 1.2km 处，西起开元广场以东的新建唐城墙，东至曲江遗址公园，

图 1 唐长安城墙遗址

图 3 七言律诗

图 4 乐府

图 5 石鼓歌

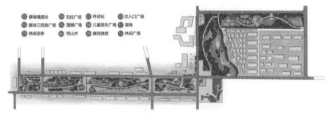

图 2 唐城墙遗址公园平面图

处于雁南二路与雁南三路之间，是在原来唐代城墙遗址的部分基础上建成，东西长 3600m，宽 100m，占地 540 亩（360000m²）。公园内有两处玻璃围起来的唐城墙（挖掘）遗址（图1），每处大约有 18m²，是原城墙的地基部分 [4]。该公园依托唐城墙的地基遗址和唐文化，修建成一个集"历史文化、艺术教育、休闲健康"为一体的带状城市文化公园（图2）。

唐城墙遗址公园中书法景观是其主要的设计元素之一，有"唐诗三百首"书法景观之称。书法景观的形式多样，从书体角度分，有篆书、隶书、楷书、行书、草书；从载体方式看，有墙体书法、柱体书法、单体石材书法；从材质分，有石材、木材、现代综合材料等；从景观表现形式分，有单体景观书法、装饰小品书法和综合表现书法。游人观赏书法景观的同时，配合广场广播以低中音连续播放的唐诗朗诵及音乐，把游客渐渐带进了浓厚的唐文化氛围中，为游客提供了一个在读、赏、听中立体接受唐文化及书法艺术的历史公园。可见，书法既是园林景观的有机组成部分，又是园林风景中的独特景观 [5]，书法景观的真实意义在于作为一种象征历史文化的镜像符号，和园林景观一起，勾起人们对唐代历史的向往和回忆 [6]。所以说，西安唐城墙遗址公园中的书法景观对当代我国历史城市公园进行书法景观设计时具有一定的借鉴意义。

（2）书法景观的现状分析

西安唐城墙遗址公园中书法景观艺术虽然得到游人的赞叹，也引起

了媒体的关注及社会的认可。但是依据书法景观的理论来分析，再通过笔者的实地调研，该公园的书法景观还存在以下问题，有待于进一步提升书法景观的表现。

1）书法景观序列缺乏规律性

西安唐城墙遗址公园是在对唐代城墙遗址保护的基础上修建而成。书法景观是该公园设计和表现的主要景观。公园内的游览主线是以书法形式表现唐诗内容而形成的景观序列。大体是按照初唐到盛唐的发展进行设计。公园的书刻题材丰富，紧扣唐文化题材，有人物简介、唐人作品和唐文化风格。人物简介包括人物生平及代表作品，以李白、杜甫、王维、李商隐、孟浩然、王昌龄和韩愈等人为主；唐人作品包括《唐诗三百首》、白居易的《琵琶行》和《草》、怀素《自叙帖》等。其中，吟诗坛以七言律诗和七言绝句为主题（图3），唐诗迷宫以乐府为主题（图4），唐文化风格包括张旭书写的《古诗四帖》和唐初发现的石鼓歌（图5）。

西安唐城墙遗址公园虽然将唐诗作为设计重点，但在书法景观的序列表现中没有遵循从初唐、盛唐到唐末的文化发展历程进行设计，体现不出唐文化的发展历史文化顺序，从而形成的书法景观游览路线内容零散且不成序列；另外，在景观设计中缺乏对唐城墙遗址背后隐藏的历史文化挖掘；公园多处单纯陈列唐诗的字体不是书法字体的集字，而是当代字体，有对游客误读的嫌疑（表1）。

2）书法景观载体的材质形式不统一且缺乏历史厚重感

书法景观的书刻载体形式对于历史城市公园主题表现有着非常重要的作用，不同材质所承载的书法元素与主体环境的相融度越高，越有利于游客感知公园所体现的文化。西安唐城墙遗址公园书法景观的书刻载体形式种类多样、造型比较讲究，依据材质分为石质文化柱、石质雕塑、石质景墙、木质小品、砖质景墙、铜铸雕塑和现代材料的装置艺术（表2）。

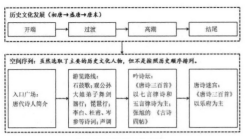

表1 现状书法景观序列分析

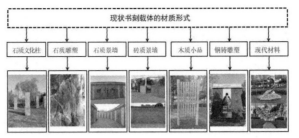

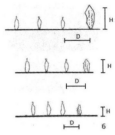

表2 现状书刻载体的材质形式

图6 视距与载体高度的关系

但西安唐城墙遗址公园的书刻载体存在很多问题：①入口作为公园的标识，使用了偏现代化的石质文化柱，削弱了书法的表现力，也消弱了公园的唐文化氛围；②有些石质雕塑的材质花纹比较花哨，材质颜色与字体颜色近似度高，造成了书法的识别度低，影响了设计书法景观的目的；③在材质及样式的选择上，没有统一整体材质样式，特别是景观小品的形式缺少唐代的历史文化元素，只是简单罗列现代化材质载体，减弱了公园整体的唐文化氛围。

3）书法景观的可视角度不合理

书法景观的位置是人们对城市文化公园的第一感知，合理的位置能够为人们提供最佳观赏视角。书法元素必须依托载体存在，因此，需要依据书法景观的载体高度与视距来选择最佳观赏位置（图6）。

根据《景观园林设计》中的分析，最佳视距与载体高度的关系为：

$$D=(H-h)\cdot ctg\,\alpha/2$$

h为人的视高；H为书法景观载体的高度；D为垂直视角下的最佳视距；α为观察景物的最佳垂直视角。据此，对现状位置及视角进行分析（表3）。

西安唐城墙遗址公园的书法景观位置依据游览路线多布置在广场、道路两侧及草坪上（图7）。布置在广场上的书法景观载体有文化柱、方块石、球形石以及公园的核心吟诗坛和唐诗迷宫，文化柱56个，其中有46个高为2.5m，有10个高为3.8m，长宽均为0.6m；方块石3个，长宽高均为0.6m，球形石8个，其中7个直径为0.8m，1个直径为2m；吟诗坛景墙高度为3.6m，唐诗迷宫景墙高度为2m，两者均以景墙的围合方式表现书法景观。布置在道路两侧的书法景观以石鼓为主，共10个，高1.1m。布置在草坪上的书法景观以石质雕塑、现代装置艺术为主，其中石质雕塑34个，高度在1.5~4.5m之间；现代装置艺术6个，高度在2.2~3.9m之间。

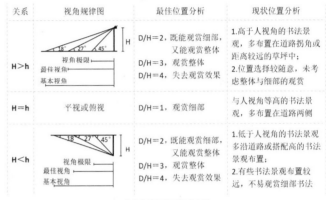

表3 现状位置及视角分析

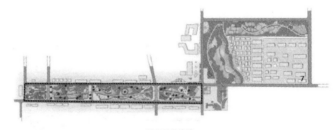

图7 现状位置

根据最佳视距与载体高度的关系，结合实地调研测量西安唐城墙遗址公园的书法景观位置分析，目前存在的问题是：

①在设计时没有将公园内书法载体的高度纳入总体设计原则中，导致了不同高度的书法景观没有形成最优的观赏视距。

②书法景观位置选择欠缺合理性。比如一些书法景观选在植物之间，却未考虑植物生长所占据的空间，致使书法景观被周围树木的枝叶遮挡，影响游客在不同视角的观赏效果，降低书法的景观功能。

4）书体类型的杂乱破坏了书法景观的整体性

西安唐城墙遗址公园以集唐代名家的书法为主，包括唐楷（以颜体、柳体、欧体为主）、唐草（以张旭、怀素的草书为主）、篆书、行书等，书体和字与整体环境氛围基本相融。但是在实地考察中，公园中出现了部分当代书法景观和电脑集字书法景观，不仅与该公园的唐文化主题不相容，也破坏了整体的唐代书法景观效果。另外，在书体选择上，欠缺对书法识别功能的考虑（表4）。

5）字体大小及颜色缺乏可视性

书法景观的字体大小和颜色需要根据载体面积、载体大小和载体位置而设计。在符合审美原则和艺术设计原则的基础上，字体大小和颜色还应考虑游客的识别度和可视性。

西安唐城墙遗址公园的部分字体大小符合可视度理论要求。如公园的园名"唐城墙遗址公园"是集颜体书法，字体长宽均为0.5m（图8）；公园中多数电脑书法集字的字体长度为0.1m，宽度为0.05m，较适合人们浏览阅读。但还有一些书法景观不具有识别度和可视度，如雕刻成放倒状的琵琶石，正面刻有草书"琵琶行"三字，背面是电脑集现代字白居易的长诗《琵琶行》，其中"琵琶"二字长为0.6m，"行"字长为0.5m（图9），其识别度较低；还有，声调广场的四个声调石柱上，字体太小，可视度较低（图10），均难以引起游客的关注。

西安唐城墙遗址公园书法字体颜色较统一，主要以墨绿色为基准色调，再配合流金黄、红色、黑色和白色。字体基准色调墨绿色与公园营

书体	识别性	主题性	表现形式	现状
唐楷	●	●	指示类文字 标志性雕塑、文化柱	
唐草		●	标题类文字 标志性雕塑、文化柱	
篆书		●	艺术类文字 石鼓、印章	
行书	●		解说类文字 大多数雕塑小品	
电脑集字	●		解说类文字 指示牌、吟诗坛、唐诗迷宫	
当代书法			艺术类文字 个别雕塑、现代艺术装置	

表4 现状书体类型分析

图8 "唐城墙遗址"　　　　　　　　图9 琵琶"行"

图10 声调柱　　图11 材质与字体颜色相近　　图12 字体颜色脱落　　图13 白色玉净瓶

造的整体氛围比较协调，但在设计时没有考虑到字体颜色和载体颜色的冲突，导致一些字体可适度较低，再加之后期字体颜色脱落，也影响书法景观的识别。如公园草坪上一处雕塑书法景观的材质颜色与墨绿色字体颜色过于相近（图11）；文化柱上的个别字体颜色脱落（图12）；白色玉净瓶刻有白色字体，难以发现书法景观（图13）。

3 书法景观在文化公园景观设计中的应用策略

通过对西安唐城墙遗址公园中书法景观的现状分析，可以看出在历史城市公园书法景观设计中，当书法作为景观元素进行设计时，绝非是简单的拼装与组合，而是需要挖掘传统的精髓并赋予新的文化理念，体现地域文化风格[7]。这样，书法景观才能与公园中的其他景观相得益彰，更加突出公园设计的文化主题，具体设计从以下角度考虑：

（1）整体把控书法景观序列

书法景观序列可分为时间序列和空间序列。当前，在时间序列条件下，书法展示的内容可包括朝代演变、历史人物故事和书体发展，如果以历史人物的书法作为景观设计元素时，应考虑该历史人物的成长历程；在空间序列之下，应该依据单体书法景观、地面书法景观、建筑小品书法景观等空间布局原则进行。总的来说，要做到整体把控书法景观序列，必须依据景观设计理念、书法书写艺术规律、书法景观设计的时间和空间序列，才能突出公园文化主题，从而使书法景观与其他景观协调一致。

（2）正确选择书法景观的书体与材质

在书法景观的设计中，正确使用书体和载体材质是托起公园文化氛

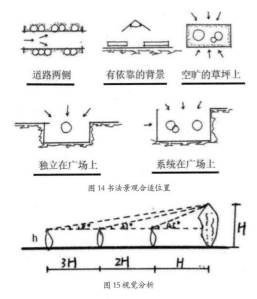

图 14 书法景观合适位置

道路两侧　　有依靠的背景　　空旷的草坪上

独立在广场上　　系统在广场上

图 15 视觉分析

围的基础。书体不仅要符合特定的历史文化,还要与城市及周围环境协调,才能符合公园的景观序列;进行书法景观设计时选用的书法元素最好是与该历史景点相应时期的书法家字体,如果没有,切忌选用当代书法家的字体,避免造成书法的鱼龙混杂,而降低公园的文化含量和文化意义。

另外,书法载体的材质需根据历史城市公园所承载的历史文化进行选择,不仅要与公园内部景观相协调,还要与周围环境融为一体。历史意义丰富的城市公园多用木质、石质、仿古砖质等雕像小品,而历史与现代融合的城市公园,在此基础上可点缀铜铸及现代材料的雕塑小品。

(3)书法景观最佳位置的确定

进行书法景观设计时先是确定书法序列和内容、书体和材质,然后再确定书法景观的位置。设计位置可以在道路两侧、有依靠的背景前、空旷的草坪上、独立或成系统放在广场上(图 14)。

其次,位置的确定与人的视觉信息相关。人在观察物体时一般存在三种状态,即远眺、近看与细查。远眺适合总览物体全貌,近看适合观察个别物体,细察是对物体的纹理、材质、肌理等进行仔细的观察[8]。因此,基于视觉分析理论,借助人的视角、视距与景物之间的关系(图15),将位置和字体大小结合考虑,确定书法景观的最佳位置。

当 H > h 时,最佳书法景观位置为 H ≤ D < 3H,字体大,以观察整体效果;

当 H ≤ h 时,最佳书法景观位置为 0 < D ≤ 2H,字体小,以观察书法内容。

(4)书法景观字体大小与颜色的选择

书法景观字体的大小需根据载体尺度和功能选择合适的比例。载体尺度大、视距长且具有标识功能的书法,字体应大一些;载体尺度小视距短、承载阅读功能的书法,字体应小一些,以满足其景观功能与阅读功能。字体的颜色是书法景观的点睛之笔,需要统一基准色调,再搭配四种以内明度较低的颜色,如暗绿色、暗红色、流金黄等。其次,字体颜色应当与历史城市公园营造的整体环境氛围融为一体,宁静自然的城市公园宜选择暗绿色的基准色,动感活泼的城市公园宜使用暗红色或流金黄的基准色,还应与载体材质的颜色协调,避免字体与材质颜色过于相近。

(5)书法景观后期的管理

书法景观的后期管理是决定历史城市公园质量的关键一步,很多景观设计完成后都忽略了这一步,导致公园前后差别明显。出现了书法景观被无意遮挡、字体颜色脱落、载体破裂等问题,既影响美观,又让游客无从感知文化。因此,公园管理人员应避免此类问题,并及时对出现的问题进行补救,以保障公园书法景观在历史城市公园中发挥应有的作用,具体实践步骤如表 5。

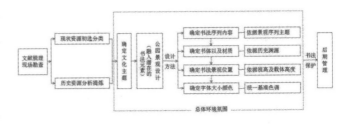

表 5 书法景观应用方法

4 结语

在当代历史城市公园的景观设计中,书法作为主要的景观元素之一,有利于提升公园的内化含量,但是由于设计者对书法理论及其相关书法知识的欠缺,导致了书法元素在景观设计中的滥用和误用,降低了景观的文化含量,从文化层面讲还误导了游客。因此,应当以书法景观理论为指导进行书法景观设计,不仅可以提升历史城市公园的文化层次和文化品味,还有利于传承中国传统文化。

参考文献

[1] 张捷.基于人地关系的书法地理学研究 [J].人文地理，2003,18(5):1-6.

[2] 孙丽.书法艺术在景观中的应用与现代演绎 [J].北京：中国书法，2016,(286):94-97.

[3] 张红军.书法景观文化对西安城市建设的影响研究 [D].西安：西北农林科技大学，2015:13.

[4] 左美丽.从唐城墙遗址公园的保护与开发现状看文化文物产业在陕西的发展 [J].河北：旅游纵览.下半月.2012,8:77-80.

[5] 李成奎，高婷婷，王清萍.书法艺术与园林景观的融合应用 [J].中国园艺文摘，2016,(5):130-132.

[6] 彭砺志，黄建国.城市书写：西安书法景观现状与城市形象关系研究——以西安大遗址曲江文化景区中书法元素运用得失调研为例 [C].2013，中国旅游科学年会论文集，2013:5.

[7] 李玉龙.穿越传统与现代的书法艺术——浅析如何将书法艺术更好地应用到现代平面设计中 [J].兰州交通大学艺术设计学院：社科纵横，2010,(3):82-83.

[8] 百度百科：https://baike.baidu.com/item/ 视觉分析 /2572392?fr=aladdin.

哈尼族传统民居在当代的价值再现
——以阿者科民宿酒店设计为例

陈新

云南艺术学院 设计学院

　　摘　要： 在适应自然环境和社会环境的长期过程中，云南少数民族形成了具有独特地理特征的空间布局和充满智慧的传统民居建筑形式。创造了独特的民族地域文化。本文以元阳原舍·阿者科民宿酒店的改造为典型案例，探讨其中蕴含的建筑文化特征，并将传统民居所蕴含的地域精神运用于现代建筑的创作中。并使用现代的技术手段对其做出科学的解答。

　　关键词： 阿者科　哈尼族　梯田　聚落保护　民宿

1 研究背景

　　云南是少数民族众多的省份，各民族创造了独特的民族和地域文化，传统民间建筑文化是其重要组成部分，充分体现了当地地域特色和文化特色。元阳哈尼族传统聚落历史悠久，其中以阿者科村为代表的传统村落特色鲜明。近年来，随着现代化进程的推进，这些传统民居面临新的挑战成为了大家所关注的新问题。本文在对哈尼族民居聚落现状进行调查和改造的基础上，结合有关历史资料和现有研究，深入分析哈尼族聚落居住区中存在的建筑文化特征的内涵。探索了传统哈尼族建筑理念在当代的价值再现，以"原舍·阿者科民宿酒店改造设计"为例，探究实现哈尼族民居建筑的可持续发展，着眼于构建传统建筑文化与现代功能诉求相统一的建筑风格和形式。

　　（1）哈尼族的传统聚落

　　影响元阳哈尼族聚落选址的因素很多，大致可以分为两类：自然生态因素和社会文化因素。自然生态因素是指人所居住的自然环境，包括地理、气候、地形、地貌、水文等。元阳哈尼定居区山高林密，哈尼族聚落多建在山腰，选址是否合适取决于当地的种植用地是否可以支撑村民的粮食需求进一步综合考虑自然条件，综合形成了"山—村—田—水"的面阳背阴的整体形势。

　　"山"用于蔽寒遮雨与山林生长，并滋生水源。元阳地区高山上 6400 多公顷森林至今仍是各族人民生产生活水源，灌溉着山岭之上的 19 万亩梯田。"村"提供了村民的居住生活空间，哈尼村寨的选址尤其体现了古代先民的智慧。由于全县土地全是山地，相对高差 2795.6 米，最低点仅为海拔 144 米，气候炎热多雨。哈尼村寨的选址基本都在海拔 800~1800 米之间，气候潮湿温和，村落布局在视觉上形成了缠绕山体的"带形"村落布局。哈尼梯田不仅提供了生存条件和生存资料，又是个完美的农耕科学系统，可以调节气候，保持水土和防治山体滑坡，反映了适应当地条件的原则和对当地生态环境的科学认识和合理利用。在充分了解自然的基础上，发明了严密公平的用水制度和高效环保的施肥方法，如"水木刻"和"冲肥法"等，位于村落下

图1 元阳梯田景观（来源：网络）

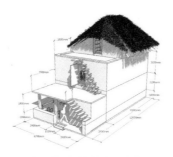

图2 蘑菇房测绘（来源：自绘）

图3 阿者科村貌（来源：自摄）

方逐级下降的梯田内不同经济植物的种植对于人类活动产生的垃圾分层过滤、降解，由此形成了多彩梯田的奇景（图1）。"水"，用于浇田与饮用，"山有多高水有多深"，优良的高山植被提供了丰富的水源，是哈尼梯田和聚落的起源，层层流淌而下的水流到山脚汇入河流。合理的"山—村—田—水"形成了利于人生存居住的自然空间格局。由于地形限制，聚落规模都不大，以大分散、小聚居为主，房屋占地小，正房、耳房不在同一地形标高上，院落中出现较多的踏步（图2）。又因为晒场难以开辟，所以形成了稻谷收割后背回家晾晒的习惯，因此民居的土掌房平屋顶、封火土顶等成了不可缺少的晾晒场所设施（图3）。周围的水土环境对于村落选址非常重要，哈尼族村落周围都有清洁的水源，而且村寨周围的森林植被茂盛，为村民提供了良好的外部生态环境。

（2）社会文化因素

社会文化因素包括人群和人群所发展出来的社会组织、文化观念以及生产生活习俗等。聚落的选址主要受到了生产力发展水平、群体的经济生活、宗教信仰等因素的影响。哈尼族是一个以山地稻作为主要生产生活来源的民族。哈尼族的文化观念、生产生活与自然融为一体。其梯田稻作可称为自然主义的水稻种植，是可持续发展的生态农业，并形成了哈尼梯田稻作的自然社会基础。梯田稻作的成功使哈尼族社会历史发展进程发生了重大的转折，从漫无边际的游耕和无始无终的刀耕火种中定居下来。这样的生活习俗继承了下来，形成了一套适应其特点的住居

文化，也对哈尼族民居的营建产生了巨大影响。红河南岸的哈尼族宗教信仰主要是多神崇拜和祖先崇拜，对山川草木皆有敬畏，因此不能随意破坏周围的自然景物。哈尼族民居聚落选址注意将自然环境要素与人工要素结合起来形成了一个有机的整体，实现了自然物和人造物的协调。

（3）结论和讨论

20世纪50年代，法国地理学家马克思·索尔提出地理条件决定"生存模式"的理论基础，聚落营建模式正是"生存模式"的重要组成部分与主要空间承载，自然而然地需要回应"生存"所必需的困难。元阳县阿者科村哈尼族山地聚落的营建过程，正是根植当地、适应自然并巧妙地加以利用的过程。最终形成的山地聚落"四素同构"体系，"山—村—田—水"整体空间格局是当地人民赖以生存繁衍为核心的要求，历经数十代人不断摸索、营造、调适形成，是哈尼民族最为朴素、最为牢固的大地空间观念的直接体现，也是生存压力下生存和繁衍的基本空间保障。

考察元阳哈尼族传统山地聚落、"山——村——田——水"的整体格局的形成过程，可以提炼出当地民众在巨大生存压力下形成的聚落空间营建智慧，表现为极度珍惜土地，温和谦卑地与自然相处，注重整体解决的理念。同时，村民们在这个过程中形成了集体定居行为准则，可称为聚居的"生存伦理"。山地少数民族在千年中形成了共同遵循的定居风格，合理处理人与自然关系的生存关系，必将为今天的美好乡村建设提供更多借鉴。

当代工业化和城市化的发展以及村民生产生活方式的变化，山地传统聚落内形成和发展的条件正在发生改变，传统山地聚落及其建造理念正面临多重挑战。首先生存压力不再是影响聚落的核心因素，由此形成的聚落整体营建思想面临崩溃危险。农民外出务工的方式获得生存保障，形成劳动力"空心化"。以往最为核心的田地因素，对农民而言已不复重要，因此整个聚落经数百年形成的珍惜田地，保护山林等朴素的生存伦理正在受到侵蚀。群众在梯田景区的周边开挖乱采、砍伐森林，在梯田核心区内私搭乱建房屋、挖沙采石，不科学的化肥农药施放等现象时有发生。现代化的大尺度建筑不断取代传统民居建筑形式，兵营式的布局代替了传统聚落，传统民居建筑和工艺技术面临失传。

其次，无序的城镇化有可能带来传统山地聚落的消亡，或者呈现出"千村一面"的可悲景象。近年中国处于高速城镇化进程之中，过快而无序的城市化扩张，一方面不断侵占农村土地，部分传统山地聚落正在被拆迁，从而变为城市。另一方面，城镇化进程正在对大众认知施加具

大影响，"城市代表先进，农村代表落后"这一观念也影响了部分民众，因而在当前的聚落建设中，"建设性破坏"现象层出不穷，不少传统山地聚落的特色正在逐渐消失。

如果连一个位于全球重要农业文化遗产和世界文化遗产的核心保护区的村落都面临着人口空心化、传统断裂、村落凋敝、不可持续的危险，那么，中国乡村发展的路在何方？

"红米计划"应运而生。以城市反哺乡村、保育乡村活力为出发点启动的"红米计划"，是一个致力于拯救日益消失的云南元阳哈尼世遗村落的公益项目。2015年4月，由上海伴城伴乡·城乡互动发展促进中心及昆明理工大学联合发起，其宗旨是搭建城乡双行线的联动平台，形成可复制的古村落复兴模式，通过世遗村落的保护及发展旅游导入自主造血，通过民宿为支点撬动乡村建设和产业多元化，通过世遗梯田的物产打通城乡联动的渠道。由此作为"红米计划"中的重要组成环节，我们对"原舍·阿者科民宿酒店"从调研、设计到运营全程参与，也有了一些心得。

2 哈尼族传统民居传承和发展的思考

（1）哈尼族传统民居特色的传承和创新

哈尼族传统民居尊重自然并与环境融合，具有鲜明的地域性，对现代地域建筑的创作有一定的启发。以阿者科原舍·阿者科民宿酒店的改造设计为例来加以阐述（图4~图6）。

1）就地取材，因料施用，因时制宜

哈尼族传统民居通常利用村寨旁山林中的木材和竹材，靠人力和简单的施工设备进行建造。这些材料在被运用的时候基本保持其本身的质地、颜色和肌理，地方材料不仅反映了建筑所处自然环境的面貌，也使建筑具有了不同的表现形式，体现出哈尼人的性格和审美特征，具有明显的地域特征。作为民宿改造，在保留蘑菇房石块、夯土、茅草顶三个基本构造元素的基础上，增加了一个中性、通透元素——无框Low-e双层中空玻璃，改善室内空间的采光，减少太阳辐射，保温隔热，强调景观价值的最大化呈现（图7）。研究在不破坏传统聚落特色的前提下，实现大窗面景，其余视觉方向保持哈尼蘑菇房朴素、完整的整体形象（图8）。

2）适应当地的气候和地形

为适应元阳的气候条件和自然条件，哈尼族传统民居底层架空结构解决了潮湿地气对室内环境的侵扰，减少了对不平整地形进行处理的额外地基。但是由于下层主要是饲养牲口和农具摆放，蚊虫及气味的影响严重，而且建筑物层高不能满足居住使用的要求。因此设计中巧妙地将原有基础部分地面下挖至合理高度，形成满足人体舒适度要求的半地下空间，同时采用现代防水材料对整个建筑进行了封闭式处理，利用现代生态设计技术，在内部砖墙和外部夯土砖墙间形成空气间层，保温隔热，降低建筑物使用的能耗，提高人体舒适度。

图4 改造前航拍（来源：自摄）

图5 改造后航拍（来源：自摄）

图6 设计效果图（来源：自摄）

图7 梯田方向景观（来源：自摄）

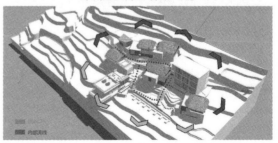
图8 视线分析（来源：自绘）

图10 外部梯田环境（来源：自摄）

图12 外挑公共空间（来源：自摄）

图13 公共空间内部（来源：自摄）

图9 内院景观（来源：自摄）　　图11 项目俯视（来源：自摄）

图14 阁楼内景（来源：自摄）　　图15 屋顶构造（来源：自摄）

3）保护原生地貌

哈尼族传统民居科学而又巧妙地使建筑与地形结合，尽可能地减少了对地形的破坏。设计沿用原有建筑群的布局，拆除影响景观的临时建筑，打开视线通廊。少用或者不用硬质铺装，在外部景观营造上采用当地石子铺地，保证了雨水的自然渗漏，也使内部环境干净整洁（图9~图11）。酒店的运营必然带来原有生态环境无法消化的污染，采用了地埋式污水处理一体化设备，使酒店污水经过处理达标后再行排放。

4）特色的空间组织艺术

哈尼民居的露台、架空平台特色得以保留和发展，"灰空间"的利用使室内外环境有机结合起来，使人有了休息空间和与自然接触的空间，也有利于观景、通风、户外活动（图12）。架空平台延续哈尼干阑式建筑的特点，占天不占地，形成下部梯田耕种，上部观景休闲的有趣空间（图13）。以哈尼民居的房间格局和尺度作为限定条件，针对每个房子的特性形成了特色化的建筑室内布局。

5）反映特有的民族地域精神

哈尼族民居以最自然朴素的方式表现了简约美，具有传统和民族的魅力、气质和文化内涵。哈尼民众普遍身材娇小，在建筑空间营造上尺度较低，形成的"蘑菇房"特色也较有特点，但是无法满足游客的需要，因此从建筑物尺度考虑上严格控制，通过首层下降，打通二层和茅草顶之间的楼板，将建筑尺度控制在原有规格上，避免"蘑菇房"形象尺度发生畸变，使环境空间发生变异（图14、图15）。

总之，哈尼族传统民居在适应环境、反映民族地域精神等方面采

取的独特方式对现代建筑的营造有着很好的启示作用，通过借鉴这些传统的特点应用到现代建筑的创造中，可以使其得到延续和发展。

（2）哈尼族传统民居聚落的发展

哈尼族传统民居中所具有的优秀的地域精神值得我们去继承，现代化生活方式的融入对于地域建筑的发展也非常重要。以下提出一些建议，希望能有机地将传统和现代进行结合，使传统的哈尼族民居建筑能够重生。

1）哈尼族民族聚落的现代启示性

克罗齐提出"一切历史的皆是现代史"。就本体而言，其含义是说不仅我们的思想是当前的，我们所谓的历史也只存在于我们的当前，没有当前的生命，就没有过去的历史可言。所谓当代，它是指构成我们当前的精神生活的一部分，历史是精神活动，而精神活动永远是当前的，绝不是死去了的过去。故此我们不能把哈尼族聚落的存在定义为遗址加以单纯的保护，其依然活生生地存在于当下，我们需要延续其发展的脉络。具体而言，其建筑特征的运用可以通过运用地方材料来反映建筑物的区域性质。在尊重和延续挖掘哈尼族传统精神生活的基点上，运用地方材料来加以实践而不是拘泥于简单的外观模仿。

2）适应气候的构造技术

现代城市建筑充斥着绿色、生态、环保、节能、人性化等各式理念，很少有真实的实现，更多的作用是表现在商业目的上，就地理环境生态而言，现代建筑远不及传统民居来的深思熟虑。哈尼族人民经过长期的营造实践，总结出了自己的解决方法，通过许多简单有效的策略在改善

民居局部气候条件的同时，充分利用当地自然资源。为适应当地"高温多湿"的气候条件，哈尼族传统民居有其独到的构造方法，在土掌房顶部加了一个坡度大于 45° 的弧形四坡顶，改善了土掌房民居对于排水的适应性。高耸的屋顶形成了促进空气流通的"烟囱"效应，陡峭的坡度利于排泄大雨；底层的架空结构，解决了潮湿地气对室内环境的侵扰，节省了基础的费用。哈尼族传统民居中的这些构造实践完全可以很好地结合现代技术，以节约能源和改善环境。

3）对山地建筑具有广泛适应性的形式

哈尼族民居在建筑形式上也对现代城市建设，特别是山区城市建设具有良好的指导作用。"占天不占地"的建筑形式具有广泛的地形适应性。在最大化使用空间的同时，下部空间可以封闭和开放，可以高或低，可以规则和变形，适合当地条件。可用作室内空间，也可以用作室外空间，并与自然环境融为一体，丰富室内和室外景观。土掌房屋顶的晒台可以晾晒食物、家庭聚会、观景休憩，满足人们的不同需求。哈尼族民居的科学巧妙的做法将建筑与地形地貌相结合，尊重自然，尽可能保持景观原始状态的生态平衡。

4）聚落保护与发展旅游

元阳哈尼族民居聚落特别是以阿者科村为代表具有较高的旅游价值。结合发展乡村休闲与人文考查旅游，发展民宿，鼓励村民利用自用住宅空闲房间，或者闲置的房屋，结合当地人文、自然景观、生态、环境资源及农林渔牧生产活动，形成城市与乡村的连接桥梁，可以达到良好的资源集聚效应。从当地实际情况出发，具有增加直接收入、深化传统交流、改善当地就业情况、促进产业转型的优势。特别是吸引年轻人返乡创业，很好地解决了劳动力"空心化"问题，同时也是对留守儿童问题、空巢老人问题等社会问题的解决途径之一。与此同时，外地游客入住民宿，接触人文、了解民俗，创造了文化交流的契机。

3 结语

传统与现代并不是对立的，而是相互交融的，传统是现代的过去，现代是传统的继承，"现在"是对历史做出叙述时所出现的一种思考状态，这种思考无疑是思想的现实化和历史化。 公元 1 世纪的时候普鲁塔克提出一个问题：如果忒修斯的船上的木头被逐渐替换，直到所有的木头都不是原来的木头，那这艘船还是原来的那艘船吗？如今的元阳哈尼族传统民居正面临着由传统向现代转变的关键时期，如何更好地既继承历史文化传统又满足现代人的功能要求已经成为一个我们面前亟待解决的问题，希望本文的探讨性研究能够达到抛砖引玉的目的，为传统民居的现代转型提供有益借鉴。

参考文献

[1] 蒋高宸. 云南民族住屋文化 [M]. 昆明：云南大学出版社，1997.
[2] 杨大禹，朱良文. 中国民居建筑丛书云南民居 [M]. 北京：中国建筑工业出版社，2012.
[3] 周正旭. 形成与演变——从文本与空间中探索聚落营建史 [M]. 北京：中国建筑工业出版社，2016.

"厚人伦，美教化"得古法出新意
——浅谈《传统室内设计》的课程教学体会

孙锦

天津美术学院 环境与建筑艺术学院

摘　要：在"五大发展理念"的指导下，以创新与绿色设计为重点，我以教授《传统室内设计》课程为主线，坚持把弘扬中国传统优秀文化为己任，从多年的教学经验与实际项目操作中总结传统美的规律与特征，以"厚人伦，美教化"为原则，为美的熏陶提高设计教育水平，以"本末归源"为方法，在"中国设计"的大环境下树立本土自信、专业自信，推动中国设计学科里环艺基础理论学习。

关键词：传统室内设计 创新 厚人伦美教化 本土 人才

作为环境艺术专业中的传授者我们要思考中国室内设计行业现状——教育不能落后于产业发展。的确在科技发达、资讯强大的今天，设计领域的发展日新月异。在总趋势业务量减少的情况下，互联网 A+ 等因素的冲击下，优质的客户难得，行业内自身发展问题层出不穷。高校相关专业的毕业生"找好工作难"，企业"招好设计师难"的两难境遇。内醒我们设计教育中的滞后，为行业培育切实可用的人才是关键。身为一名专业教师更要以"专业化"、"市场化"强化自身的价值为己任，以"厚人伦，美教化"为原则，为"中国设计"、"东方设计"的设计教育抛砖引玉。

1 定位现代中国传统室内设计的范畴与"五大发展理念"相结合

（1）中国传统室内设计教学的目的、意义与学习方法

学习环境设计是重基础、讲理论，重实践、讲创意的过程。尤其在"中式"设计与当代设计语汇相融的创作中，作品越来越具国际水准，匠心独具的构思韵含传统美的气质。《中国传统室内设计》正是与此设计风格紧密相关的一门专业理论与设计系统课程。重点要立足专业设计区域发展，回溯文化本源。不仅在知识构架体系学习中是门基本的理论课程，同时在应用方面也适用于任何功能空间风格定位的重要参考，所以先来明确一下该课程的教学目的：作为学习者，面对中西文化的交融，忠实于中国传统的哲学、文化、艺术特色，掌握"传统室内设计"艺术特征、创作手法、装饰元素，加上现代的设计语汇与时代的中国相遇、相融，以"格物穷理，知行合一"的学习方法，引导学生思考本源，将历史、记忆、时间、空间、语汇演绎成自己的创造力，使中国魅力异彩纷呈，来传达中国设计者"厚人伦，美教化"的职责。

（2）中国传统室内设计教学要求

当今设计领域无论怎样定位现代中式的含义，如"新中式"、"摩登东方"等等都是以"传统室内设计"风格为根基（图1），从理论到应用。该《中国传统室内设计》课程是针对环境艺术学所必修课程，首先要了

图1 同根而生各种新中式风格

图2 明祾恩殿构造图与金茂希尔顿中餐厅顶棚构架对比图

图3 学习方法导视图

解中国传统室内发展史，清楚我国民居发展的形态与室内外特征，重点掌握明清时期构造技术与艺术（图2），及其空间意趣的处理手法，从而启发设计者如何继承传统文脉中的精髓与推陈出新，创造带有时代感、展现民族精神的室内空间，使其独树一帜的中国传统室内设计风格发扬光大，对现今持续发展的总目标有一定的研究性。

（3）中国传统室内设计教学与"五大发展理念"

中国传统室内设计的教学与"五大发展理念"结合学习有其重大现实意义和深远历史意义。在国运昌盛的当今，中央从宏观建设提出"五大发展理念"，要巩固树立创新、协调、绿色、开放、共享的发展理念。结合本文选题"创新"、"绿色"这两方面在环境设计行业中的持续发展显得尤为重要。创新是引领发展的第一动力，立足本专业从形而上的美学研究到与科学的内涵相结合，本身我们做的就是锐意创新行业，作为人才输出的教学一线，只有创新蔚然成风，渗透到我们创作的语汇中，将创新形成我们常态的思维模式，不做简单的复制只有匠心独到地做设计，才能使我们设计教育有生存、有发展。

如果说创新是设计教育的生存之本，那"绿色"是持续发展的必要条件和人民对本真、生态生活最质朴追求的体现。在环境中绿色设计不是指立体绿化、屋顶花园而是指能节能减排的环保型建筑，并能充分利用自然资源，是可持续发展、节能严格的能耗标准、节材环保型建筑生态型的建筑环境。它低消耗、从设计到项目的运营坚持能耗标准。还有一种我们室内设计师常接触的不以昂贵为代价，和谐健康、融民族或民俗风情因地制宜、就地取材自然天成式风格来营建，有的像室外桃园自然派的设计、有的是老屋换新颜的改造设计。大部分坐落在青山绿水间，这就是"金山银山"，环境就是民生，"乡愁"就是设计的主线。"片山有致，寸石生情"。从传情的要素中寻找设计的灵感做神形兼备的作品，所以产出了不少本土风情式的作品。利用好资源为美丽中国建设、规划、实施好文明设计之路。

2 学好"传统室内设计"基础的四个关键点（图3）

（1）寻本土气质——物化地方精神

中国人，几千年来居住在此。从洞穴走出，由简易的木骨泥墙遮蔽到院落空间，从席地而坐到垂足端坐，由人字拱承托的两坡顶到重昂九踩歇山顶构架的演变。再从陕北、豫西的窑洞到闽南与粤东护厝式民居，承载着多少建筑艺术的典籍，中国室内设计同古建筑一样由工匠打造出饱含文化内涵的白墙黛瓦内的户牖之美。这种气质美得无以言表，早就物化到建筑的各个形态与要素中，凝神聚气物化精神，化繁为简最终由设计者寻找最本质的固有美元素与主题功能结合营造空间。

（2）追本溯源——尊出处，尊比例

人们因为怀旧所以悠远，就是喜欢那段岁月古韵而优雅。从最初意境物化到构成创作的母体原形态，比如一件家具屏风，它可以是虚拟空间隔断，同时它又具有独特的造型艺术，承载着古典美的内涵，有的施以雕刻，有的画以彩绘。总之无论用它美的哪个方面都应该落到它能够虚拟分隔空间上，这是它本源的用途。再有我们看到的"中国结"同祥云符号一样是吉祥喜庆的代表，殊不知它与佛教有关，是佛教的八大法器之一的"盘长"演变而来，所以多寻一个出处，知其然，更要知其所以然，为了更精准的使用，需要了解古物件更多的用途。再如"格扇"经常被采用到现代装饰空间上，有时新作的格心与槅门的比例不协调，格扇到了清以后上下是 2∶3 的比例，这种不经意间就忽略了它们之间

图4柏悦酒店　　　　　　　　　　图5宏村徽派建筑　　　　　　　　　图6宏村悦容山庄徽派元素风格

的固有的比例美。

（3）体验——高于对造形单纯的模仿

感受体验环境，通过设计解决了人与特定场所间互动的需求，这对初学者很重要，也只有通过亲身体验才能真正认知空间艺术。大部分学生考察空间时都乐此不疲地拍照，但照片只是起到提醒、参考的作用。举一个学生考察北京银泰中心柏悦酒店的个例，这家酒店是颇具人性化的居住空间。因为学生只顾拍照，不慎踩入浅水滩式的水池中，一只鞋全部进水，很快服务员跑了上来，随后他所感受到的是柏悦酒店六星级别的服务，穿过泳池、健身房，到更衣间烘干的整个过程体验，使他有了十足的体验和收获（图4）。

（4）从模仿、不抄袭到创意

焦点是抄不抄，模仿的痕迹会存在，只是多少的问题，那么在我们做设计时力求突破瓶颈，去创新，可借鉴但不雷同。在符合人们需求、不损害使用者的环境下，勇于尝试，打开思维，目的为日后从业设计中引导人们生活，自主创意。

业内有位大咖曾经这样用写书法的方式来比喻，说："学王羲之，不写兰亭序。"应该这样理解，大家都知道书圣的行书"天质自然，风神盖代"已无法超越，这句讲的就是：用学好的字体写其他诗词，经过你自己的创作，把对其学习所得的笔法，所悟的灵魂表达出来。

再看有设计学术专家曾问："设计师的社会责任感在哪里？"这是做表面功夫令人汗颜的感叹，也是设计业的诚信体系问题。专家强调的是设计背后的语境，着重论述了"中国元素论室内设计的中国梦在哪里？"指出关键不在元素，在于系统。反思到教育、体制、行业目标上

的，它包括理念、结构、组织方法等具体设计。强调"传统是创造出来而非继承的"。目前设计领域已提出中国人的生活方式围绕中国的生活方式做出的风格，那才是新中式。

3　课程阐述

对"传统室内"五宗"最"的提炼与突出，就是掌握该课程，学以致用是重点，也是传统与时尚对接点与创意点。涉及内容：建筑体系、隔与围的艺术、装饰图案、空间艺术、木构技术这五大方面来升华与明确设计固有的规律与法则，发挥其传统自身的趣味性、创造力。利用好这些丰富的设计资源兼容并蓄、博采众长，不仅与国际风格并融，而且有储备有勇气使本土设计让世界接受。

（1）中国室内设计的历史演变——第一宗最：最古老、最长寿的建筑体系

中华文化血脉相承，五千余年一气呵成，自觉地融入设计理念与工程实践中。

建筑的发展基本上是文化史的一种发展：中国民居的历史演变[1]：

①史前文化时期

②秦汉至南北朝

③隋唐

④宋辽金元

⑤明清时期地方民居类型　（图5、图6）

1.窑洞　　　　　　　　　2.合院民居

3.重门重堂制民居　　　　4.小天井式民居

5.板屋式民居　　　　　　6.三堂式民居

图7 明清建筑内部装修艺术

7.三堂带护厝式民居　　8.闽粤土楼

（2）中国明清建筑内部装修艺术（图7）

中国明清建筑内部装修[2]

1）隔断——第二宗最：最灵动的隔的艺术与最虚拟的围的艺术。[3] ①隔墙，作为重点讲述 a.碧纱橱；b.几腿罩；c.落地罩；d.落地花罩；e.栏杆罩；f.床罩；g.圆光罩；h.八角罩；i.博古架；j.板壁（太师壁）k.屏风；l.帷帐等12种不同形式隔的处理；②格门；③门窗应注意寓意丰富、排列有序的窗棂条图案。

2）室内裱糊；

3）天花、卷棚、藻井；

4）栏杆；

5）铺地；

6）油饰彩画；

7）匾额、对联与文字艺术。

（3）室内家具艺术与陈设

1）古代家具概论；

2）明清家具陈设；

3）分类；

4）结构；

5）选材；

6）装饰艺术特征；

7）各类房间陈设与室内配置；

8）房间传统、习俗心理与家具摆设的关系；

（4）建筑装饰图案设计——第三宗最：最吉祥、最淳朴、繁简合宜的装饰图案直接反映民族的生命意识

①图案构成；②吉祥图案；③图案符号化与现代感趋势（图8）

（5）中国建筑之室内空间艺术——第四宗最："最好的建筑理论在中国"强调"空间—空的部分—应当是建筑的主角""命题在空不在实"、"虚实相生"，以形散而神聚的灵透空间，意趣在于合而不闭，隔而不断的循环流动空间特性。不同功能的室内外空间组合又具序列化跌宕与层次的幽深。

1）室内空间形态；

2）室内与院落的空间形态；

此例是由法国国宝级设计师布鲁诺设计的成都钓鱼台精品酒店其间院落营的鸟笼系列营造出"久在樊笼里，复得返自然"的身心感觉。这是法兰西浪漫邂逅东方庭院空间艺术（图9）。

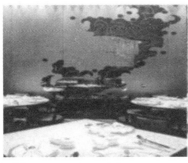

图 8 金沙博物馆"太阳神鸟"图腾设计、祥云图案装饰

图 10 习作真题真做展示效果

图 9 成都钓鱼台精品酒店中庭意趣空间设计

3）室内空间的处理手法。

（6）中国建筑结构——第五宗最：最独特、最大型、最具模数制的木构造技术与艺术

简介中国建筑木作三大部分：柱、斗栱、顶结构与装饰艺术。

1）斗栱的口分制与构造；

2）柱、梁架、举架结构与在现代装饰中露明造处理；

3）顶饰艺术。

4 课程习作

尽量以实际项目、竞赛为命题，习作期间呈交与设计主题相关的项目考察报告。以实战促教学进程，举一课程期间操作实际项目设计的例子：一处坐落在五大道商业圈内经营融合菜、要求民国风的小洋楼中餐厅室内外设计，当时学生学习与创作的热情都十分高涨，收到意想不到的效果。从前期勘测，与甲方沟通方案，直到作品展示，虽然比以往辛苦得多，但都收获满满（图 10）。

5 结语

安藤忠雄所讲："设计是一种感受、一种心态、人为设计生活方式，努力去创造一种更美好的生活状态"的是设计师也是我们老师教化学生以醇厚的素养为根基，教化一种真美的情操，培养、树立职业使命感。像 GE（美国通用公司）历经 100 多年的企业史，使命是"让世界亮起来"；像马云的阿里巴巴的使命是"让天下没有难做的生意"，那我们的专业、行业使命应该是"创造、引领一种美好的生活状态"。我们从目前西方设计界流传的观点为出发："没有中国元素，就没有贵气"。先定小目标，比如中国绘画品画有四格："神、妙、能、逸"。先从"能"开始，毕业前后达到"妙"，逐步走向"神"，最后通达到"逸"。画家张彦远在此标签上又加了"自然"而成"五等"。"自然"是"神工独运"不加雕琢[4]，巧饰之后高于自然的美。对于环境空间"虽由人做宛自天开"意境的追求，并不是固有要素简单的转译，而是利用东方的要素与语汇营造优雅精致文人情怀的美——自定义为中国美。

再来一个目标：我们将专业努力方向从培养"人才"开始，奔向"地才"努力。刚才讲了中国绘画现在讲的是中国诗歌创作中最有才华的三位人物。"天才"指的是诗仙李白，这位像我们提到的设计大师级的人物：有用球体到极致的保罗·安德鲁，把曲线带走的扎哈，有将"三棱锥"设计元素用到极致的百岁大师贝聿铭先生，还有许多大师，他们是我们学习的楷模。"地材"指忧国忧民的大诗人杜甫。我想指的是在当今设计领域里为解决"民生"问题而工作的设计师，他们属于较接地气的设计师。比如像给北京四合院"小户型"改造的青山周平，对上海里弄小户型改造的台湾设计师王平仲。还有把"萌余堂"，一座有 200 多年历史的徽派建筑搬到美国博物馆的传播者。他们是"不可移动的国宝文物"的保护者，为了改善人类居住环境，创造和谐、醇美的人际关系，

通过设计传承教化一代代人更具美德，更懂得美，更会创造美。

　　"人才"指半隐半士的诗佛王维，我想指的是活跃在专业领域中新锐、创意类设计师，他们是中间设计力量，多为商业项目服务。我们培养的学生也应以培养应用实战型人才为标准，我们在专业上应该向陶行知先生所讲"千教万教，教人求真……"在行业上相信已浸润华夏五千年文明本土设计师，会越来越多展现自己的文化自信。

　　从设计美学上研究、实践上敦厚人与人之间的关系，用纯美的人文教化人，用纯美、本我的设计塑造文化之形。研读学习区域文化特征的共性美、规律美，形成区域设计语言，融当代美学语言和演绎手法为一体丰富当代设计阐述。由始至终源自于文化自信的建立，做有担当、有所为中国设计、弘扬中国美学精神的新时代人才。

参考文献

[1] 孙大章 . 中国民居研究 [M]. 北京：中国建筑工业出版社，2004.
[2] 马炳坚 . 北京四合院建筑 [M]. 天津：天津大学出版社，2004.
[3] 楼庆西 . 户牖之美 [M]. 北京：三联书店，2004.
[4] 冯钟平 . 中国园林建筑 .[M]. 北京：清华大学出版社，2000.

环境设计与景观建筑教学思与践
——基于建筑环境艺术教学

乔怡青

西安美术学院 建筑环境艺术系

摘　要：环境艺术设计是指对于建筑室内外的空间环境，通过艺术设计的方式进行整合设计的一门实用艺术。当代景观建筑学——Landscape Architecture（2011 年学科认定后又称风景园林），主要讨论的是关于人们对自然资源、环境开发，环境生态可持续发展、景观设计生态化、人文化、艺术化的要求等内容，是一门交叉性、综合性学科。文章主要分析了当前院校环境艺术设计专业中景观建筑专业方向教学实践中的异同，分析存在的问题，结合西安美术学院的院校特征及课程实践做了初步探析与思考。

关键词：环境艺术设计 景观建筑 教学实践 思考

环境艺术设计，相对于传统美术院校的教学内容而言，是一个相对新兴的设计学科。它所关注的是人类生活设施和空间环境的艺术设计，是对于建筑室内外的空间环境，通过艺术设计的方式进行整合设计的一门实用艺术。

西方教学体系中 Landscape Architecture 是一门现代学科，我国有译为风景园林学、景观设计、景观建筑等，其学科教学发展处于起步阶段，相关专业知识、教学内容和教学方法还没有特别成熟，也没有达成相对一致的共识。本文所指景观建筑专业指译作景观建筑的专业方向。

目前开设景观建筑专业方向的学院大多是艺术类院校，此专业往往与风景园林、城市规划、建筑设计等专业相混淆，很难体现出自己的特性，因此，在院校的教学和课程安排当中，不管是对环境艺术设计的思考总结还是对景观建筑专业教学实践的研究探析，均具有很强的应用和实践意义。

1 艺术院校环境艺术设计专业教学

（1）环境艺术设计教学的历史与现状

环境艺术设计的学科名称，始于 20 世纪 80 年代末，当时的中央工艺美术学院室内设计系（现清华大学美术学院设计系）将院系名称由"室内设计"改成"环境艺术设计"，但专业名称一直称为"艺术设计（环境设计）"这 8 个字，就是俗称的"环境艺术设计"方向

定义上，环境艺术设计指通过一定的组织、围合手段、对空间界面（室内外墙柱面、地面、顶棚、门窗等）进行艺术处理（形态、色彩、质地等），运用自然光、人工照明、家具、饰物的布置、造型等设计语言，以及植物花卉、水体、小品、雕塑等的配置，使建筑物的室内外空间环境体现出特定的氛围和一定的风格，来满足人们的功能使用及视觉审美上的需要。

20世纪80年代以前这一学科被称为室内艺术设计，主要是指建筑物内部的陈设、布置和装修，以塑造一个美观且适宜人居住、生活、工作的空间为目的，随着时代发展、学科的建设发展，其概念已不能适应现今发展的实际需要，因为设计领域已不再局限于室内空间，而是已扩大到室外空间的整体设计、大型的单元环境设计、一个地区或城市环境的整体设计等多方面内容。

（2）景观建筑教学历史与现状

景观建筑学（Landscape Architecture），介于传统建筑学和城市规划的景观建筑学近年来得到迅速的发展，它即是交叉学科，又是综合学科，景观建筑学研究的范围非常大，已经广泛地延伸到传统建筑学和城市规划的许多研究领域。理论研究范围非常广，在理论方面它涉及人居环境的方方面面，更侧重从生态、社会、心理和美学方面研究建筑与环境的关系。景观建筑学实践工作的范围也十分广泛，包括区域生态环境中的景观环境规划、城市规划中的景观规划、风景区规划、园林绿地规划、城市设计，以及建筑学和环境艺术中的园林植物设计、景观环境艺术等不同工作层次，它涉及的工作对象可以从城市总体形态到公园、街道、广场、绿地和单体建筑，以及雕塑、小品、指示牌、街道家具等从宏观到微观的层次。

综上所述，我们可以看出摒弃狭义意义上的环境艺术设计，外延广义意义的时候，环境艺术设计与景观建筑学（Landscape Architecture），有着相当广泛的重叠研究区域。

实际上 Landscape Architecture 才是国际通用的学科名词，但对于 LA 在中国（包括东方很多国家），由于东西方园林文化的差异，对这个名词术语的理解和翻译存在很大的分歧。比较常见的翻译有造园学（日本）、景园建筑学（中国台湾）、景观建筑学、景观设计学（俞孔坚）、地景学（吴良镛），现存的设计资料和图书文件中 Landscape Architecture 还存在很广泛的不同书名，很多从业者和学习者也有很大的困惑。

但归根到底，我们学的都是一个东西，我们做的都是一个事情，它有一个国际通用名词，即 Landscape Architecture。

（3）环境艺术设计教学与景观建筑教学异同

在目前国内的学科背景下面讨论环境艺术设计、景观设计和风景园林这些专业的异同，不如说是这门学科因为处在不同的院校、教学的倾向有所不同，与名称关系并不大。在农林类的学校里，教学也许就倾向于植物和生态，在城建类学校里也许倾向于空间，在艺术类学校里可能更擅长于表现。

尤其在学科门类的说明文件中，我们可以看到 2011 年确定为一级学科的风景园林学——Landscape Architecture，归为工科门类，也有了统一的学科名称。按最新的《高等学校风景园林本科指导性专业规范》里对风景园林（Landscape Architecture）的定义："是综合运用科学与艺术的手段，研究、规划、设计、管理自然和建成环境的应用型学科，以协调人与自然之间的关系为宗旨，保护和恢复自然环境，营造健康优美人居环境。"

总而言之我们都致力于研究人与自然的关系，保护和恢复自然环境，营造健康优美人居环境，最大的不同就是所属研究和教学方向的倾向差别而已。

2 当前艺术院校景观建筑教学实践中存在的问题

（1）课程定位

在现阶段的艺术院校环境艺术设计教学当中，在人居环境三大支持学科城乡规划学、建筑学、风景园林学的三大板块分割下，课程的教学与定位一定要准确和明晰，具有相应的研究意义和内涵。

环境艺术所涉及的学科很广泛，包括建筑学、城市规划学、人类工程学、环境心理学、设计美学、社会学、文学、史学、考古学、宗教学、环境生态学、环境行为学等学科。

景观建筑专业方向也是一门综合性很强的学科方向，因其课程定位也不是想象中的那么简单。只有对课程进行了明确的定位，才能够保证景观建筑专业的教学能够满足广大学生和社会的需求，才能保证它能灵活在各专业的知识体系中，以促进景观建筑专业在我国的发展[1]。由于我国各类院校都有着属于自己的办学特色和发展需求，因此，景观建筑专业也要根据实际情况来开展，尤其是西安美术学院本身美术类院校浓郁的艺术气息，决定了在该专业方向的教学中强化相关艺术类课程的教学内容，并和建筑学、城乡规划学、风景园林学之间有更好的借鉴学习，更有优势地转化与应用，使得该专业的交叉性有着更明显的体现。但是这种综合型的课程定位虽然满足了多元化的需求，但是也在一定程度上带来了新的问题，各个课程之间评价体系的建设以及不同倾向的权衡，使课程安排在设计的时候较为棘手，都对高等院校的景观建筑专业方向是一个较大的挑战。

（2）教学环节

目前，依据西安美院环境艺术系的课程教学中，有一定的教学成果，但也存在景观建筑专业方向教学缺乏有机的组合联系的问题。

环境艺术设计景观建筑专业方向的教学一般有理论教学、案例分析和设计实践三大部分组成，每一个环节都是相辅相成、循序渐进。但是在现实教学过程中这三个部分经常出现脱节、独立的情况。首先，三个部分在整个教学体系中所占的比例没有协调好，导致过分注重某一个环节的教学，最终使得整个教学体系失衡。如若是过分注重理论教学，则会导致学生重视理论，轻视实践，动手实践能力较差，若是过分案例分析，就会扼杀了学生的创新能力，但若是过分注重实践设计教学，就会使得学生的理论基础较为薄弱。其次是三个教学环节之间缺乏充分的交流。理论教学、案例分析和设计实践三部分之间应该有机的结合而未成为一个整体，但是实践教学过程中，这三部分的内容相互独立，没有必要的联系，无法做到层层紧扣。最后，课程设计缺乏广度和深度上的拓展，仅仅将教学内容局于课本内容上，没有根据社会需求来安排教学内容。

（3）办学条件

高等院校办学条件既有优势也有不足，优势在于有深厚的艺术文化积累，但是也存在教学软、硬件条件的不足。

环境艺术设计景观建筑专业方向的教学需要以一定的硬件条件作为支持。第一，景观建筑专业具有较强的实践性和应用性，艺术类高校应该为学生提供一定的机会与国内外知名院校之间进行交流、野外考察和游览体验[2]。第二，缺乏学科基础。部分高校的基础教育的师资力量不够雄厚，教学队伍的普遍素质不高，不能为景观建筑专业的教学提供有效的保障，这也是由于景观建筑专业的过快发展带来的负面影响。当今社会的教育体制改革给教师的综合设计素养提出了更高的要求，若是没有一定的科学素养就会导致对案例的分析过于表层，没有结合实践经验导致对学生实践课程的指导能力不够。

3 建筑环境艺术系景观建筑专业教学的改革措施

（1）明确课程定位与教学方向

根据时代发展和学科建设要求，建筑环境艺术系在环境艺术设计的学科专业内涵下，细化了四个教研室教学方向（图1），包括空间环境方向、景观设计方向、风景园林方向、建筑艺术方向，简而言之就是继承发扬传统的室内外环境设计特长的空间环境方向，结合城乡规划学特点的景观设计、城市设计方向，结合风景园林学特点的风景园林方向和建筑学

图1 课程定位与教学方向　　　　　图2 济宁奉仙观旧城改造设计范围

专业特点与艺术手法表现的建筑艺术方向。课程更明晰、定位更清晰。

（2）充分调动教师的积极性

当前艺术类院校景观建筑教学的情况是：由于老年教师们致力于科研探讨，青年教师们致力于自我素养的提升。教师在各个过程中的产、学、研所分配的比例都是不同的，各有偏重，若是在教学过程中有不合理的比例分配，就会分散教师的精力[3]。因此，合理的教学梯队配备，合理的教师评价机制和自我晋升平台对于优势教学就很重要，对学科建设发展和基础教学都具有重要的作用和积极意义，并调动教师的教学动力，学科建设和学术水平也会得到长足的发展。

（3）培养学生的创造力

近年来，艺术类院校景观建筑专业的学生大多在美术、文学等方面有着较高的水平，但同时由于缺乏社会经验，阅历浅，知识面不宽，具有较大的可塑性（图2）。因此，我们应该跟对学生的特点，努力提高学生素质。首先，通过一些整体概述型的课程使学生对景观建筑专业有一定的了解，培养对专业的兴趣。其次，在课程设计方面，教师可以争取学生的意见，开拓创新，求思求变，抓住重点，并不需要面面俱到。最后，为学生的学习营造适宜的环境。通过课外讲座的形式使学生能够有机会站上讲堂自我发挥，给予充分的话语权，有助于活跃学术气氛。

以11级环境设计课程为例（图3、图4），结合奥雅之星——济宁奉先观旧城改造（梦想旧城）城市设计比赛，探讨教学新高度，深化学生设计深度，让学生尽可能做到学以所用、学以能用、学以深用。

（4）改善教学设施，加强学科基础建设

景观建筑专业方向是环境艺术设计学生主干学习的必修基础学科，针对我国当前的教学体系，应该积极探索景观建筑基础课的教学模式。首先，以专业基础课作为底蕴桩基，使学生有基础知识和基础技能的储备；其次以专业特色课程为牵引，带动学生的深化学习能力；再者，配

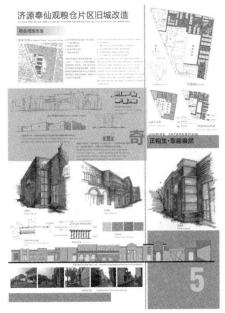

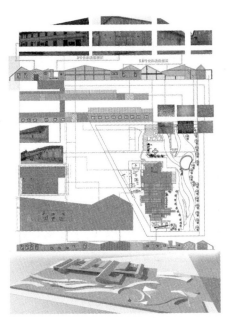

图 3 部分学生课题课程作业摘取 1　　　　　　　图 4 部分学生课题课程作业摘取 2　　　　　　　图 5 部分学生课题课程作业摘取 3

合实践锻炼，理论学习与实践转换相辅相成[4]。

　　当然，艺术设计设计课程的特质也要求我们有相配套的教学设施和硬件设备，以支撑设计学科的专业基础课和技能课的学习实践需求。

　　4 结语

　　基于西安美术学院建筑环境艺术系的环境艺术设计专业、景观建筑专业方向教学过程中，虽然教学实践中存在的一些问题：包括课程、定位相对不明晰，各教学环节相对缺乏有机联系，高校办学条件不良等问题。针对问题，可以采取明确定位与方向，充分调动教师的积极性，培养学生的创造力，改善教学措施，加强学科基础建设等措施来提升景观建筑专业的教学效率。

参考文献

[1] 覃琳.当代中国建筑师的职业教育与执业模式——从培养目标和教学体系看建筑教育的实践环节 [J].新建筑，2007(02).

[2] 张文杰，张文智，齐安国.浅析园林专业实践教学的重要性 [J].农业科技与信息（现代园林），2008(05).

[3] 贾刘强，邱建.浅析景观建筑学之专业内涵 [J].世界建筑，2008(01).

[4] 乔怡青.艺术类院校中景观建筑专业教学实践探析 [J].时代教育，2013.11上半月.

真实的建构
——中央美术学院四年级建构课程教学探索

苏勇
中央美术学院 建筑学院

　　摘　要：本文首先回顾了我国"鲍扎"式的传统建筑教育模式存在的问题和建构课程兴起的原因，指出了目前在建构课程教学中普遍存在的问题，接着介绍了中央美术学院高年级建构课程教学过程中提出的"建构教学贯穿高低年级建筑设计课程"、"基于5W理念的真实建构"两种教学理念，最后用三个高年级建构实例印证了上述理念，并总结了建构课程的未来发展方向。
　　关键词：建构教学　高低年级　贯穿　真实建构

前言：建构课程的兴起

　　从 1927 年南京中央大学设立第一个建筑系开始到 1952 年全国高等学校院系大调整结束，再从改革开放后的 1980 年代到 21 世纪初，"鲍扎"(Ecole des Beaux-Arts) 式的建筑教育体系一直是我国建筑教育界的主流，而最能反映"鲍扎"教育特点的是其设计基础课程，"基础训练的核心是渲染和构图练习"[1]，由于过于注重艺术表现训练导致在我国建筑教学思想和模式中长期存在着"重艺轻技""技艺分离"的问题，时至今日这种现象在建筑院校中依然普遍存在。例如，在传统教学模式中建筑设计课程作为主干课程与建筑技术课程各自为政，自成体系，导致设计课将要解决的重点问题集中在建筑功能和建筑形式上，而将建筑结构、建筑材料、建筑构造等建筑技术问题置于被忽视或者简化处理的次要位置上，这种严重的课程割裂行为，很容易造成学生在设计中流于形式，无法对设计方案进行后续深化的问题，甚至可能导致以后在进行实际项目的时候面对要解决的具体技术问题无所适从的问题。

　　针对"鲍扎"式的建筑教育体系存在的这种"重艺轻技"、"技艺分离"的问题，以及西方"建构文化"在 21 世纪初期在我国的兴起（肯尼斯·弗兰姆普敦在《建构文化研究》中提到"建筑首先是一种构造，然后才是表皮、体量和平面等更为抽象的东西"。他认为"准确的建造"是维系建筑持久存在的决定因素，建筑的创造过程是物质的以及具体的，一件建筑作品的最终展现与如何将建筑整体的各个部分组合有直接的联系。[2]），国内建筑院系开始在低年级的设计基础课中引入以实体搭建为主的建构教学，由于实体搭建的过程具有强烈的实践性、实验性和综合性，既可以通过研究材料特性、结构性能和构造工艺性等将建筑设计的关注点引向建筑的技术性，又可以通过亲身参与建造 1：1 的建筑空间调动学习者的主动性和积极性，因此被认为可以很好地解决传统"鲍扎"式建筑教育体系存在的诸多问题。然而，在近几年的教学实践过程中，我们发现以实体搭建为主的建构教学也存在不少问题。

1 目前建构教学中存在问题的思考

（1）建构课程缺乏连续性

目前国内大多数建筑院校的建构课程主要集中于一、二年级的设计基础课程，鲜有将其贯穿到四、五年级的建筑设计课程之中。由于一、二年级建筑学生才开始接触建筑设计，缺乏足够的建筑设计理论、建筑结构、建筑材料、建筑构造、建筑使用等知识储备，"艺"既不"精"、"技"亦不"熟"，使强调"艺技一体"的建构课程在教学效果上存在效率不高的问题。

（2）建构课程定位不明确

目前的建构课程中存在实体搭建的究竟是1∶1的大模型，还是1∶1的真实建筑的定位问题。由于模型还是建筑的定位不明确，导致建构教学中对建筑关键问题与重点问题难以明确和深入。例如，如果将搭建的实体视为模型，那么关注的重点将仍然主要停留在建筑的形式、空间的构成与秩序等建筑艺术内容上，而缺乏对建筑材料、结构、构造等"技术"内容的深入考虑。而如果将实体视为真实的建筑，那么关注的重点将不仅仅限制在对建筑本身艺术和技术的思考，还会考虑建筑生成的内外因素和全过程。例如，会更重视环境和人的使用对建筑空间、建筑形体生成的作用；会更强调建筑经济、建筑结构、建筑材料、构造方式及细部处理与空间效果的关系。

（3）建构教学方法不全面

目前国内建筑院校建构教学多采用价格低廉的纸板（包装箱纸板／瓦楞纸板）作为建构材料（近年来部分高校也开始尝试阳光板、竹材、木材、金属等多种材料，但由于价格原因还没有普及），由于纸板材料特性的限制，使纸板建筑结构形式和细部节点相对简单，为求创新往往建构教学方法上更加注重自身"空间—形体"构成的研究，而缺乏对搭建场地气候地形等环境要素、使用者行为模式、感知体验、经济控制、施工进度等因素的考虑，导致在教学中存在无视环境、使用受限、感受缺乏舒适性、搭建失败、超越预算等问题。

2 中央美术学院高年级建构教学的理念

（1）建构教学贯穿高低年级建筑设计课程

为解决将建构课程局限于低年级建筑基础课导致教学效果上存在效率不高的问题，中央美术学院建筑学院近年来尝试不仅在一年级下学期的设计基础课中设有建构教学课程，而且还在四年级下学期的大尺度建筑设计课程之后设有专门针对高年级学生的建构教学课程。由于四年级的建筑学学生已全部修完了建筑设计课程、建筑设计原理、中外建筑史、城市规划原理、城市设计原理、建筑结构、建筑材料、建筑设备、建筑物理、建筑构造等建筑学主干课程，基本具备了"艺技一体"——将建筑艺术和建筑技术整合考虑的素质，因此，中央美术学院高年级的建构教学就被定位为一次真实的"微"建筑创作和建造。学生必须一开始就树立全面的建筑设计观，从影响建筑生成的内外因素开始设计构思，并与建造结合起来整体考虑，最终亲手建成一座真正的建筑。为保障这一目标的实现，我们在建构教学中提出了基于"5W"理念的真实建构教育方法。

（2）基于"5W"理念的真实建构

路易·康认为伟大的建筑物是无可量度的观念和可以量度的手段共同创造的。他在《静谧与光明》一书中指出："一座伟大的建筑物，按我的看法，必须从无可量度的状况开始，当它被设计着的时候又必须通过所有可以量度的手段，最后又一定是无可量度的。建筑房屋的唯一途径，也就是使建筑物呈现眼前的唯一途径，是通过可量度的手段。你必须从自然法则。一定量的砖，施工方法以及工程技术均在必须之列。到最后，建筑物成了生活的一部分，它发生出不可量度的气质，焕发出活生生的精神。"[3] 弗兰姆普顿在《建构文化研究》一书中也指出"建构研究的意图不是要否定建筑形式的体量性特点而是通过对实现它的结构和建造方式的思考来丰富和调和对于空间的优先考量"[2]。实际建筑创作中，建构的内在逻辑性和形式的外在审美性，实体的建构和空间的构成都是同时发生的，两者在建筑活动中是不可分割的整体。

"5W"理念的提出正是针对单纯强调建筑是表面形式美的创造，和单纯强调建筑是建筑材料、构和结构方式所形成的建造的逻辑性产生的美的双重批判，是针对树立全面的建筑设计观提出的教学理论。"5W"理念包括真实建构所涉及的目标"What"、人物"Who"、地点"Where"、时间"When"、手段"How"五个方面，是对影响建筑生成的内外因素的高度概括。具体而言：

1）what（是什么）

What（是什么）是建构的目标。它包含两个层次的含义，首先是对建构课的再认识和再定位——即建构是什么？相对于低年级而言的高年级搭建课程，由于学生对建筑的认识，以及理论和技术知识储备的不同，建构不应再被看成是一次以某种特定材料（例如纸板、阳光板、木材、竹材等）为主的空间构成，而应上升到以某种特定材料（例如纸板、

阳光板、木材、竹材等）为主的真实建筑创作和建造。在设计构思的广度和深度上就必须按照真实建筑创作和建造展开。其次，由于真实的建筑创作和建造必然涉及建筑的使用者、建筑的地域性、地点性、经济性等诸多思考，还必须确定创作什么，它包含设计的概念和主题。

2）who 谁使用

Who（谁使用）是建构的人物。约翰·波特曼认为"建筑的实质是空间，空间的本质是为人服务"[4]，换句话说，建筑首先并且最终是为人服务的。因此，如果搭建被看成是一次真实的建筑创作和建造，就必须考虑是为谁服务的，即使搭建的是临时建筑也要从使用者的需求(包括从内到外的观看、穿越、停留、休息、交流、回忆) 出发去考虑设计的空间和构成空间的细部。

3）where 在哪里

Where（在哪里）是建构的地点。它包含宏观的地域性和微观的地点性双重属性。斯蒂芬·霍尔认为"建筑与基地间应当有着某种经验上的联系，一种形而上的联系，一种诗意的连结！"[5]换句话说，作为真实建筑创作的搭建，其创作过程中设计概念的形成和落实必须同时考虑搭建场地所在的宏观的地域性（包括抽象的地域文化、环境要素）和微观地点性（具体的地形、气候、植被、建筑文脉等环境要素），以及涉及经济和安全的结构形式、材料特性、构造方式、施工技术等设计条件。并以一种诗意（或者美）的形式将他们整合在一体。

4）when 在何时

When（在何时）是建构的时间。包含三个层次，一是宏观的时代性，搭建是在某个特定时代（例如现在所在的互联网时代）进行的一种创作和建造过程，二是中观的季节性，搭建是在某个特定季节进行的一种创作和建造过程，三是微观的时间性，搭建是在一个限定时间内使用某种特定材料完成的一种创作和建造过程。因此搭建必须考虑在特定时代、特定季节和特定时间三重限定下建筑空间构成、建筑结构和构造节点的合理性以及施工的便利性。

5）how 怎么干

How（怎么干）是建构的手段。设计构思必须在上述各种设计要素的限定下权衡利弊、考察各要素的相互关系，兼顾设计的创新性、可行性和合理性，从而找到解决问题的最佳方案。这个过程需要开放的感性创作思维和理性的逻辑思维共同参与，即要避免单纯关注感性的创新性造成的含糊其辞、模棱两可，缺乏可操作性、落地性，又要避免单纯关注理性的可操作性造成的想象力缺乏，构思受限。学生从人的需求分析、场地环境分析、气候分析、经济分析、材料分析开始形态操作、空间构成、节点设计、比例推敲、尺度权衡、光影控制、家具设计，掌握进行建筑创作常用的基本设计方法和语言，并建立起规划、建筑、景观、室内整体设计的基本意识。

3 中央美术学院高年级建构教学的实践

从 2015 年 5 月开始到 2017 年 5 月，中央美术学院四年级建筑学专业学生，结合高年级建构教学课程，连续参加了三届在厦门华侨大学举办的海峡两岸光明之城实体建构竞赛。该建构竞赛以"传承中华文化共筑光明之城"为主题，要求学生在一天时间内用尽可能少的纸板（包装箱纸板 / 瓦楞纸板）在一个不超过 9 平方米面积内进行建筑设计及建造活动，给学生提供一个从构思到实施搭建，并在自己建造的纸板建筑里真实体验的机会。

在基于"5W"理念的真实建构教学思想指导下，中央美术学院提交的三个作品分别获得了一项金奖和两项银奖的佳绩。

（1）有无之间

What：一个微缩城市；

"有无之间"是针对现代城市中存在大量非人性的失落空间这一现实，设想以人体工程学、环境心理学和建筑现象学为基础，搭建一个从身（生理上）和心（心理上）都能让人舒服地介入的微缩城市。

Who：各年龄段参观者；

Where：厦门华侨大学；

厦门属于亚热带海洋季风性气候、每年 5 ~ 8 月份气候潮湿多雨，年平均降雨量在 1200 毫米左右。

When：2015 年 5 月、夏季、要求 24 小时完成搭建；

How：

将 3 米 ×3 米的空间视为一个微缩城市，包含有四面按不同人数设计，以人体坐卧尺寸为参照可以舒服停留的边界；有一条按亚洲地区舒适宽高比设计的以人体站立尺度为参照，可以舒服穿越的街道；有一个可以根据不同人数，不同亲疏关系进行多种方式交流的广场。

一方面，基于人体工程学的"有"（界面）使参观者可以通过亲身参与体会到"有"中生"无"（空间）的意义，另一方面基于建筑现象学的向心式的空间规划模式与中国传统以院为中心的居住空间模式向对应，使参观者在心理上完成了一次对传统生存空间的重现。方案借鉴中

国传统的榫卯结构体系，采用简单可靠的插接方式实现了全部的实体建构。

（2）榕树下

What：一个抽象化的地域公共空间；

榕树下是福建地区村落空间中普遍存在的一种生活空间原型，人们在这里打水聊天、迎送亲朋、祭拜神仙，是村落居民的精神和活动中心。设计将 3 米 ×3 米的空间视为一个抽象化的地域生活空间，创造了一个以顶底空间围合为主的可坐可憩可谈类的榕树空间。

Who：各年龄段参观者；

Where：厦门华侨大学；

厦门属于亚热带海洋季风性气候，每年 5 ~ 8 月份气候潮湿多雨，年平均降雨量在 1200 毫米左右。

When：2016 年 5 月、夏季、要求 24 小时完成搭建；

How：

从建筑地点性层面，方案以"弱围合"的姿态和具体的建造地点产生对话，通过将围合建筑的五个界面尽可能的开放，实现了与搭建现场周边的水、树、人、天之间最大化地联系；从建筑公众参与性层面，方案以人体工程学为基准，将围合建筑的界面转化为一系列可观可坐可卧可穿越的不同座椅组合，满足从单人、到双人、到多人的独处、对谈、群聊、观望、棋牌、阅读、饮茶等多种行为需求。坐在"榕树下"，人们看到的不仅仅是风景，其本身也变成一种风景。从建筑技术层面，方案借鉴中国传统的榫卯结构体系，采用简单可靠的插接方式完成了全部的实体建构。

（3）围厝之间

What：一个抽象化的地域生活空间；

土楼和闽南古厝是福建最具典型性的居住空间类型，"围厝之间"将 3 米 ×3 米的空间视为一个抽象化的地域生活空间，设计理念源于对福建土楼和闽南古厝的抽象表达、拓扑变形和拼贴叠加。

Who：各年龄段参观者；

Where：厦门华侨大学；

厦门属于亚热带海洋季风性气候，每年 5 月 ~ 8 月份气候潮湿多雨，年平均降雨量在 1200 毫米左右。

When：2017 年 5 月、夏季、要求 24 小时完成搭建；

How：

结合 3 米 ×3 米的搭建场地，通过拓扑变形和拼贴叠加将福建最具典型性的居住空间原型——方形的古厝与圆形的土楼浓缩在一起，外方的墙上充满大小空洞，大洞可穿，中洞可坐，小洞可望，塑造了与外部环境多样化的联系方式，而内圆的墙半高半低，半围半敞，形成了具有多样性的思考冥想停留空间。在方圆"之间"，在开敞与封闭"之间"，在穿越与停留"之间"，孕育了无限的可能性。传统的"围厝"经过我们的重新演绎，不再是封闭向心的内向型防御居住空间，而成为了开放辐射的外向交流空间。在技术层曲，考虑到厦门多雨潮湿的气候以及尽可能少的节约建筑材料，方案借鉴中国传统的榫卯结构体系，制作了简单可靠的方形空间结构单元，并采用插接方式完成了全部的实体建构。

4 结语

将建构课程贯穿高低年级的建筑设计教学，并在教学过程中运用基于"5W"理念的真实建构教学方法，是对我国"鲍扎"式传统建筑教育模式和仅将建构课程限定于低年级设计基础课程的双重反思。它既可以帮助学生尽早地树立全面的建筑设计观，更好地实现从"技艺分离"到"技艺一体"的思维转变，又可以借助建造的学习过程具有强烈的实践性、实验性、综合性和团队性等特点，更有效地调动学习者的主动性和积极性，使过去"要我学"、"灌输式"的被动式教学模式转变为"我要学"、"做中学"的主动式学习模式。

我们希望经过真实建构课程的训练，学生们能够将自己今后的每一个设计都当成是一次真实的创作。

参考文献

[1] 顾大庆. 中国的"鲍扎"建筑教育之历史沿革——移植、本土化和抵抗 [J]. 建筑师，第 126 期.

[2] 肯尼斯·弗兰姆普敦著. 王骏阳译. 建构文化研究 [M]. 北京. 中国建筑工业出版社，2007.

[3] 罗贝尔. 成寒 译. 静谧与光明 [M]. 北京. 清华大学出版社，2010.

[4] 石铁矛、李志明 编. 约翰·波特曼 [M]. 北京. 中国建筑工业出版社，2003.

[5] 斯蒂芬·霍尔著. 符济湘译. 锚 [M]. 天津. 天津大学出版社，2010.

可供性视角下展陈交互设计研究

罗曼

上海工程技术大学 艺术设计学院

同济大学上海国际设计创新研究院

　　摘　要：当前，展陈设计领域与人机交互领域前所未有地紧密结合起来，展陈和交互设计的理论结构发展迅猛，涉及多学科、多领域知识的交叉研究和应用实践，给传统展陈设计领域的设计教育和设计方法实践带来了巨大的冲击和挑战。本文针对展陈设计交互领域基本理论问题展开相关研究：一方面，观赏者对展陈内容的认知过程在人机交互过程中的基本现象和基本模式是重要的设计研究课题，而作为展陈交互的中介和载体，可供性概念对于展陈交互设计具有重要的理论价值；另一方面，依据不同的理论知识背景及不同的切入视角，使展陈交互设计的方法论具有显著的多样性。研究"可供性"概念的内涵、结构、作用模式，对于我们探寻具有全面性、系统性、创新性的人机交互展陈设计方法具有重要的实践意义。

　　关键词：交互设计 可供性 展陈设计

　　随着科学技术的发展及新商业形式的不断涌现，设计的内容逐渐变得包罗万象，从传统的平面设计、产品设计、服装设计、环境设计，到今天的交互设计、服务设计、体验设计、虚拟设计，不同设计领域之间的界线越来越模糊。由于设计是人类创造性思维活动的产物，其本身有着浓重的感性和主观意识色彩，致使设计活动不可避免地与社会人文密切相关。设计师不应局限在编辑展陈内容属性等浅显的层面，而是应将关注的中心放在宜人的、合理的、自然的展陈空间体验上。

　　1 展陈设计的转型：从空间的设计到行为的设计

　　设计领域在最近的半个世纪内不断发生着顺应时代发展的剧变。技术的发展使我们能够利用不断进步的虚拟、可视化以及原型技术去更好地完成设计工作。当越来越多的设计工具介入我们的设计过程，越来越多的设计方法被研究者总结和提炼出来。博朗（Brown）认为，设计思维并不局限于风格和形态，而更加关注设计活动本身，关注设计活动中的人与人造物[1]。在计算机技术的助推下，智能设备的遍及使传统人机交互与传统展陈设计两个领域逐渐走向融合。展陈设计并不局限于空间和展品展具的设计，而交互设计也不局限在人与计算机的交互关系的探讨，交互设计为展陈设计带来了方法论上的变革，而展陈设计则拓展了交互设计的研究范畴。对展陈空间的设计逐步转为了对观赏者行为的设计，追求交互过程中最佳的体验成为展陈设计发展的趋势。观赏体验来自于观赏者从行为中产生的具体感受，在心理学领域，心理学家库尔特·勒温（Kurt Lewin）提出了关于人类行为的函数公式[2]，该公式指出了环境对人类行为的潜移默化。从对公式的理解中可以得出结论：设计尽管无法决定人的个性，无法控制人的行为，却可以改造人所处的环境，进而改变人与环

境之间的交互关系，通过对人类思维进行引导，达到影响人类行为的目的[3]。

基于人们对展陈空间最佳观赏体验的不懈追求，从技术上催生了展陈设计多元化的交互方式，为越发自然的交互行为供应支撑；也因此，观赏体验向多个维度延展，虚拟和现实空间的融合为更自然的交互供应了环境基础；设计载体的展陈方式则越发丰富多样，迎合观赏者的视觉、听觉、触觉、嗅觉、味觉等在真实环境中具备的感知能力，促生出众多形式的展陈技术和展陈方式。对观赏者体验的重视使自然交互方式的诉求在展陈设计研究和展陈设计实践中受到了极大地关注和重视，因此，观赏者与展陈之间的"自然行为维系"成为设计师追逐的热门。重视展陈空间自然交互行为关系的理念，作为一种更为符合展陈设计发展规律的设计思路，对传统的展陈设计以及人机交互都指明了一条崭新的发展之路。

2 方法论的探索：支撑展陈交互行为研究的理论

观赏者的背景、文化和经验决定了其对展陈内容的反应。设计师和观赏者往往被时间、空间或者社会文化形成的不同地域所分离。在展陈环境中，通过观赏者的视觉、听觉、触觉、嗅觉和味觉五种感官来感知展陈内容的存在，继而对感知到的展陈讯息进行主观的认知加工，依据加工后得到的最终结果来付诸相应的观赏行为。美国学者库帕（Cooper）将认知判断结果的不确定现象称为"认知摩擦"[4]，诺曼（Donald Norman）认为"认知摩擦"产生的原因主要源自设计模块与用户模块的差异性[5]，即设计师的设计意图与观赏者意图上的辩论，致使观赏者的观赏过程和观赏者接受到的展陈内容出现问题。但越来越多的人认识到仅强调"以人为中心"的设计思维同样具有片面性。因而，应当从更为广泛的角度去理解观赏者与展陈之间交互关系是更为科学的设计思路，强调交互关系对观赏者观赏体验的决定作用。设计师、设计对象以及观赏者三者之间存在的认知鸿沟需要先进的理论和科学的设计方法来填补。可供性（Affordance）概念的出现，使我们能够将三者的关系具象化，从而为解决他们之间的认知摩擦带来契机（图1）。

3 可供性概念的起源、定义和发展

（1）起源：格式塔心理学与直接知觉论研究

从设计的角度来看，可供性概念的起源可以从格式塔学派相关研究开始，德国生物学家乌克威尔（Uexküll）在"就生物的行为可能性而言，生物是如何能够感知世界"的问题中提到了"功能倾向性"（Functional

Coloring）[6]的概念。在比乌克威尔的研究稍微晚一些的工作中，心理学家卡夫卡（Kafka）也用类似的概念描述了对对象意义的感知[7]。他们认为，遵循观赏者的经验，将感知看作刺激的物理特性和精神法则之间的互动关系。格式塔强调知觉经验的结构，追求经验中的价值与意义，这部分与生态

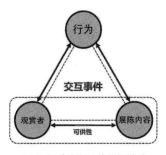

图1 可供性在展陈交互事件中的概念
（来源：笔者绘制）

心理学是重叠的。但格式塔的观点中对可供性的理解是有限的，格式塔心理学普遍认为提供给有机体的属性与有机体的主观状态相关。

真正将可供性概念提升到理论的高度则应该从生态心理学的直接知觉论说起。生态心理学强调，动物是通过与环境互动而进化的实体，动物不能脱离它所生存的环境而独立存在，因此，提出"心智不是存在大脑中，而是存在于有机体与环境的关系中"的观点，并将研究的重点放在动物与环境的互动关系之上[8]。生态心理学家詹姆斯·吉布森（James. J. Gibson）以生物对环境的视知觉为研究核心。他对生态学的运用除了研究模式上，还反应在解释学与方法论的层次上。吉布森提出的"生态取向视知觉论"（Ecological Approach to Visual Perception），与神经科学研究、传统知觉心理学及运算式视知觉并列为视知觉心理学四大研究类别。他的理论同时也被称为"直接知觉论"，他认为动物所知觉的环境特性是一种相对于自身属性的"生态物理特性"（Ecological Physics），不同于一般科学中的"科学物理特性"（Scientific Physics），生态物理特性是环境与动物对应下的相对的而非绝对的特性。吉布森用了"Affordance"（可供性）一词来描述动物与环境之间的"可直接知觉的行为关系"。

（2）定义：什么是可供性

根据吉布森的观点，可供性是角色（人或动物）与环境之间的一种发生活动的可能性[9]。我们所说的环境表象为：物体、水、火、地形、庇护所、工具、其他的动物和人类这些多种多样的"物质"。吉布森认为，对养分和制造而言，环境中不同的物质具有不同的可供性，对于使用方式而言，环境中不同的物体具有不同的可供性。"可供性的指向是双向性的，同时指向环境和观察者[10]。"

吉布森的直接知觉论定义了可供性的三个基本特性：第一，可供性

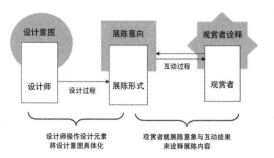

图2 展陈设计与人机互动过程
（来源：笔者绘制）

与特定角色的行为能力相关联，是行为能力的附属；第二，可供性的存在是独立于角色感知能力之外的，即无论主观对象是否能够感知到事物可供性，它依然是存在的；第三，可供性不会随着角色的需求和目标的改变而改变，即无论主观对象的行为目标或是需求发生怎样的变化，事物的可供性是固有不变的。[①]

4 构建展陈设计"交互可供性"概念

展陈设计是一个多学科交叉和融合解决问题的过程，为了寻求更为有效提升展陈交互体验的方法，将可供性概念引入展陈交互设计领域。根据交互设计领域特点，在可供性的经典定义基础上，交互可供性的混合概念被提出，既包含了传统直接直觉化的观点，从感知的整体性入手，对可供性进行研究，又包含了社会、文化、情感、认知等方面的因素，即从认知的角度入手对可供性进行研究。交互可供性概念的定义及其设计策略是利用人机交互过程中理想化的即时行为服务交互设计的方法。该方法为尽可能地减少观赏者与展陈设计之间的认知摩擦而构建。关于展陈设计交互可供性的研究，将涉及展陈设计表现、人的行为活动、心理学的理论和实践等方方面面，交互可供性为展陈设计领域提供了科学创造更好交互体验的切入点。它概念化了人与展陈内容之间的良好体验关系及其构成的元素，可以帮助观赏者快速建立起对展陈的形式、内容、表达和观赏行为等方面的正确认知。关于展陈设计"交互可供性"概念的研究，是希望从方法论的研究角度寻找一条正确理解"可供性"概念的出路，从而为展陈设计师的设计工作提供有力的参考。将"交互可供性"的概念及其设计策略定义为一种帮助展陈设计师深刻理解交互关系的"理想化即时交互行为"的设计工具，代表一种较为理想的交互状态，既符合展陈设计师的期望，又能使观赏者获得愉悦的观赏体验（图2）。

＊上海市设计学Ⅳ类高峰学科资助项目：展陈数字化设计创新研究，项目批准号 DB18402。

注释

① Brown T. Change by design: How Design Thinking Transforms Organizations and Inspires Innovation. NY: Harper Business press, 2011, 13.

② 库尔特·勒温. 拓扑心理学原理 [M]. 高觉敷译. 北京：商务印书馆，2003.

③ 马超民，何人可. 现代民用飞机的乘用体验设计 [C]. 民用飞机制造技术及装备高层论坛，2010.

④ 库帕. 交互设计之路——让高科技回归人性 [M]. 北京：电子工业出版社，2006.

⑤ Norman D A. 情感化设计 [M]. 付秋芳等译. 北京：电子工业出版社，2005，63-77.

⑥ Uexküll, J. von (1920). Kompositionslehre der Natur: Biologie als undogmatsche Naturwissenschaft. Ausgewählte Schriften.T. von Uexküll (Ed.). Frankfurt am Main; reprinted 1980, Berlin: Propyläen-Verlag.

⑦ Koffka, K (1935). Principles of Gestalt Psychology. London: Lund Humphries.p.7.

⑧ Reed, E.S., 1996, Encountering the World: Toward an Ecological Psychology. Oxford University Press, New York.

⑨ Gibson, James J. The Theory of Affordances. In R. Shaw and J. Bransford (Ed.), Perceiving, Acting, and Knowing.1977.67-82.

⑩ Gibson, J. The Ecological Approach to Visual Perception. Hillsdale, NJ: Lawrence Erlbaum Associates, Inc.1986,129.

⑪ 马超民. 可供性视角下的交互设计研究 [D]. 长沙：湖南大学，2016.

参考文献

[1] 叶浩生. 认知心理学：困境与转向 [J]. 华东师范大学学报教科版，2010(1).

[2] 傅婕. 基于潜意识与行为习惯的交互设计启示性 [D]. 长沙：湖南大学，2013.

[3] 张国华，衡祥安，凌云翔等. 基于多点触摸的交互手势分析与设计 [J]. 计算机应用研究，2010 (5).

[4] Shedroff N. Experience Design. Indiana: New Riders Publishing, 2001, 19.

[5] Archer B. A View of the Nature of Design Research. In: Jacques R, Powell J(eds): Design, Science, Method. Guildford: Westbury House press, 1981, 29-36.

观念·形式
——艺术院校建筑学科"观念教学"改革研究

刘川 任洁 易迎春
四川美术学院 建筑艺术系

　　摘　要：在实施振兴乡村建设战略背景下，通过分析艺术院校建筑学科教学特点和现状，记录了一种始于概念、后经逐步具象化的形态逻辑操作方式；并试图以四川美术学院毕业创作课题为载体，在当代艺术与建筑学学科的交叉视角下，探索建筑学学科观念教学的改革方式，为艺术院校建筑教育提出一种新的教学发展方向。
　　关键词：振兴乡村　当代艺术　观念教学

1 引言

　　在当今全球城市化浪潮的席卷下，场所的变迁将乡村发展推向了一个自我文化否定的困境之中，"是拥抱城市化的标签，还是坚守本土文化的存在根基"成为我国乡村振兴建设过程中无法回避的问题。高校作为培养乡村振兴建设人才的重要基地，同样面临着新时代、新要求背景下，建筑教学改革的新挑战。

　　基于此，笔者将近期所主持的以"云南坝美乡村振兴建设"为主题的四川美术学院建筑学专业毕业创作教学成果进行了梳理，试图从观念教学的方法入手，重新思考当代艺术、乡村建设、建筑学科教学之间的交叉关系，强化空间建构与艺术观念的融合，探索在艺术院校的建筑学学科中进行"观念教学"改革实践的方式与方法。

2 当代艺术背景下的艺术院校建筑学学科教学现状

　　（1）艺术类院校建筑学学科的缘起

　　自 2000 年来，着眼于国内外建筑设计教育领域的发展趋势，包括中央美术学院、中国美术学院、四川美术学院等传统艺术类院校开始陆续恢复建筑学学科教学，在市场多元化需求以及时代趋势所向的背景下，当代建筑艺术及其他艺术形式同现代的科学技术和社会需求紧密结合，强调当代建筑设计的多元化及艺术性是当前艺术类院校建筑学学科发展的主要方向。

　　（2）艺术类院校建筑学学科的发展特点

　　区别于工科院校的教学体系，艺术类院校的建筑学专业教学往往强调艺术环境下跨学科专业的发展，以培养具有强烈艺术情怀的建筑师为目标，建立了以个性潜能为根本的课程体系。借以艺术院校的浓厚艺术氛围，为建筑学教育的发展提供独特的办学条件。

　　3 四川美术学院建筑艺术系"观念教学"模式发展

（1）观念教学模式存在的基础情况

四川美术学院建筑学学科教学以"创新型、复合型、应用型"的培养目标为基础，致力于培养掌握建筑学学科基本理论知识、技术方法，兼具当代艺术修养的建筑艺术创作型人才。其中，采用"多维立体倒金字塔"（图1）培养体系方式，强调以观念教学开拓和更新学生的创新思维和设计逻辑，形成艺术院校建筑学学科跨界、跨领域、跨学科的"三跨"教学特色。

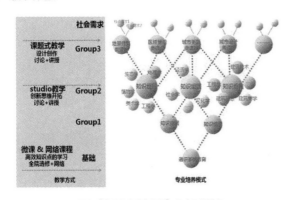

图1 "多维立体倒金字塔"人才培养模式

（2）观念教学模式的定义

在当代艺术思潮背景下，利用雕塑艺术、绘画艺术、装置艺术、多媒体艺术等多学科技术手段，针对设计场地的特征属性，引导学生形成具有跨界、跨领域、跨学科特点的设计概念。围绕设计概念，进一步强化学生设计思维的逻辑性，指导其完善支撑设计观念所需的各项系统。最终，辅助其合理选择核心设计观念表达的方式及手段，呈现出具有自我观念特征的设计成果。

（3）观念教学模式的特征

观念教学模式通过其跨学科性、引导性、逻辑性和传达性的特点，可以有效增强学生设计理念的独创性，拓展设计思维的开阔性，以及提升设计方法的多样性。

1）跨学科性

基于观念教学模式的跨学科性特点，观念教学能够有效扩建学生知识体系，构建系统化的设计逻辑，并为后期设计提供有效的理论支撑。

2）引导性

在设计初期，促进学生发散性思维，并引导其从众多设计思路中，

有效提取出一个具有自我主张特性的设计概念方向，作为下阶段设计的基础。

3）逻辑性

在设计中期，强化学生设计思维的严密性和科学性，始终围绕设计概念，进行设计方案的推敲及形成，保障设计观念在设计过程中的有效落实。

4）传达性

在设计末期，结合艺术类院校的艺术特点，利用当代艺术的多种表现手段，立体及多方位地展现设计成果，进一步完善并增强设计观念的表达。

4 观念性教学模式在毕业设计中的运用

一直以来，四川美术学院建筑艺术系的毕业创作都坚持以当代艺术为导向，坚持对乡村振兴建设的持续关注，坚持观念教学的一贯性。本次毕业创作以"云南坝美乡村振兴建设"为主题，对观念教学模式进行了有效运用，并落实到毕业创作的四大阶段中。

（1）第一阶段：专题研究

1）观念设计专题：讲授观念设计的内涵、特征以及方法，强调学生对于观念设计的理解。

2）当代艺术专题：设置当代艺术文献检索、案例分析、展陈观摩等教学环节，激发学生艺术性观念思维的形成。

3）成果表达专题：开展艺术及建筑展陈方式的讨论及分析，帮助学生理解艺术表达形式在建筑设计成果表达中的重要性。

（2）第二阶段：观念衍生

1）场地感知：了解场地、发现问题，采用图片采集、仪器测量、草图描绘、居民走访、问卷调查等方式，提取出山、水、木、田、人、畜、舍等特征要素。

2）理性分析：对场地的地域文脉、地理特征、材料特性、人口结构、民族文化、风土人情、生活习俗、宗教文化、生产方式等方面，进行系统性分析。

3）发散性思维：鼓励学生从艺术、民俗、文化、宗教、建构等方面着手，依托场地感知和理性分析，形成不同的设计主张。

4）观念提取：通过师生互动，共同探讨并从多个设计方向中，提炼出适合于各组的设计概念方向，作为下阶段设计的基础。

（3）第三阶段：情景创作

1）初期情景设定——目的：根据设计观念设定语境，提出初期概念草图。重点强调设计观念与场地间的契合度，以及设计观念的创新性。

2）中期情景构建——目的：进一步深化设计方案，形成较为完善的设计草图。重点强调设计观念与空间形式的落地性，以及设计观念到形式建构的转换。

3）后期情境完善——目的：完善设计成果，完成最终的设计成果。重点强调设计形式的多样性，以及设计观念的传达性。

5 观念教学模式在毕业设计中的成果展现

本次毕业设计参与学生共计28人，指导教师2人。学生分为7个设计小组，依据上述观念教学的设计流程，以"人群需求、文化传承、艺术触媒、空间形态、民俗节气、生态保护、建筑材料"为切入点，分别形成了"游园承梦、节境、一方、结庐、归源、生生、行合趋同"七大设计主题。挑选其中具有代表性的3份学生创作成果，展示如下：

（1）"游源承梦"——乡村的保育与活化

1）要点：再造场所、孩童教育、传承文脉

本设计针对城市化进程加快所引起的乡村空心化以及本土文化断层的问题，重点关注大量留守儿童的教育现状以及本土文化传承现状，提出保留人们，尤其是青少年对自身价值认同是乡村的复兴设计的来源和日渐荒芜的耕地重启的生机的观点。学生在实地考察坝美后，针对当地由于文化断层所造成的建筑风貌风俗的严重流失又提出复兴文化及风俗教育场所的家学理念。以家学为基础将儿童的教育场所作为传播和弘扬文化的媒介，目的是希望通过场所的再造新兴壮族村落的文化氛围，提升儿童参与和接触本土文化的积极性，自下而上地解决文化断层问题。也正因秉持着这个原则，故将整个设计取名为"游源承梦"，意为希望孩子们能够游走在坝美整个桃花源里，在传统文化的本源里，自然地继承着将传统文化发扬传承下去的梦想（图2）。

2）具体做法：提出"庠序计划"（图3）的观念设计，即以孩童教

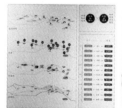 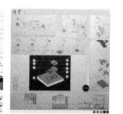

图2 设计策略　　图3 "庠序计划"　　图4 酒堂建筑单体设计图

育场所为载体，为儿童提供了传统手工艺作坊、户外游戏场所，以及集市等具有教育价值且趣味十足的公共空间，目的是希望通过场所中多个文化、风俗场所等节点的发展，激活村落的文化教育，以建筑本身潜移默化地影响村落的文化延续方向。这其中包括3个公共建筑、4个户外装置和5个居住建筑共12个场所的更新再造。12个场所按照相适应的儿童年龄由1~16岁分别是泥塑院、田间镜、田间玄廊、稻草制作室、戏台、语言堂、手作集市、悉竹房、织染坊、酒堂、茶园艺馆、草药博物馆。相对位置入的传统壮族文化分别为夯土、地母文化、草编工艺、壮戏、壮语、竹编工艺、壮锦、壮酒、壮茶和壮药。在具体的单体建筑设计中又引入地方文化符号、地方材质以及传统的地方建造工艺，保证了设计成果的地域特点（图4）。

3）教师点评：对中国城镇化进程中的场所认同问题的研究，不仅是对近年来快速城镇化的批判性思考，也是对当下千余座正在经历及可能经历城镇化的村镇的前瞻性关照。传统村落的发展离不开现代城市化的影响，但良性并且持续的发展绝不是同化乡村，"安乐之道"的主体并非个体，而是在独特的自然环境中由个体其所处的群体社会背景所构成的共同体，根据这一社会哲学，通过共同的空间构建过程，人们与其所在地域之间的联系得以加深，并推动认同感的实现。由此可见，建立弹性的、可自我修复的地域认同感的关键便在于地域自身的解码过程。村民认识到传统文化的重要性并将其传承、发展、传播是乡村最合适的发展道路。使村民拥有文化自觉性是一个艰难的过程，但只有在认识自己文化基础上接触多种文化，有条件在这个正在形成的多元文化的世界里确立自己的位置。

（2）"结庐"——地域风貌再造

1）要点：连续屋面、共享空间

坝美是典型的具有乡村旅游开发背景的传统村落，和许多同类型的村落相似，数十年旅游开发为坝美村带来了不和谐的空间形态和村落氛围，最明显的空间特征是密集、无序、超尺度，归咎背后的原因则是村民以个体为单位的无节制野蛮生长，导致了坝美空间结构的混乱和崩溃。该设计基于这种现状，提出观念性的设计构想——借由设计一个连续的屋顶来重构坝美的村落空间（图5）。屋顶这一建筑构件，在中国传统文化中具有强烈的象征性：家园和共同生活。连续屋顶这一对于共同生长的隐喻传递了我们对坝美现状的回应和表达（图6）。屋顶的连续性在物理层面上决定了居住空间的连续性，而"同在一个屋檐下"的叙述

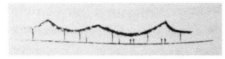

图5 连续屋顶意向图

图6 建筑组团意向图

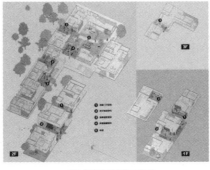

图7 连续屋顶总体示意图

图8 组团共享空间示意图

语言也会以共享空间及这种生活体验，唤起村民对其他个体的关注（图7）。

2）具体做法：根据地形、道路、高差等制约因素，将村落划分成11个相互联系又相对独立的单元，每个单元包含8户到15户不等，并将其称为一个组团（图8）。结合村民的生活习惯，每个组团都包含有四种不同类型的共享空间，具体如下：

共享餐厨空间：组团中的共享餐厨空间可以供两至三户人家同时备餐和用餐，每个空间共用给排水和排烟设施；

共享储藏空间：坝美依然保留着以农业为主的生产方式，共享储藏空间为粮食储藏、谷物晾晒和农具存放提供场所；

共享门厅空间：传统壮族民居的样式以底层架空，以柱子的开槽为水平方向的墙板预留接口，这样的可变式墙板使得底层空间的分隔灵活多变，为此我们保留这种形式，并将两至三户共用的门厅空间置其中。其灵活性和开放性的门厅空间不仅仅是几户人家共享的出入口，也是易于人群聚集和停留的场所；

共享娱乐空间：连续屋顶所形成的丰富灰空间，为村民提供了理想的聚集场所。

3）教师点评：针对坝美的乡村共享空间设计是基于理想状态下的解决方式，但坝美所代表的中国乡村发展现状是十分复杂的。经济、政治、文化和人为因素共同左右着乡村的未来。在此也希望此方案，尝试讨论乡村发展的可能性，这种可能性基于具体问题同时也反映了我们对于现有乡村的反思，以及在此之后的态度和愿望。

（3）"一方"——艺术点亮乡村

1）要点：当代艺术、乡村发展模式的更新

实施振兴乡村战略部署需要有艺术，才会使乡村发展具有地域个性，才不会变成模式化。乡村艺术的实践是用艺术手段重建人与人、人与自然的关系。把村庄、艺术与自然、当地人与外来者、城市和乡村等多种层级串联，较好地凸显了乡村的个性及地域性（图9）。

2）具体做法：本设计根据对坝美村场地现状、人文情况分析，得出坝美村的重塑需要从被忽视的文化和改善不适宜的生活这两个方面入手。针对于被忽视的文化，重新发掘并整理了坝美村的农耕文化和水文化（图10）。同时，在形式上借鉴了越后妻有和许村的乡建模式，提出"艺术村"概念。在具体形式上，采取以高度艺术化处理的"方盒"形式植入场地（图11、图12）。其中，"方盒"的具体形态由周边环境决定，"方盒"的功能、材料由场地资源衍生。不同形态的"方盒"是对坝美村地域特征的高度概括，而当代艺术派的形态与原始村落形成的冲突对比，体现出坝美村独有的文化特质，也引发人们对于乡村发展建设的思考，可以说"方盒"对场地的介入是一种艺术实践的创新，也是乡村建设的一次创新。以最少的资本投入，最大限度地保护和传承坝美村的特质。

3）教师点评：本设计是对乡土再造中艺术实践的初探，主要解决的是用什么方法和视角使艺术介入乡村的问题。乡土再造中的艺术实践，核心点不是艺术本身，而是使艺术作为一种引领振兴乡村活动原创力，以及引领人们走进村落，产生交流和认识的坐标。艺术介入乡村建设的魅力在于艺术创造性思维和人文气息，唤醒了中国人对于乡村的尊重和美好期待。她兼顾空间生存要素，承载公众的记忆，必将成为振兴乡村建设的新兴力量。

6 总结与启示

选择"云南坝美乡村振兴建设"作为本次毕业创作的课题，并将"观念教学"模式贯穿其中，是四川美术学院建筑艺术系在新的教学大纲要求下，对我校传统建筑教学模式改革的一次有益尝试。

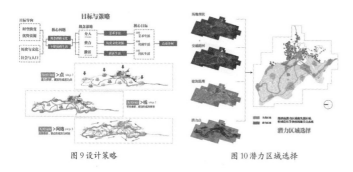

图 9 设计策略　　　　　　　　图 10 潜力区域选择

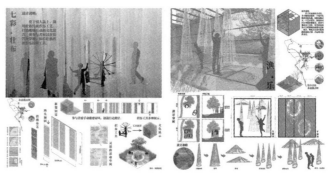

图 11 方盒形态 a　　　　　　　　图 12 方盒形态 b

　　从教学成果来看，本次教学模式的改革取得了一定的成效，有效增强了我校建筑学专业学生的创新性和逻辑性，设计能力和专业水平也得到了较大提高。同时，当代艺术与建筑学学科视角的交叉，也为国内艺术院校建筑学学科的教学建设带来了启发性和可借鉴性。

参考文献

[1] 李晶涛. 形式与语义——观念艺术背景下环艺专业空间建构教学改革研究 [J]. 艺术教育，2017.

[2] 卢峰，黄海静，龙灏. 开放式教学——建筑学教育模式与方法转变 [J]. 新建筑，2017(03): 44-49.

[3] 许建和，宋晟，严钧. 建筑学专业创造性思维训练思考 [J]. 高等建筑教育，2013,22(03): 122-125.

[4] 贾巍杨. 探寻实地调研的意义——真实地形建筑设计课题教学切入方式初探 [D]. 天津：天津大学.

高校一流学科建设问题研究

崔菁菁

大连艺术学院 艺术设计学院

摘 要：学科建设作为高校工作的根本和核心，是大学的一项综合性、系统性、长远性的基础建设。随着高等教育从精英教育向大众教育的过渡，高等院校在注重教学质量的同时，越来越重视学科建设的作用。为了实现跨越式发展，彰显高校办学特色内容，本文将针对学科建设这一具有战略性和全局性的时代课题进行研讨。

关键词：学科建设 长远性 立足之本

1 一流学科建设在高校发展中的地位

学科建设包含的内容有很多，比如对学科结构的优化和调整、对师资队伍的建设、人才培训与学术交流等。学科建设的方向就是由学科结构的优化和调整决定的，想要让一所高校有一个良好的发展就必须将师资团队建设好，师资团队是一所高校发展的命脉。学术建设体现的是学科建设的内在本质，是学科建设的知识保障。学科建设的最终目的就是对人才的培养，这也是学科建设的主要任务。一所高校想要发展在一流高校的前沿就必须严格加大对学科的建设，提高教学的质量 [1]。

（1）关于学科建设的基本地位

学科建设作为一所高校建设的核心存在着，是高校建设的一条主线。高校的建设就是牢牢把控学科建设这个核心，以此来带动高校其他工作的建设。只要把学科建设搞好，高校发展的方向就得到了保障，高校未来的发展也就铺平了道路 [2]、[3]。

（2）关于学科建设的主要作用

学科建设不仅是一所高校发展不变的主题，也是一个国家科学技术整体水平提高的关键。学科建设关系着一所高校的学术水准、学科层次、教学环境、教学条件、教学效率以及人才培养的层次与综合素质。所以，关于学科的建设关系着高校是否能够长期稳定的发展。从高校的发展史来看，学科建设越突出的高校发展就越好，学科建设不够突出的高校则得不到快速的发展 [1]。

纵观世界范围内大学的发展脉络和趋势，不难得出这样的结论，学科建设是大学的一项综合性、系统性、长远性的基础建设，是大学的立足之本。同时，学科建设又是大学的战略性建设，只有以高水平的学科建设为基础、为支撑，才能提高办学水平和效益，才能形成科研和高素质人才培养的牢固依托，才能提升大学的学术水平和广泛知名度 [4]。

2 学科特性与建设目标定位

国务院统筹推进"双一流建设"的方案十分明确地强调"坚持以学科为基础"的原则，可见，无论是"世

界一流大学"建设，还是"一流学科"建设，其基点在于学科的前沿性、高水平与影响力。而无论是学科发展方向的凝练、学科建设重点的选择，还是学科组织模式的创新、学科建设绩效的评价，都离不开对具体学科的定位与学科特性的认知[5]。

学科建设的内容主要是在建设中要求提高师生的整体素质、让常规的课程深度化和广度化、师生的比例要协调、教学中的硬件设备要全面、建设资金要充足、高校要有一个良好的声誉等。对于一个想要走向国际化一流学府的高校来说，提高自身的学科建设只是其中的一个比较基础的部分，还要将本校的重点学科与国际化水平看齐，这就有了很大的难度，在进行人才培养时，不能盲目抓重点，要先了解国家或者该区域的人才需求，培养的人才一定要与社会需求相吻合[6]~[9]。

3 高校学科建设的几个问题

（1）高校学科建设的内容问题

一所高校的学科建设，从建设主体来看，有学校、学科群、学科点(一个学科)三个层面，三者应明确各自的任务、内容和重点。学科层面应关注目标、结构、重点、资源、评估五个方面；学科点层面（院系）应抓住学科方向、队伍、项目、基地四个方面；学科群层面则介于两者之间。以往很多高校的学科建设，过多地关注学科点建设的内容，而忽视了学校层面应重视的主要内容。关于学科群、学科点建设的任务与内容，在《论学科建设》一文中有论述。从历史发展看，学科从高度综合、高度分化，现在走到了在高度分化基础上的高度综合，新的学术成果往往产生在多学科的交叉点。学科之间交叉融合，单靠某一个学科难以实现，需要学校层面调整组织结构，制订新的制度、机制。再次，学科建设还需要科学规划，以建立合理的结构，确立发展重点，筹措和配置资金等[10]。

确立学科建设的总体目标。总体目标要根据学校的发展定位和内外环境的变化来确定，并且要有具体的时间和确定的内涵。落实学科建设的具体任务。在确定学科建设的总体目标后，又将其分解成能逐步实现的具体任务，使规划具有较强的层次性和可操作性。①实施"学科攀登计划"。要继续加强学科群建设，鼓励和促进各学科的交叉融合。优势学科的建设思路是：紧紧围绕行业需求，加大资源整合力度，建设大学科平台，加强跨学科研究和创新团队建设，提升参与行业内重大科技攻关的能力，实现博士点零的突破。②实施"学科振兴计划"。振兴传统学科的基本思路是：按照经济和社会发展要求对传统学科进行改造，凝练学科方向，突出特点，实现错位式发展。③实施"学科培育计划"。新兴学科是院校发展的后发力量，在某种程度上反映着该校的潜力，是院校学科建设新的增长点[3]。

（2）高校学科建设的重点突破问题

学科建设要实现重点突破，这是世界一流大学发展的成功经验，也是我国发展比较好的大学的一条成功经验。重点突破，越来越成为高校开展学科建设的共识[6]。

学科建设为什么要实现重点突破呢？首先，这是办学资源的有限性和学科发展的无限性的矛盾所决定的。一个学科的建设，需要大量的投入：建设基地要投入，引进和培养高水平师资要投入，开展国际和国内学术交流要投入，但任何学校的办学资源都是有限的，不可能同时重点建设所有的学科，即使是世界一流大学，也只有个别学科处于世界领先水平。例如，哈佛大学的经济学与商学、数学、工程学，剑桥大学的化学、生物科学、临床医学，牛津大学的神学、哲学、法律，东京大学的物理、化学、生物学及生物化学，等等。其次，一流学科的示范作用。一所学校，重点建设一两个学科，使之成为一流。这些学科就成为学校学科建设的"标杆"，从而影响和带动其他学科的建设[3]。

重点突破首先要善于选择重点。学校层面，应从全校学科出发，从中选择一两个作为重点加以建设。学科点层面，则应从若干学科方向中选择一个方向，重点突破。在选择的过程中，一是要了解社会发展需要和同类学校学科的发展状况，把握比较优势；二是要从本校历史发展出发，发挥自身优势；三是重视学科的交叉、融合，把握学科发展前沿，选择有发展潜力的学科和学科方向。

重点突破，要突出重点。突出重点，就是要在学科资源的配置和学科制度的安排上，保证重点的突出位置[10]。学科建设的重点一旦确定，就要敢于打破所有学科一视同仁、同步发展的旧格局，尤其是在学科资源的配置上，要坚决摒弃平均分配的陈旧观念，坚持"有所为、有所不为，有所多为、有所少为，有所先为、有所后为"的指导思想，集中有限的资源，重点投资，重点建设，改善其实验条件，提高其装备平台，充实其学科队伍，务必使重点得到充分的人力、物力、财力和政策的保障[4]。

3 学科建设的内动力和外动力问题

学科建设的动力是多元的，既有内动力，又有外动力。内动力是学科逻辑自主发展的规律；外动力是指学科发展的社会需求。学科建设是内外动力综合作用的结果。学科建设的内动力表现在学科发展的内部矛

盾运动。

首先，学科发展的突破是通过科学实验、科学理论，以及两者之间的内部矛盾运动来实现的。在实验层次上，新的实验工具和方法导致新的实验结果和发现；在理论层次上，则表现为假说的大胆提出和不断更替，逻辑的内在演绎与展开以及理论自身内在逻辑统一性的探索和追求。

其次，学科之间由"不平衡—平衡—不平衡"的循环运动引导着学科发展。科学发展的历史表明，各门学科的发展并不是齐头并进的，而是处于一个由"不平衡—平衡—不平衡"的循环运动过程中[11]。

再次，学科的交叉、综合性特点促进着学科建设。从学科发展的历史来看，在经历了原始的混沌统一到专业的精细分化之后，各门学科的发展出现了明显的学科协同效应。学科建设的外动力表现为社会需求的推动力。高校作为社会系统的一个重要组成部分，一方面受社会系统的发展制约；另一方面也在社会发展中发挥着重要的作用。社会对高校的这种需要既是高校存在和发展的前提，也是高校发展的强大动力。

高校学科建设是一个系统工程，涉及面广，十分复杂，在建设的过程中，我们只有不断地去发现问题，从理论与实践结合中解决这些问题，学科建设才能取得好的成效。

参考文献

[1] 仇洪星 . 高校一流学科建设的相关问题研究论述 [J]. 课程教育研究，2017(51): 249–250.

[2] 龚放 . 把握学科特性 选准研究方法——高等教育学科建设必须解决的两个问题 [J]. 中国高教研究，2016(09): 1–5, 34.

[3] 郑旭东，王美倩 . 问题与框架：教育技术如何在学科建设中走向真、善、美 [J]. 远程教育杂志，2014(02): 25–29.

[4] 郝秋阳 . 学科建设问题初探 [J]. 教育与职业，2010(15): 98–99.

[5] 刘家和 . 也谈一流大学与一流学科的建设问题 [J]. 史学理论与史学史刊，2017: 3–6.

[6] 李凤莲 . 以工为主多科性大学学科建设问题初探——麻省理工学院的启示 [J]，2011: 5.

[7] 张正义 . 省我学科建设三个问题的 [J]. 山西教育，2000(3): 29–30.

[8] 陆思东，曹健 . 重点学科建设可持续发展问题初探 [J]. 江苏高教，1999(04): 81–84.

[9] 方友军 . 地方高校学科建设存在的问题和对策 [J]. 佳木斯大学社会科学学报，2011(04): 111–112.

[10] 刘献君 . 论高校学科建设中的几个问题 [J]. 教书育人，2011(02): 08–11.

[11] 魏燕 . 高校学科建设基本问题初探 [J]. 教育教学论坛，2011(12): 180–181.

"一带一路"大战略下的西部新农村发展模式经验总结——以永寿黄土地窑洞庄园建设发展为例

屈伸 孙浩
西安美术学院 建筑环境艺术系

　　摘　要：黄土窑洞的研究，结合黄土地生态旅游，保护性开发古窑洞聚居环境，发展农村多种旅游经济，家门口完全解决就业问题，减少城市压力，多渠道提高农民经济收入，缩小和消灭城乡差别，使其保护性、规划性、科学性的良性发展，真正建设好社会主义新农村。项目达到目标的方法：前期，落地的策划和详尽的规划；中期，结合市场的专家智导和基于大数据的管理手段；后期，互联网融合、到位的宣传和国家政策的扶持！
　　关键词：窑洞　生态保护　美丽乡村　旅游　新农村

　　2006 年是对中国政治、经济、文化发展来说极为重要的一年，彼时，中共中央、国务院在一号文件里，明确提出了"建设社会主义新农村"这个大方向；早前结束的第十八次全国代表大会，其中关于"把生态文明建设放在突出地位，建设美丽中国"的政策方向，更加深入地确定"打造特色新农村"的重要议题；近年，"一带一路"的提出和亚投行的建立，是中国经济改革的突围方向，更是串联整个国民经济和丝绸之路沿线国家经济互联互通的重要方案！

　　陕西作为古丝路沿线核心城市和地区，经济发展相对落后许多，无法支撑多元的文化交流，更无法促进经济呈现明显的互融互通，亚欧论坛的不温不火就是例证。大力发展丝路带经济，平衡城乡差别，尤其是丝路节点上最重要的西部落后地区，这是现阶段最容易做，也是最难做的事情。所以，找到一条中国特色可持续发展的"新农村建设"道路，树立符合国情利在千秋的新农村样板是我们追求的目标。

　　国务院一号文件中的"新农村"指出：按照"生产发展、生活富裕、乡风文明、村容整洁、管理民主"的指导原则，建设符合现代社会生产关系、同时满足广大农村地区人民生活需求的社会主义现代农村。横向和竖向比较国外以及国内农业地区村落的规划依据和实际建设效果：不论是国内流行的城镇一体化的房地产式新农村，还是所谓的生态有机农庄结合集中军营式布局的农村社区型新农村；不论是日本的外观保持，内容现代化的外表传承式农村，还是美国的通过基础设施铺设限定，人群自然聚集其周边的公共设施引导式农村，都不能很好地解决现阶段西部地区各省农村遇到的问题。着眼整个西部地区，虽然缺少投资、经济活力差，但却拥有不可比拟的自然资源、大量美不胜收的原生态环境——原始的古村落遗址、丝绸之路上留存的贸易驿站……如果我们改变一下思路，这些相对落后区域从另一个角度发展，劣势反可以转化成优质资源，成为西部地区最大的优势。

　　西美设计团队从 1998 年开始，全身心投入到新农村发展的实际研究中，期间经历了多次的失败、误解、

艰辛和困难，在将近18年的时间里跑遍了全国几乎所有的农村地区，从环境、人文、经济、产业、旅游、种植等多方面试图找到适合西部地区的新型现代农村的发展建设道路。最终，我们得出结论：农村的发展核心在于经济结构的调整，在于农村人口人均收入的大幅提高！在这个指导方针下的新农村建设才可以称得上适合中国国情、可持续发展的新农村建设方案。所以我们的法宝就是——生态旅游，以深度、动态的农业产业，融合特殊旅游模式，带动当地居民经济收入的高增长。

下面以实验项目黄土地窑洞庄园为例，深入阐述项目组十余年间探索的"新农村建设"之路（黄土地古窑洞庄园2010年荣获第四届为中国而设计全国环境艺术设计大展一等奖并获中国美术奖提名作品，同年被陕西省政府列为"陕西省休闲农业示范园"；2012年被陕西省政府评为"陕西省现代农业示范园区"；2013年永寿古窑洞所在的等驾坡村被国家收录为"中国著名传统村落"）。

黄土地窑洞庄园专门设立在了国定贫困县——陕西省咸阳市永寿县等驾坡村。此新农村项目建设始终围绕农民增收一条道路前行，终于形成一套实用的理论方案，我们下文把它称之为"永寿模式"。永寿模式就是以生态农业融合养生旅游为核心，以龙头企业引导农村合作社，带动周边小型农家乐及农业产业链发展，大量吸收同村闲散劳动力特别是留守当地的妇女、老人，通过流转土地和打通旅游各链条（旅游六要素），以工促农，以城带农，以游兴农，走出一条"农村公司化、农业企业化、农民市民化"的社会主义新型农村道路。项目组挖掘了永寿黄土区留存千年的古窑洞群落，以保护为开发契机，把新农村发展定位设定为一个可用于实践检验的"古窑洞生态旅游＋农村产业化"项目，以吸引人气的生态旅游带动当地发展，以农业产业化促进就业，通过自身的"造血"扶贫，建设有现实意义、真正可实现的社会主义新农村，把高校的科研成果转化为实践经验，并通过实践摸索的成果促进理论的更深层次研究。最终，黄土地窑洞庄园作为全国唯一新农村项目代表获邀2010上海世博会国家主题馆，成为绿色低碳生活的典范，被世人所关注。

通过项目的分析，我们总结出四个科学有效的步骤：

1 挖掘地方传统优势，统筹策划、科学规划

项目选址在永寿县等驾坡村，这里黄土沟壑纵横，属于半干旱地区，人多地少，不利于传统农业耕种，当地农民无法依靠旧的农业生产活动脱贫致富。课题组挖掘当地特色，针对永寿县位于大西安规划一小时经济圈，福银高速直达的地理优势，依靠丝绸之路第一驿站的区位，以当地传承数千年的古窑洞村落保护开发为契机，吸引人流的聚集，重新整合农业产业链条。

永寿地区窑洞四合院型的特点显著：冬暖夏凉、不侵占耕地、可就地取材、挖土箍窑、易于施工，有利于地球生物链的良性循环，被称为"土地零支出的生命建筑"，是全世界最古老、最具原生态思想的可持续发展古村落，是世界建筑文化的"根"，是中华"住文化"的渊源。如此特色的文化遗产，首先应进行科学合理的保护，并且可持续性地开发，调整农村产业结构、植树种草、退耕还林，也是国家的基本政策。我们按照国家的指引，既达到保护环境式的开发模式，又享受到国家各项扶持政策和资金的支持。项目组在原有古村落基础上，全力保护原有生态植被系统的自然循环，根据沟壑走势和地形起伏，因地制宜，采用本地的泥土和麦草，挖掘窑洞的高科技生态技术，建造适宜黄土高原地区的现代农村居住村落，创造出新型农村聚居环境，建成保护文化遗产基础上的参与体验式旅游模式。

新建现代居住村落力争不破坏原始草木，设计的构筑物做到所有材料全部可循环利用。地坑窑是往土地里面挖房子，使之成为立体建筑，围墙用泥土＋稻草混合材料搭建。室内利用地热能、风能等形成自然新风系统；屋顶采用太阳能供暖、供电的集热发电系统；室外利用生物质能（秸秆气、沼气等）的污物处理能源系统和自然生物细菌的中水净化系统等。完美建造出一个绿色环保、自体循环、自给自足的全闭合型居住生态环境。真正实现了院中有果树、窑顶种蔬菜、进村不见房、闻声不见人的原始生态循环景观，形成房屋与环境和谐相生、村落生长于自然的居住体验。随着人类对节约土地、降低能耗和保护生态环境追求的不断提高，人类的关注焦点将从工业文明转化到自然生态文明，这样一个新型的现代农村居住村落才真正落地，真正实现了"零土地、零排放、零能耗、零支出"！

2 以旅游促发展，让黄土变黄金

陕西省是中国的旅游资源大省，也是世界知名的旅游目的地。陕西正面临着从旅游大省进化到旅游强省的关键转型期，我们引导把旅游者从历史参观一日游转变成文化体验两日游，使旅游业在真正意义上实现当地文化和旅游资源的相辅相生，从而能产生一种体验式和参与式文化旅游新模式。"古窑洞生态文化旅游项目"就是通过"窑洞"这一特殊的历史文化符号，融合传统农耕的全产业链条和高技术生态循环，疏通

陕西省西线旅游的瓶颈，使游客能来、愿来，来了也能留得住，促成陕西旅游两日游览项目落地。永寿县这种有浓郁地方特色和丝路代表性的村落，在中国，特别是黄土高原地区属于非常罕见，同时很有代表性的古民居居住类型、建筑物本身就蕴藏着深刻的"黄土本源文化思想"，其体现的零能零地的绿色生态思想，其所包含的生态高科技与体验式旅游价值都是不可再生和代替的。通过龙头企业建设引导，结合国家各项产业资金起到的示范带头作用，探索构建以旅游为核心的农业产业链条，把过去的穷乡僻壤修造成国际极地旅游文化景区。

黄土高原上的古窑洞，她不再是贫瘠与落后的象征，我们给她注入新生命，使她重新焕发新生机。这里的生态窑洞代表了西部地区生态旅游发展的方向，这是黄河文化体系的转化，是真正的文化旅游产品。我们把高校资源、地域资源、生态资源、海外资源充分结合起来，在发展文化旅游业的同时促进了当地就业发展，形成了当地特有的商业模式，这样环环相扣，逻辑推进，就达到了"人旺、业兴、财进"这一最终目标。落实国家新农村精神，以旅游促发展，带动地方经济，促进和谐发展，全面实现小康！

3 农业产业链多重收入保障，带动群众致富

新农村的发展离不开支柱产业的推动，没有超强生命力产业的支撑，乡村不可能有发展的活力，国家再多的扶持政策也无法激活可持续发展的原动力。现代农业园区的建立就是最好的农村产业链的对接。在国家的产业政策支持下，把农村闲置农地集中起来，合理规划分区，形成适合现代社会的农品产业链。同时吸引闲散劳动力，建设县以下地区职教中心，以短时、专业、高效为培养目标，专门培养新农村地区急需的中专技工，打通生产环节，闭合产业链，形成完整的产业一体化模式。这样，产业园区和乡村发展形成良性倚靠，乡村的职业培训更好地支持了产业园区的发展，反过来，产业园的发展又推动新农村的更优美建设，提高土地生产效率，实现集约化经营，农民不远离土地，又能集中享受城市化的生活环境。

作为示范效应的引导作用，庄园型农村企业合作社具有很多优势：首先就是股份制企业，先进的管理经验和高比例分红功能；其次是旅游带动功能，大量吸引人气，形成跟风猎奇效应，带动周边休闲度假游的发展；再次是有机农副产品的产购销一体功能，除提供游客及周边居民很好的互动、采摘、宣传和销售，更可为一、二、三产融合式发展提供平台；最后就是就业功能，充分解决闲散劳动力及留守妇女就业，吸收

返乡再就业、技能中专培训的大量农业工人和工作人员。

根据实地走访，永寿县大量土地闲置，可耕种的人口极少，村里多为留守儿童及妇女老弱，青壮年外出打工居多，外出平均月收入 2000 元左右。项目组通过村、镇、县三级协调，推进当地土地流转，成立合作社，发展旅游产业化经济，调整产业结构，发展壮大农业产业链，以龙头企业示范效应逐步建立起农村居民可持续增收机制，实现了居民收入的多元发展。通过土地参股的一系列组合方案，包括自家的土地入股、宅基地入股、林权入股、资金技术入股等多种方式，资源变股权，资金变股本，农民变股东，使农民从过去的单体劳作模式，转变为现在的集体合作模式，增强了村民邻里间的团结合作意识、市场意识和技能转变，实现了土地效益的最大化。把一个国定贫困县贫瘠的土地从每亩产值六百元提高到了每亩五千多元，人均收入也在短时间内翻了十三倍。

结果是可喜的，实验村的农民收获了五个方面的增值收益：一是宅基地房屋出租收入，二是耕地租金出租收入，三是被返聘回合作社作为产业工人的工资收入，四是农村合作社运营股息收入，五是发展旅游开办农家乐的综合收入。综合计算，预计每户农民年人均可达到 7200 元左右。这样的新农村模式将使得永寿与驾坡村开创出一条新型农村康庄大道，使农村公司化、农业企业化、农民市民化的"三农"得到真正可持续发展。

4 互联网融合、现代运营模式

利用"互联网+"的引导作用，加强发展农村电子商务，是商务部提出来的重要战略，也是根据本阶段发展现状，提出的解决农村诸多问题的手段。互联网本身的特点是无限制进入和无差别对接，核心在于顶层设计和运营模式，打造最低成本下的互联网农业发展模式，塑造品牌和地域口碑，通过农村各自的现有优势，扬长避短，利用现代口碑营销的沟通力，以合作社方式推出一整套运营方案。但是如何运用互联网电商，拉近农村与城市、种植与需求之间的距离？还有当前很多非专业人士和不懂经济规律的农民进入电商领域后却发现：农村电商还面临无产品、无人才、无网络、无交通等问题；在农村大部分地区，物流配送体系不健全；与传统供销渠道线下销售分配冲突；农资产品如何存储和运输等诸多尚待解决的问题。

项目组在响应国家产业政策指导下，充分利用国家、地方扶持三农的各项产业政策以及"一带一路"战略，借助互联网平台综合运营，打造独特的地域产品文化。通过政府扶持资金和涉农平台的帮扶，发展自

已的地域特色产品，并且通过互联网载体宣传、包装，再通过世界各地区的展销会平台，扩大产品的知名度，结合互联网进行销售，从而能够把小产品卖出大文化，从商贸发展、休闲旅游、特色农业等方面深挖潜力，找准定位，推进名镇名村、农村淘宝等建设，走出一条可持续发展道路，有效地推动农业发展方式转变。自 2003 年发展以来，专注于发掘特色地域产品和当地农产品产业链，从单一产品发展到多重加工类产品，再到文化及地理保护标志类产品，同时时刻关注市场发展，开发出具有独特市场前景的槐花系列深加工产品 20 余种、蒿草深加工系列产品 10 余种、甜菜根深加工产品 6 种，利用"一带一路"的国家战略走出去，产品销往俄罗斯、德国、法国、美国及东南亚等多个国家。这些多样化产业模式的探索与研究一直伴随着新农村发展在稳步推进，从未间断，也就使得永寿模式可以在产业布局规划、地域特色挖掘、创建可持续发展模式等方面积累出大量的经验和先天的竞争优势及丰富的文化创造力。

综上，永寿模式不同于以前提出的城乡二元结构体系，不是所谓的把城市和农村分开建设，形而上学的割裂式发展；也不是前几年进行的城镇化发展模式，一味地把农民赶进城支援消费端发展。种种忽视历史文化发展脉络、现代农村发展规律的思想都会严重制约新农村的可持续性演化进程。永寿模式就是专门针对地域文化和现状梳理，一村一方案，保护乡村特有的田园风光，塑造干净整洁的田园村落，消除城乡二元差别，结合一、二、三产的一体化统筹发展，以现代农业系统化运营作为支撑，以原生态旅游为引导，建设生态低碳的田园可持续发展村落，保留现有的村镇生活模式，实现农村富余劳动力的就地转化，统一合理安排城乡综合服务设施，保证公共服务配套乡村全覆盖，突出新农村的村容村貌建设，建设美丽乡村。同时，在经济建设的同时，把握好思想道德文明建设，提升乡村治理水平，针对农村特点，在村民中形成统一的"新常态"理论认知，明确在国家"一带一路"建设思路下新农村的地位和出路，激发农民创业创新动力，拓展农业农村发展新空间、农民增收致富新渠道，尊重农民基层实践，围绕培育和践行社会主义核心价值观，提升农村社会文明程度，凝聚起建设社会主义新农村的强大精神力量。

＊本文系 2017 年西安美术学院人文社会科学研究项目课题《陕西地区传统村落保护方法与实践》，项目编号：2017XK012。

参考文献

[1](美)费雷德里克·斯坦纳 、周年兴，李小凌，俞孔坚译. 生命的景观——景观规划的生态学途径 [M]. 北京：中国建筑工业出版社，2004.

[2] 夏云，夏葵. 节能节地建筑基础 [M]. 西安：陕西科学技术出版社,1994.

[3] 张绮曼. 环境艺术设计与理论 [M]. 北京：中国建筑工业出版社，1996.

[4](英)伍利（Woolley,T），肯明斯（Kimmis,S.），徐琳译. 绿色建筑手册 2[M]. 北京：机械工业出版社，2005.

[5] Howard Associate Green Building:A Primer for Consumers.Builders and Realtors.1997.

试论限色写生法对风景园林教学的启示

邓楠

四川美术学院 建筑艺术系

摘　要：作为四川美术学院的创始人，新中国第一代工艺美术教育家，李有行教授博采中西绘画之长，针对现代设计教育发展的需要，创立了限色写生教学体系，取得了丰硕的教育成果。本文尝试对"限色写生法"的理论背景进行解读，探讨该方法与当下风景园林设计和教学的关联性，旨在传承教育精华、探索适应当代风景园林发展的教学模式。

关键词：李有行　限色写生法　平面性　风景感知

1 李有行教授与限色写生法

李有行教授（1905-1982年），是四川美术学院的创始人，新中国第一代工艺美术教育家。早年毕业于北平美术专科学校（"北平国立艺专"前身），1926年后赴法国里昂美专留学，1929年曾在巴黎维纳丝织公司任图案设计师。1931年回国后，在上海美亚丝绸厂任美术部主任。1936年他受聘为国立北平艺专教授兼图案系主任。抗日战争爆发后，李有行教授随校南迁，后在四川筹建了四川省立艺术专科学校（即四川美术学院前身之一），并担任院长。新中国成立后，李有行教授在成都艺专（即前四川省立艺专）任教，1953年后在西南美专、四川美术学院任教授兼教务主任。

李有行教授以其积淀深厚的绘画技艺和色彩理论、独树一帜的教学体系深深影响着一代艺术家和教育家。他首创的"限色写生法"博采中西绘画之长，适应现代设计教育的需要，在20世纪60~20世纪80年代，成为国内各大艺术院校染织美术和平面设计专业通用的教学方法，取得了丰硕的教育成果。1982年八大美术学院在杭州召开的"中国美术教学会议"上，再次对"李有行体系"进行了研讨，指出该体系"对中国的设计领域和设计教育产生了很大影响，意义深远"。

"限色写生法"作为一种绘画方法，不同于传统的全因素写实绘画，前者不再将"再现自然"作为绘画的目标，而更强调主动地观察和组织对象，将纷繁的自然对象分解为诸多平面图形，并重新构成。正因为对图形的高度关注，限色写生法强调使用传统的中国画毛笔，用不透明的颜料（墨汁、水粉），在水粉纸或素描纸上作画，以确保准确、清晰地表达出图形关系。

基于限色写生法的李有行教学体系，其目标是有效提升学生对自然对象的观察能力、对图形和色彩的归纳与组织能力，最终能将丰富的自然要素（形态与色彩）平面化并应用于现代设计。为了实现这一目标，李有行教授将能力训练的要点分解为三个递进的阶段，将学生从观察、归纳、表现，逐步引向图形设计：

第一阶段：黑影写生，以剪影绘画的方式来作画。强调"落笔成形"，抛开冗余信息，直接以平面图形表现对象的外形特征。在形态准确的前提下，注重构图关系的研究；

第二阶段：黑白灰写生，抛开固有色的影响，将对象归纳为一系列图形，并纳入 2~3 个不同的明度层次，即通过不同明度正灰色图形之间的相互映衬，来表现对象的体积和空间关系；

第三阶段：色彩归纳写生，以前两阶段的训练为基础，将对象的固有色按明度进行归纳，表现或重构对象的色彩关系。此阶段又分为复色写生、限色写生两个渐进的训练。

2 限色写生法鲜明的时代与文化特色

李有行教授赴法之前已有着扎实的中国传统书画功底，1926 年赴法之时正值欧洲现代艺术思潮风起云涌之际，艺术流派众多，学术争鸣激烈。李有行教授在吸纳东西方绘画传统的同时，又深受现代艺术变革的影响，他后来创立的"限色写生法"及相关的教育思想因此表现出融贯中西的特点，并具有鲜明的时代烙印。笔者尝试归纳如下：

（1）"平面性"特征："限色写生法"的原理是将视觉对象归纳为一系列平面图形，绘画的过程是对平面图形进行归纳、组织的过程。这一观念方面源于中国古代书画的传统，另一方面则与 20 世纪初西方绘画的平面性转向有着内在的联系。

20 世纪初，西方自文艺复兴以来借助透视法创造三维空间幻觉的再现式绘画已不再被视作唯一的正统，大批现代主义艺术家受到东方传统绘画、非洲原始部落装饰等影响，纷纷摆脱"再现"的束缚，转而探索二维平面性绘画的表现力。从早期印象派的作品中能清楚地看到这种平面化的尝试，如马奈对光影的省略，莫奈对瞬间的、波动的色块的捕捉，德加对画面空间的自主组织等，艺术家们试图消减透视、体积等经验性认识的框架，通过对二维视图图像的主动归纳和重组，探寻更为真实的视觉感知与表达。如果说西方传统的再现式绘画，以固定的透视框架为基础，通过辨认、理喻等知性认识，达到传达内容、意义的目的，与此相反，现代平面性绘画则通过消除"内容"的辨识、弱化经验的参照，将主观的感性体验作为绘画的目标，从而引发了西方视觉观念的一次重大变革。

李有行教授创立的"限色写生法"在视觉观念上承接中国古代书画传统，并与西方现代绘画的平面性转向有一定程度的并行；在手法上，源于中国传统的"叠色渍染法"（又名"没骨法"），并糅合了西方早期印象派绘画的形色归纳手法；出于应用的目的，限色写生法从平面形色的归纳、重构，走向高度自主的平面图形创作，更反映出平面性绘画与现代设计的内在关联。

（2）"重叠"与"层化"特征：限色写生法虽与 20 世纪绘画的平面性转向有着深层的内在联系，但并未抛弃对空间深度的表达（如后期分析立体主义的绘画），而是通过"重叠"、"层化"等方式，形成了一种极富知觉趣味的空间表达方式。

图 1 黑影写生

如图 1 所示，这张黑影写生所采用的图形归纳技法主要源于中国画传统的"叠色渍染法"，单个物体的形态表现为剪影图形，物体之间的前后关系则表现为黑影图形的重叠，由于观者的"完形"心理，不同图形重叠的部分很容易引发对空间深度关系的多重解读。戈尔杰·凯普斯 1944 年在《视觉语言》一文中就曾以"透明性"为名，阐述这一普遍存在于现代绘画中的知觉状态："如果一个人看到两个或更多的图形重合在一起，每个图形都试图把公共的部分据为己有，那这个人就遭遇到一种空间维度上的两难，为了解决这一矛盾，他必须假设一种新的视觉形式的存在，这些图形被认为是透明的，也就是说，它们能够互相渗透，同时保证在视觉上不存在彼此破坏……透明性意味着同时对一系列不同的空间位置进行感知"。看似简单的重叠，使得观者主动参与到画面的知觉建构中，从而拓展了绘画空间的秩序。

如图 2 所示，这张黑白灰写生作品，将近、中、远不同空间深度的景物分别归纳为平面图形，并纳入不同的明度层次，以一种类似舞台布景的方式，在二维平面上建构起一个有序的风景空间。这种"层化"的空间组织方式并不以建构一个稳定、完整的几何空间为目标，更注重对感知过程的记录与还原。

3 限色写生法对风景园林教学的启示

从古至今，风景园林学科在发现、保护和强化景观的视觉美感方面有着悠久的传统，由于风景园林设计大都是在已有的场景中进行再创作，能否敏锐地捕捉景观的视觉构成要素（包括已有的和将要形成的）并对其视觉审美特征进行分析，是关系到景观视觉美感能否持续的关键问题，绘画一直是风景园林师们借以记录、描述乃至构思景观视觉特征的主要途径。直至今天，除了照片影像合成、三维环境模拟之外，绘画仍然是一种重要而便捷的视觉研究方式。另一方面，横向对比东西方古典绘画

图2 黑白灰写生

图3 黑影写生

图4 风景速记

第一阶段：黑影写生，选择不同品种、姿态的乔木（单株或组团）作为写生对象，以剪影绘画的方式来作画，强调"落笔成形"，抛开冗余信息，直接以平面图形准确表现植物的外形特征；第二阶段：风景速记，选择典型景观场景，在A5的画幅上用2~3个明度的灰色进行快速表现。先以浅灰色完成剪影，再用深灰对暗部形状进行归纳，快速把握对象的形态特征；第三阶段：黑白灰写生，将近、中、远不同空间深度的景物分别归纳为平面图形，并纳入不同的明度层次。

综上所述，李有行教授创立的限色写生法教学体系目标清晰，循序渐进，符合艺术教育的规律，是不可多得的教学典范。限色写生法绘画，睿智地揭示了景观视觉审美的内在原理，值得进一步研究、深化，并将此方法引人相应的风景园林教学环节（景观感知训练、景观视觉评价与分析、景观设计概念表达），提高学生的视觉感知与徒手表达、研究的能力，为其走向专业设计提供更好的能力支撑。

与园林，我们不难发现绘画方式反过来也会有力地塑造人们的视觉感知方式，乃至形成固化的视觉审美模式，成为创新的障碍。

当今的风景园林专业在视觉研究、创作上面临新的挑战，快速变迁的城乡环境需要风景园林设计师摆脱审美经验的局限，以更加敏锐的知觉力去感知、发现、塑造身边的（潜在的）美景。这也对风景园林教学提出了更高的要求，如何在教学中更好地强化学生感知、描述景观视觉特征的能力成为迫切需要解决的问题。与其他绘画方式相比，限色写生法以平面形色归纳为基础，更强调对视觉图形的主动捕捉与组织，鉴于二维图形的不确定性、瞬间性特点，这样绘画可以避免先前经验的过多介入，从而通过绘画"看见"事物真实的面貌。此外，限色写生法以"重叠"和"层化"方式组织空间，与风景园林空间的构建过程也有着相当程度的类似。

基于上述思考，四川美术学院建筑艺术系在风景园林专业二年级的"风景园林表达"课上进行了首次教学实验，将李有行教授的限色写生法运用于教学，训练学生对景观视觉特征的感知与表达能力。本次教学实验尚未涉及对环境色彩的感知与归纳，仅针对形态与空间的感知能力进行训练，初见成效。实验包括三个阶段：

参考文献
[1] 李有行.李有行作品选 [M].成都：四川人民出版社，1981.
[2] 钟茂兰.装饰色彩写生／高等艺术教育九五部级教材 [M].北京：中国纺织出版社，2000.
[3] 钟茂兰.一代宗师李有行 [J].美术观察，2011.1.
[4] 罗伯特·休斯，刘萍君，汪晴.新艺术的震撼 [M].张禾（译）.上海：上海人民美术出版社，1989.
[5] 柯林·罗，罗伯特·斯拉茨基.透明性 [M].金秋野，王又佳（译）.北京：中国建筑工业出版社，2008.
[6] 安建国，放晓灵著.法国景观设计思想与教育 [M].北京：高等教育出版社，2012.
[7] 李庆本（主编）.国外生态美学读本 [M].吉林：长春出版社，2010.
[8] 艾卡特·兰格，依泽瑞尔·勒格瓦伊拉，刘滨谊，唐真.视觉景观研究——回顾与展望 [J].中国园林，2012,28(3).

艺术融入社区与宜居城市发展的关系
——以台北中研社区为例

田婷仪
上海工程技术大学 艺术设计学院

　　摘　要：城市的发展过程，也是人们不断追求舒适宜居生存环境的过程。在城市不同的历史发展时期，人类都用不同的方式进行宜居性生活环境的营造。近年来，"艺术介入社区"的实践与理论得到政府和学者的关注。中国台湾地区具有艺术介入形态的社区营造已经有二十多年的发展历程。本文以台北市中研社区营造的实例，讨论艺术在社区生长的三个阶段，以及公共艺术对宜居城市发展的意义。
　　关键词：公共艺术 社区营造 宜居城市 中研社区

1 研究回顾

　　城市为市民提供的生存居住环境的舒适程度，即城市宜居性。在城市发展的不同历史时期，人们都对舒适的生活环境进行了营造，并产生了相应的理论。如19世纪末，埃比尼泽·霍华德（Ebenezer Howard，1850-1928年）《明日的田园城市》（Garden Cities of Tomorrow）中对田园城市的探索被认为是近代宜居城市思想的萌芽[1]。虽然霍华德田园城市构想的实践以失败告终，但不可否认的是，他以市民利益为核心和改善生活环境的思想，以及希望摆脱统治者的权威和规划者个人意识模式的规划现状，对欧洲和美国社会各界产生了深远的影响，所以在20世纪初很多城市规划的新方法中可以找到"田园城市"的影子。科拉伦斯·佩里（Clarence Perry）的"邻里单元"（Neighbourhood Unit）概念丰富了现代主义居住区内涵，其目的是创造一个适合居民生活的舒适居住社区环境。弗兰克·劳矣德·莱特（Frank Lloyd Wright）的"广亩城市"（Broadacre City）体现了自然主义和分散主义的思想。1997年格兰邓宁（G.Lenddening)提出了"精明增长"(Smart Growth)的城市发展概念，美国前副总统戈尔将其作为其总统竞选纲领，认为"精明增长"是"21世纪新的可居住议程"。"精明增长"概念中的城市宜居性思想主要体现在城市发展的受益面盖及每一个人，实现经济、社会、环境公平发展，实质它强调的是如何营造更具有宜居性的社区以促进美好城市发展。

　　对于"社区"一词的来源，黎熙元在《现代小区概论》中所载，"社区"是20世纪30年代初以费孝通为首的一些燕京大学社会学系学生，根据滕尼斯的原意首创，此后，他们在吴文藻先生的指导下，与其他学者一起致力于中国本土的社区研究[2]，由此可见，"社区"一词其实也是舶来品。美国芝加哥大学社会学家罗伯特·帕克（Rorber E.Park）也是最早对"社区"下定义的社会学家之一。"社区"之所以能成为美国社会学的核心概念，芝加哥学派起了很大作用。帕克认为社区不仅是人的汇集，也是组织制度的汇集。社区的基本特点在于它有一群按地域组织起来的人群，这些人口程度不同地深深扎根在他们所生息的那块土地上，

社区中的每一个人都生活在一种相互依赖的关系中。社区是城市的缩影，城市的问题也会在社区的现状中得到反映。因此，对于城市所存在的问题，应该存在于人与人、人与现实生存环境之间。没有个人能脱离社会共同体而独立存在，不论人类发展到何种程度，自我独立意识如何高涨，对于人与人、个体与共同体间相互依存的本能都不会有所消减，城市与社会问题的处理实际上更多的是对人类彼此间关系多样性的处理。[3] "社区"成为判断城市独特性、舒适性、多样性和活力关键因素，也是改善人类生活质量的重要着手点。而社区宜居性理论所涉及的范围，也已经扩展到社区公共生活的各个层面。[4]

美国社会学家 F·法林顿（Frank Farrington）在 1915 年首次提出了"社区发展"（Community Development）的概念，主要针对二战后的地方性修复与重建[5]。在修复二战创伤的背景下，日本从 20 世纪 60 年代开始进行社区营造，是较早开始的国家，经过了从"要求与对抗"到"市民参与"再到"市民主体"的三个阶段[6]。早稻田大学佐藤滋将社区营造定义为"以地域社会现有的资源为基础，进行多样性的合作，使身边的居住环境逐渐改善，进而提高社区的活力；为了实现'提高生活质量'所做的一连串持续的活动"。[7]

近几年，上海等地区开始了由政府的规划发展部门引导的设计师和艺术家介入的社区营造模式，但相较于中国台湾地区的社区营造和艺术在社区中的角色，都处于刚刚起步阶段。因此，本文以台湾中研社区作为一个切入点，分析公共艺术在社区中的角色与社区营造的发展，希望对于大陆的社区营造和宜居城市的发展有借鉴和可学习的意义。

2 中研院社区现状分析

台北市的中研社区位于南港区"中央研究院"旁，是都市的外缘，原为四分溪河川地，后因四分溪"截弯取直"后，先变更为农地，又变更为住宅用地。1981 年"中央研究院"为照顾研究员和职工，于现址兴建"中央公教住宅"。建筑形制为五楼、七楼与九楼。住宅建于1984 年完工，"中研院"研究员与职工开始入住，因未住满，在 1986年开放给一般军公教人员购买。中研社区现共有 284 户，约 1000 名居民。按照人口的年龄可以将居民分为三个层次：0~34 岁人口约占总人口的24%，主要是第一批入住人员的第二代与第三代子女，行业以学生和上班族为主；35~64 岁约占 55%，主要以中研院的研究员与军公教人员为主；65 岁以上人口约占 21%，主要为退休人员及其家属为主。由此可见，该社区是一个居民生活和工作比较有相似性的社区，同时，社区居民也

具有较好的教育背景。

中研社区的中研公园改造，是公共艺术介入中研社区的起点。现在的中研公园是孩子们的乐园，也是自然动植物愿意生息之地，根据中研新村社区发展协会在 2012~2013 年的调查，在方圆 300 米以内，共有16 种蝴蝶、59 种昆虫、22 种鸟类、100 种以上植物。中研公园入口处以镶嵌在地面沿路两侧的马赛克拼贴将人们引入公园，这些马赛克的制作是中研公园的第一次公共艺术行动，入园后左侧是深受孩子们喜爱的沙坑，现在的沙坑是经过二次改造后的沙坑，从沙坑的初次设置到二次改造，都是中研社区居民自主营造的成果。沙坑的对面是一个铺装人造草坪的儿童游乐场，游乐的设施也在两年前更新过，每逢周末，都可以听到孩子们的欢笑声。公园中的树木，大多是在进行第一期公园改造时居民们自己种植的，现在已经生长的非常粗壮、茂密，节假日还会有周围其他社区的居民带着帐篷来此露营。中研公园的营造，在 1997 年，以居民参与和公共艺术介入的方式开始，一直处于持续更新的状态，并将自主精神和公共艺术形态扩散到社区的每个角落。

3 中研社区营造与艺术融入生活

（1）中研公园的镶嵌艺术

早在 1995 年，台北市建设局推动"环境绿美化计划"，开放给小区提案改造生活空间，中研社区成立了"中研小区协进会"并提出他们的中研公园改造构想。[8] 从 1997 年 5 月 23 日改造方案申请的提交，到1998 年 7 月 11 日举办成果大会，居民参与的中研公园绿美化行动，历时近 14 个月。在改造过程中，不但邀请到淡江大学建筑系师生协助规划设计，还举办了三次居民的"参与设计"活动。三次活动主题分别为"大家来讨论公园的问题"、"整体计划并决定初期改造内容"、"大家来设计公园，到现场比手画脚"。通过这三次居民通过参与设计讨论的活动，让居民参与到整个公园改造的过程中，使公园得以呈现居民满意的形态。当时有小朋友希望设置一个沙坑，居民对这个提议持不同意见，通过这三次讨论活动，最后在社区有决心做好维护的前提下，小朋友们喜爱的沙坑得以设置。在第一期的中研公园改造中，确定公园改造的空间形式之后，淡江大学建筑系师生建议社区动手制作马赛克拼贴的水泥饼作为嵌饰步道、沙坑矮墙的造型元素，借以展现居民的艺术创意。因此，展开了一个为期一个半月，共八天次的拼贴工作坊。居民动手参与镶嵌，从开始对材料的陌生和技术的不熟练，到期待每周末的镶嵌活动，镶嵌活动像一个具有磁力的磁场，吸引着居民的到来。在居民自己动手

和构思图案的同时激发了居民的艺术想象力，也使得艺术以十分亲近的姿态介入到生活中。社区居民张秋雯曾言："镶嵌是一种创作，也是一种艺术，就好像名贵的戒指或项链嵌入宝石一样，是一种美的象征，也是一种境界的表现，而绝非是词典上把另一种东西嵌入的解释。在创作过程中，有苦思构图的痛苦，有聚精会神的辛劳，亦有作品完成时的喜悦。作品不仅透露人性的纯真善良，也反映出作者的内心世界，每一件作品都是独一无二的，每一件作品的创作过程都值得珍惜和细细欣赏"。[9]拼贴工作坊以一个多月时间完成的900余件马赛克拼贴作品，并经评委会选出优胜作品，请水泥匠将它们嵌砌到入口步道两侧和小孩沙坑四周的座台上，从中可以看出最早制作的粗陋表现，以及愈来愈进步的成长痕迹，整体都表现出一种璞拙的手工味道和极强的艺术风格[10]（图1）。

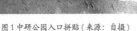
图1 中研公园入口拼贴（来源：自摄）

图2 二次改造后的沙坑（来源：自摄）

自1997年起，已经20年过去了，中研公园的样貌又有了更多更新。沙坑做了进一步的改善，原来设置在平地上的沙坑，被抬高了50厘米，这样的设计有效防止了流浪猫狗在沙坑里大小便的行为，为喜爱沙坑的孩子们提供了更多的卫生保障。沿路的马赛克拼贴在经历了多年的风雨后有些破损，但是它的艺术创作过程所带来的社区自主营造意识对居民产生了深刻影响，居民自称1997年起的中研公园改造是"曾经的伟大壮举"，前任"中研新村社区发展协会"的理事长冯先生说，他们一家四口都曾参与到马赛克拼贴的创作中，对于进行马赛克拼贴时场景的回忆，依旧津津乐道（图2）。

（2）自主营造与艺术扩散

中研社的社区营造，经过20年的发展，更加具有自主能力和精神。在此期间，1997年进行第一期中研公园改造的"中研社区推进会"已经更名为"中研新村社区发展协会"。虽然社区营造组织的名称有所改变，但服务社区、进行社区营造的行动从未停止。新的社区发展协会

拟定了协会章程并根据"台北市社会局辅助辩理小区发展工作计划"中的社区性活动、开发社区人力资源、建立社区特色的主题活动，进行社区营造。在第一期中研公园改造的基础上，衍生出"中研新村美化环境计划101计划"，计划中的思分溪堤防花台的美化活动，使居民们组成小队，交流养花种草的快乐经验，共同参与到堤防上花台的美化及后续认养维护工作，共同营造社区成为健康、乐活、美丽社区。大地生态池连结绿美化研习与技术辅导活动，邀请了蚯蚓动物学专家陈俊宏教授，讲述蚯蚓恢复贫瘠土地的故事，居民们亲自动手学习制作堆肥，饲养本土蚯蚓，保育地力，享受作为一个大地修复者的快乐。中研社区还每年举办跳蚤市场，让居民们拿出了平时无用的物品进行售卖和交换，为居民提供了一个面对面交流的机会。

社区居民参与社区营造的活动，使社区意识凝结成共同的社区感，在这样的前提下，在近两年的社区营造活动中，艺术的介入不单单是对环境的美化，而逐渐演变为对日常生活的融入，更加重视居民自身艺术修养的提高。因而，社区营造的活动转变为"艺术课程"的形式，包括插花课、茶艺课、国画欣赏等。随着社区老龄化的加剧，更针对老年人推出了健康饮食、医学常识等课程。为了更多地关爱老年人，社区发展协会在义工们的支持下每星期都举办"长青快乐午餐会"，让老人们坐在一起，享受午餐以及餐后颂歌的欢乐时光。

艺术与艺术活动不应局限于音乐厅、美术馆、戏剧院等特定的场所被狭隘地欣赏。通过艺术融入生活的各种活动，美感经验在参与者的日常生活情境中扎根，将持续展现艺术的创造精神与串联的能量。[11]当艺术融入我们的日常生活当中，生活中的每一个人都可以是艺术的主体，让每一个参与艺术表达的人，都成为艺术的一部分，不光只有艺术家可以通过艺术来表达自己的思想，生活中的普通人也可以通过艺术凝聚共同意识并表达思想。瑞特纳的文章宣称："艺术活动提供给社区一个关注的焦点并提升了认同感……一种对于社区需求的日渐觉醒、一份推动改变的决心"。[12]在社会与城市发展的未来，艺术将在市民的生活中扮演重要的角色。

4 艺术在社区中的生长与宜居城市发展

笔者认为，公共艺术在中研社区的生长有三个阶段。第一个阶段从台北市建设局推动"环境绿美化计划"和"中研社区协进会"的成立，以及中研公园的一期改造，从上文论述的过程可以看出，相关部门的引导和设计师或艺术家启发在整个营造计划中占重要地位，社区居民的自

主营造还处在需要被牵引的阶段，这是一个艺术介入的阶段。第二个阶段是以 2010 年"中研新村小区发展协会"的建立为开始，社区营造开始在相关部门的认可下，走向以居民为主体的营造方式，设计师已从其中抽离，小区共同体的意识得到强化，可以在独立自主情况下进行社区营造和社区环境的绿美化行动，这是艺术扎根的阶段。目前处于第三个阶段，艺术在社区营造中以一系列的艺术课程呈现，它对居民的日常生活状态有着前所未有的影响，这是艺术融入生活的阶段。

中研社区的"中研新村小区发展协会"只是台北市 22 个社区发展协会中的一个。用冯文秀先生的话讲："我们只是一只小麻雀"。但是这只"小麻雀"的成长过程，却可以映射出台湾社区营造发展进程，可以体现出台湾社区营造发展的不同阶段所面临和需要解决的社区问题。

从由点及面和长期性的角度来看，艺术在社区所诱发的社区居民行为过程，并逐渐凝结成社区居民自身的共识，这影响着社区营造的长期性发展和城市宜居性的提高。人类为了城市的未来和生存空间的舒适性，一直探索具有共同体共识意识的议题和不断的更新研究路径。以社区营造与宜居城市发展的眼光来看，艺术都是有期可待的方式。无论是艺术介入社区还是社区营造，都必须放入城市发展的长期脉络中去考虑。单体量的个体以及短期性的形式，都是居民参与公共问题的姿态，透过共同意识的凝聚形成社区营造和宜居城市发展的动力。

社区可以提供艺术创作的背景框架，因而在社区中的多种艺术形态，或由艺术引发的社区共同体意识的凝聚，都能够得到社区居民的接受和传承。艺术在社区中的展现形式是多样的，不能否定的是，以具体形态介入社区的艺术，是最易社区居民接受和最早的形式。但是，以具体形态衍生出来的艺术在社区中多样性的传播才更有利于社区营造和宜居城市的可持续发展。

艺术的力量以不同的形式在社区中呈现，更多的是为社区文化的建构和社区共同体意识的增强提供持续的能量，使得艺术在艺术家或设计师引领进入社区之后，可以独自落地生根发芽，并逐渐发展成以居民为主体的具有多样性的艺术行为，并在潜移默化中改变居民的生活状态和生活方式，从这点出发，艺术的力量足以推动城市的发展。

5 结语

公共艺术在社区中从"艺术介入"到"艺术扎根"，再到"艺术融入"的生长过程，是艺术与社区关系可以可持续发展的模式。它不但改善了居民的生活环境，为居民的日常生活增添了乐趣，更提高了居民自身艺术素养。社区作为城市系统的子系统，是宜居城市发展中重要的一环。因此，公共艺术在社区中生长，为宜居城市的发展提供了又一条路径。

参考文献

[1] 周长城，邓海骏. 国外宜居城市理论综述 [J]. 合肥工业大学学报（社会科学版），2011，25(4)：62~67.

[2] 黎熙元. 现代社区概论 [M]. 广州：中山大学出版社，2007:4.

[3] 李松根. 社区营造与社会发展 [M]. 中国台湾：问津堂出版社，2002:11.

[4] 杨德昭. 社区的革命 [M]. 天津：天津大学出版社，2007.2:51.

[5] 赵民. "社区营造"与城市规划的"社区指向"研究 [J]. 规划师，2013.09.

[6] 胡彭. 日本"社区营造"论——从"市民参与"到"市民主体"[J]. 日本学刊，2013.03:119~125

[7] 佐藤滋. 社区营造的方法 [M]. 中国台湾："台湾行政院"文化建设委员会文化资产总管理处筹备处，2010:4.

[8] 曾旭正. 打造美乐地—社区公共艺术 [M]. 台北：文化建设委员会，2005:93~97.

[9] 来源：台北中研新村社区发展协会主页.

[10] 曾旭正. 打造美乐地—社区公共艺术 [M]. 台北：文化建设委员会，2005:93~97.

[11] 董维琇. 艺术介入社群：社会参与式的美学与艺术实践 [J]. 中国台湾：艺术研究学报，2013.6(2):38.

[12]Malcolm Miles,简逸姗译. 艺术、空间、城市：公共艺术与都市愿景 [M],台北：创兴出版社，2003:177.

案例教学在"素描风景画"课程中的应用
——以圆明园长春园狮子林遗址调研和复原创作为例

王丹丹 黄晓 肖遥 王鑫 殷亮 宫晓滨
北京林业大学 园林学院

摘 要： "研今必习古，无古不成今"，清代鼎盛期的皇家离宫御苑是中国古典园林艺术集大成之代表，其中有非常多的优秀案例值得我们不断地深入学习和借鉴。基于风景园林学科综合型人才培养的目标，本课程通过精选案例、查找文献、遗址调研、构思创作等步骤，使学生在认识和了解中国优秀传统园林精华的基础上，遵循科学性，发挥艺术性，对园林遗址展开复原绘画创作，将园林的历史研究、园林绘画创作与表现结合起来，体现了本课程与相关课程的衔接。本课程通过典型案例的教学，以画境和情境进行绘画创作探索，其教学成果本身是一种园林专业绘画作品，更重要的是使同学们的创作、创新性思维和艺术表现能力得到提升，为学生日后的设计类课程实践奠定基础，也可为遗址区今后的复原工作起到一定程度的参考作用。因此，本文研究以圆明园长春园狮子林遗址调研和复原创作为例，对复原性绘画创作步骤进行梳理，重点介绍案例教学法在素描风景画课程中的教学实践。

关键词： 案例教学 素描风景画 狮子林 遗址调研 复原创作

"研今必习古，无古不成今"，清代鼎盛期的皇家离宫御苑是中国古典园林艺术集大成之代表，其中有非常多的优秀案例值得我们今天深入学习和借鉴。中国传统园林是中国传统文化的重要组成部分，以中国传统园林为主体具有无限的发掘潜力，其绘画创作是从艺术的角度进行的再创作，是凝聚中华民族独特魅力的创作形式。[1]

圆明园因外国侵略者的毁坏，如今只留下一片废墟，但其地形骨架还在，这是古代造园工匠的智慧和技术的结晶，以园林复原绘画创作的形式利用与改造、山水布局手法、地形与建筑的关系以及赋题写意于山水等，都值得学习和借鉴，研究分析这些手法，有助于发展和丰富我们今后的教学内容、设计思想。[2] "素描风景画"这门课程作为精品课程在衔接美术基础和专业设计方面发挥着重要作用，课程教学过程中，通过精选案例，合理组织教学，使学生在认识和了解中国优秀传统园林精华的基础上，遵循科学性，发挥艺术性，对园林遗址展开复原性的绘画创作，将对人才培养和学科发展有重要和深远的意义。

1 案例教学的缘起、特点和意义

案例教学 (case method) 是由美国哈佛法学院前院长克里斯托弗·哥伦布·朗代尔 (C.C.Langdell) 于 1870 年首创，后经哈佛企管研究所所长郑汉姆 (W.B.Doham) 推广，并从美国迅速传播到世界许多地方，被认为是代表未来教育方向的一种成功教育方法。20 世纪 80 年代，案例教学引入我国。自 1870 年哈佛法学院率先使

用案例教学以来，案例教学已经历了100多年的历史。现代教育中的案例教学起源于美国哈佛大学商学院，后被广泛运用于各学科的教学中，是一种注重启发、讨论和互动的教学形式。案例教学从哈佛大学终于走向了世界，并在全世界范围内产生了广泛的影响。

案例教学是指在教师的组织和引导下实施教学，与传统的教学不同，案例教学是一种具有启发性、实践性、开放式、互动式的新型教学方式，是有助于提高学生分析能力和综合素质的新型教学方法。其教学形式是一种动态的交流方式，需将课堂教学与场地教学结合起来，授课方式更为轻松，该教学方法也对教师和学生都提出更高的要求，对于教师，除具备传统的课堂教学素质外，还要具备较强的实践经验、组织能力和全面的知识结构，在案例教学之前，教师要经过事先周密的策划和准备。课堂的主体是学生，教师要使用特定的案例并指导学生提前阅读，让学生自觉查找资料，课堂上再组织学生开展讨论，形成反复的互动与交流。案例教学一般要结合一定理论，通过各种信息、知识、经验、观点的碰撞来达到启示理论和启迪思维的目的。

当前，案例教学在园林专业设计类课程中应用广泛，在美术基础与设计课程衔接的课程中并未普遍应用。因此，基于课程内容的连贯性和人才培养环节的连续性，尝试在"素描风景画"课程中引入案例教学法，在与学生一同分析、阅读、思考和讨论的过程中，更加直观地理解和感知现实生活中的真实案例，更有助于理论联系实际、充分调动学生的积极性和参与度，也更有利于增进师生之间的交流，取得良好的教学效果。

2 "素描风景画"课程中案例教学的组织

中国传统园林内涵丰富，诞生了一批又一批优秀的作品，其中就有众多写仿江南名园的佳例，最著名的当属仿无锡寄畅园建的惠山园、圆明园安澜园仿海宁陈氏园、长春园如园仿江宁瞻园等实例。此外，苏州的狮子林在乾隆年间于圆明园和避暑山庄仿建两次，文园狮子林在临摹母本的过程中做到了仿中有创，这其中蕴含了太多值得我们学习与借鉴的内容，因此尝试在"素描风景画"创作课程的教学过程中，丰富案例进行教学，这既是对"中国古典园林史"课程的深化理解，又将为后续课程的综合实习做以铺垫。

（1）明确教学目的，精选案例

案例的选择前提要明确课程教学目的，创作性是本课程的重点，通过园林遗迹的现场调研，课堂上根据园林"平、立、剖"三图所进行的绘画创作训练，达到三个教学目的：①启发和培养同学园林风景组合的想象力与创造力。②在所有园林美术教学课程水平的基础上，进一步提高同学风景"完全创作"绘画的表达能力。③培养同学将绘画艺术性与设计科学性的"形象"与"逻辑"相结合的思维能力。[3]

从课程体系的总体建设考虑，案例选择本身要突出针对性，更要突出相关课程的衔接与过渡，以往的美术类基础课程与专业设计课程一直存在衔接不充分的弊端，而"素描风景画"课程建设之初就是本着突出以优秀的中国传统园林为主要教学内容进行设计的一门课程，在美术类基础课程如何与专业设计课程有效对接方面，作为任课教师一直在不断探索，经多年创作与实践、教学结合科研，提出以清代鼎盛期的皇家离宫御苑园中园为基础，从中选取典型案例充实"素描风景画"课程教学，其中始建于1703年的避暑山庄是山地园的典型代表，因山构室，建筑结合山水。教学中以青枫绿屿、山近轩、碧静堂、玉岑精舍和秀起堂进行了大量的复原创作练习，经多年教学，积累了大量的范画和优秀的学生作品，为精品教材的建设奠定了基础。

始建于1709年的圆明园是平地山水园，代表了清代园林艺术和建筑艺术的最高水平。

借地形、水面、游廊、围墙营造出了各有主题意趣的若干不同景区，其造园手法借鉴了同时期南北方其他地区的园林佳作，堪称中国园林艺术的集大成者，其中不少园林佳作是作为本课程复原性绘画创作案例非常适宜。

始建于1750年的清漪园是自然山水园的典型代表，仿杭州西湖，吸取传统造园的经典手法，勾勒出如诗如画的名园胜景。在清代所有的皇家园林中造园艺术成就最高，也是目前北京西北郊唯一保存完整的御苑，被誉为中国古典皇家园林的传世绝构。现存的谐趣园和前山的一些园景为本课程的创作提供很多现实参照，借助万寿山北麓分布的多处园中园遗址仍可进行大量的复原性绘画创作，如绮望轩、看云起时、贮春园、味闲斋、构虚轩、绘芳堂、嘉荫轩、云绘轩、花承阁等（图1）。

（2）创作过程中处理好科学性与艺术性的平衡

中国传统园林的表现绘画，主要是指对中国传统园林中现已不存的园林风景的一种艺术再现和艺术创作。创作的前提要充分遵循科学和艺术的综合，想象和创造要有依据，更要符合造园的内在逻辑。

科学性主要包括两个方面，一是建筑结构的准确表达（单体、组合）、二是画面构图中透视的准确表达（平视、仰视、俯视），都要在整体之上考虑，颐和园是中国园林艺术、中国古代建筑艺术的集大成，也是目

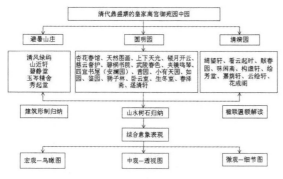

图1 课程研究框架和案例内容

前保存最为完整的一个大型皇家园林，犹如一部活字典，可及时查找比对，如遇到不清楚的建筑结构、地形、植物等，都可与现存实例横向比较参考，深入到实地中一探究竟，而非盲目草率、蒙混过关。

艺术性是作品生命力的核心价值，表现在创作过程中的构图和构思等，而艺术性的提炼和挖掘在情景的创作中要基于更多灵活的元素，如园林中的山、水、树、石等，可以是流动的溪、跌落的水、风中摇曳的树、错落有致的山石等，相对于建筑，这些要素可以说是活的、动态的，更适宜发挥其艺术性，当置身园林遗址中，片刻的穿越感，十分自在而满足。通过细微的观察，将自然界中最感染人的瞬间记录下来，并组织在创作过程中，抓住遗址中动人的画面，触景生情，调研过程中即兴速写不可或缺，这是比相机拍照更有温度感的记录方式，在后续的艺术创作中这些现场手稿将对渲染情景大有帮助。

园林是诗画一体的艺术空间，对楹联匾额的解读对于本课程意义重大，中国园林在创作过程之初求意在笔先，知其然知其所以然，胸有成竹，创作之前要底气十足，结合大量写生搜集素材、顺藤摸瓜式地寻找线索，了解园林的立意和别有用心的亮点是解开园林情景的一把钥匙，钻研其中，便乐在其中。例如，在深入了解园林中的景点景名的基础上，更加知晓造园者的构思，给后续创作提供更多借鉴和参考。

（3）案例教学组织

1）课前准备

教学前的准备工作非常重要，教师和学生都要有预习环节，通常授课教师要经过较长时间的思考和总结，对于案例教学，教师应该在课前对案例进行筛选归纳，准备好合适的教学案例，分析案例涉及的教学内容，如图纸资料、文献资料和相关具有参考价值资料的查找方向，设置

问题并预计课堂讨论中将会涉及的问题，提前将案例资料发给学生，并把课堂讨论内容和课前准备工作提前通知学生，以便学生课后做好预习和准备工作。为提高教学的互动性、保证教学效果，对于学生来说，更要提前准备与案例相关的材料，可借助网络平台、图书馆等媒介，充分搜集后进行归纳总结，为下一步课堂讨论做准备。

2）实地调研

理论联系实际是有效认识和理解一门知识和理论最有效的方法，因此案例教学紧密结合身边的真实案例，课堂讲授和场地实习调研紧密结合，使学生能够从二维的图纸走向三维的实景空间，感受空间的变化、尺度以及造园思想在实际场地中的应用，用身体去丈量和体验，实践证明，经过实地调研考察后，再进行的设计创作，其现实指导性更强，学生的创作热情也更高，后续的讨论也更有针对性。

3）课上讨论

课堂时间有限，要培养同学们自觉学习意识，强化碎片式学习，充分利用日常生活的零散时间。案例通常会有选择性，设置2~3个案例供学生选择，在课堂上，为了达到资源共享，学生之间更好地互动式学习，在经过充分的实地调研后，学生掌握了大量的一手资料，对拍摄照片、影像分组整理，制作汇报演示文件，课堂上分组进行汇报总结，对于共性的重点和难点问题，教师将在课上组织学生展开讨论。

4）点评总结

点评环节非常重要，通常是任课教师和学生最有效的互动，除随堂进行的个体点评，还包括在期中和期末的评图环节，可邀请相关课程的教师参与到教学评图中来，该环节也是体现这门课程与相关课程的衔接的重要环节，教师可就前期学生完成的作业情况进行总结，同行教师间可就学生作业情况展开相关讨论，通过思想的碰撞与交流，不仅会促进该课程自身的健康发展，更是为风景园林的人才培养和一流学科建设助力。

3 以圆明园长春园狮子林遗址调研和复原创作为例的案例教学实践

（1）历史上的狮子林

苏州的狮子林，是苏州古典园林的典型代表，突出以环游式布局以及假山堆叠艺术。这座始建于元代的佛寺园林，最初为天如禅师维则及其弟子所创，先后经历了从佛寺园林到黄氏涉园再到贝氏私宅至今的转变，对其造园有重要影响的倪瓒《狮子林图》即绘于明初，狮子林中尤其突出其精美叠石、独特古树、清幽意境，后以苏州狮子林为蓝本，在

乾隆年间于圆明园和避暑山庄仿建两次，文园狮子林在临摹母本的过程中做到了仿中有创。圆明园中写仿狮子林的景致位于长春园景区的东北角，目前保留着多处遗址，非常适宜作为课程教学案例展开复原绘画创作。

（2）长春园狮子林遗址调研

乾隆在第四次南巡之后，于乾隆三十七年（1772年）在长春园中仿建了一座狮子林，乾隆帝亲定十六景之名，分别为狮子林、虹桥、假山、纳瑞堂、清閟阁、藤架、磴道、占峰亭、清淑斋、小香幢、探真书屋、延景楼、画舫、云林石室、横碧轩、水门，此外还有缭青亭、凝岚亭、吐秀亭、枕烟亭等次要建筑，多由御笔题写匾额。道光八年（1828年）长春园狮子林曾经重修，道光帝重新题写了狮子林十六景，分别为层楼、曲榭、花坞、竹亭、萝洞、水门、苔阶、莎径、崖磴、溪桥、云窦、烟岚、叠石、流泉、长松、古柳，除"水门"外均与乾隆帝所题不同，但实际上对乾隆时期的景致并无大的改动，依旧维持旧貌[4]。

从清代晚期的样式雷地盘图上可以了解长春园狮子林的基本格局，清华大学的贾珺教授根据样式雷图绘制了清代后期长春园狮子林平面图，调研时学生按图索骥，并在头脑中勾勒想象曾经的壮美景象，遗址与复原平面吻合度高，对后期的复原创作十分有利，以现存的水门、虹桥等遗址构建起定位参考，横碧轩、清閟阁、清淑斋建筑遗址均较清晰，结合现状调研，鼓励学生一边拍照，一边通过速写的形式记录，在平面图纸上标注备选的创作角度，进行现场的初步构思构图，为后期创作铺垫（图2）。

（3）造园思想及楹联匾额解读

解读一座园林犹如在读一个时代的历史，首先要将其还原到历史情境中去，即要深入到当时特定的时代背景中去认识和了解一番，方知其中乐趣。乾隆在写仿过程中，除实物模仿，更多的是画境和意境的模仿，

图2 根据遗址绘制速写，搜集素材

如占峰亭一景就是对倪瓒的诸多画作中常有一亭的模仿，"占峰"一词修饰出了此亭与周围地形地势的关系营造，小香幢是一层小楼，内有佛龛，是在延续狮子林曾经是佛寺园林，更加融入了联想和想象。

仿中也有创，长春园狮子林的建筑均为北方的官式建筑，因体量适中，苏州狮子林也毫不逊色，作为乾隆中期叠山艺术重要转折的叠山案例，三处狮子林各具特色，也为我们以图画的形式进一步挖掘传统园林中叠山造园手法的艺术表现创作提供新思路，圆明园中的狮子林以及避暑山庄的狮子林遗址中现存着大面积的假山遗址，足以证明在写仿过程中对假山一处景致进行了特别的借鉴和创作，通过绘画艺术的手段激发和培养学生的艺术潜质。

（4）建筑形制归纳

在遗址调研前期，识图并查找与之相关的图纸资料、文献资料，并对复原场地的图纸资料进行分析，根据清代后期长春园狮子林平面图（图3），归纳总结其中的建筑类型。在圆明园中狮子林景区的建筑形式比较丰富，如斋、堂、轩、楼、阁、亭等，其中亭就包括长方亭、圆亭、五柱亭、六角亭。亭在园林中有着突出的功能和地位，因此，对于建筑形式，要牢记心中，科学准确地表达是第一步，而作为形容词修饰的词语，则蕴含深厚的意境其中，这也是绘画性复原情景创作的要领。例如占峰亭，点名了其亭与周边地形环境的关系，其得景范围内地势较高，也对欣赏占峰亭的最佳观赏点给予足够的提示，这也是我们在选择刻画景

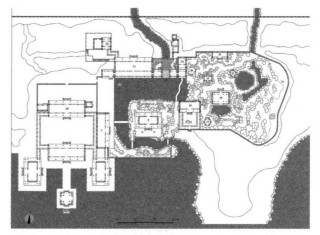

图3 清代后期长春园狮子林平面图

（1.狮子林石區 2.入口水关 3.占峰亭 4.红栏平桥 5.清淑斋 6.虹桥 7.横碧轩 8.蹬道 9.湖石 10.鱼箱 11.清閟阁 12.过河厅 13.水门 14.小香幢 15.藤架 16.纳景堂 17.缭青亭 18.延景楼 19.凝岚亭 20.假山 21.吐秀亭 22.云林石室 23.值房 24.探真书屋 25.水关 26.丛芳榭）

物时视角选择的要领，有时为了渲染主题，从艺术创作的角度而言，允许适当夸张。横碧轩为五间前出廊硬山，清閟阁是前后廊硬山，清淑斋是周围廊歇山顶，纳景堂是三间前出廊硬山，延景楼是三间二层小楼，"湖石丛中筑精室"的云林石室是三间硬山，小香幢是一层小楼，探真书屋则是参照圆明园秀清村时赏斋而建。在基本认清了其中的建筑形制后，通过查阅中国古建筑木作营造技术类书籍，了解不同建筑类型的具体结构，以此为参考，再结合透视园在后期的创作表现中才能科学地将其表现出来。

（5）相关史料图画

同样是基于科学性的考虑，清代保留下来的样式雷地盘图无疑是当前印证园林布局的一手资料，而元代山水画家倪瓒画《狮子林图》、清代钱维城绘《苏州狮子林图》局部、《清史图典》中《乾隆帝雪景行乐图》等古代绘画，以更为直观的图示语言为我们的创作提供了参考，一些老前辈们也探索性地创作了多幅艺术类绘画作品，描述着画家眼中的园林景象，如华宜玉先生绘《长春园狮子林复原图》，虽然其中的建筑形式与考证有出入，但是作为艺术创作或教学实践，与本课程的教学目的相符，有助于提升学生的艺术视野和创作表现能力。宫晓滨教授一直致力于该课程的教学和实践，通过教材和专业书籍对创作过程做详细记录和解读，深受同学们喜爱。此外，圆明园四十景图，以写实的手法勾勒了诸多园林的外貌，同为清代鼎盛期的园林代表作，同样可作为横向参考。

4 教学成效和学生作品

（1）逻辑分析能力不断提高

通过上述案例教学，学生对中国传统园林的认知能力和逻辑分析能力都得到提升，对造园思想的解读也更深刻，从造园意境到造园情景的表达和创作有了新的认识和提高，其中对作为园林要素的山水树石、建筑等能做到熟知其基本结构，心中有数，创作时能得心应手地画出来。实践证明，选修该课程的学生在后续的设计类课程中表现出良好的逻辑思维创新能力，规划和设计方面的分析能力，解决问题、创意能力和设计能力都有了较显著的提高，也为下一步深造学习打下了较好的基础。

（2）艺术创作能力不断提高

中国传统园林中的经典案例是诗画一体的综合体现，风景园林学本身就是科学、艺术和技术的综合体。通过本课程激发了学生的艺术创作热情，引导学生研读与传统园林相关的绘画艺术佳作，用绘画的语言，同学们也在尝试着仿中有创的艺术构思，艺术修养的提高也在日后的设

图 4 圆明园狮子林景区复原创作
（凤图 15-3 贯若欣）

图 5 圆明园狮子林景区复原创作
（凤图 15-3 段雨汐）

计和创作中逐渐体现出来。通过课程教学，积累了大批优秀的作品（图4、图5），成为精品课程建设的重要资料。

5 结语

在风景园林的教育逐步走向规范化的基础上，为保障风景园林本科教育的质量，处理好风景园林教育的共性与个性、质量与数量等问题极为重要[5]。以突出中国传统园林的绘画艺术创作为核心的课程内容，正是体现了风景园林的个性与特色的发挥，是有效地将解读传统园林精髓与当代园林设计创作有效衔接的手段，更是从专业特色上壮大风景园林专业人才的行之有效的教育教学手段，因此，课程内容上以考察调研承德避暑山庄、圆明三园、清漪园的园中园遗址区作为研究对象，结合文献史料、楹联诗画及相关科研成果，从诗画到实景，以实景觅画境、情境、意境，以贯穿全园并使整个园林形成一个现实生活中的时间、空间的道路为纽带，移步换景成画，令观者由画入景、由景入境，通过图与画的结合对园中园的个体创作途径进行分析解读。从鸟瞰到透视再到细节处的精细描绘与分析，对择址、布局、组景、尺度、边界处理、视线

关系、假山、植物等忠实而艺术地再现。解读中国传统园林造园艺术是更好地继承和创新的前提，也必将对当前风景园林规划设计具有重要启发、指导和借鉴。

习近平总书记强调"文化自信，文化强国"，为何强调，因其有渐若趋势、博大精深的中国传统园林，实际上正是我们中华民族大文化背景最为闪光的亮点，这也正是与我们的风景园林专业相契合的点，对于传统园林和文化我们究竟继承了多少，又能在哪些方面创新，唯有多实践、多思考，"不忘初心，方得始终"。在教学一线，基于素描风景画教学实践，绘画所追求的不仅是技术的进步与成熟，更是文化的自信和内心情感的表述。

注释

图 1、图 2 为第一作者本人绘制；图 3 为根据样式雷图重新绘制（底图引自贾珺《圆明园造园艺术探微》一书）；图 4、图 5 为学生作业。

参考文献

[1] 王丹丹，宫晓滨 . 中国传统园林的表现绘画创作途径探索与实践 [J]. 风景园林，2016(6)：86-91.

[2] 黄庆喜，梁伊任 . 北京古典园林地形处理手法浅析（上）[J]. 北京园林，1981(02)：48-56.

[3] 宫晓滨 . 中国园林水彩画技法教程 [M]. 北京：中国文联出版社，2010，4:3.

[4] 贾珺 .《乾隆帝雪景行乐图》——与长春园狮子林续考 [J]. 装饰，2013(03)：52-57.

[5] 李雄 . 注重质量建设 提升风景园林教育核心竞争力 [J]. 风景园林，2015(4)：31-33.

基于民族文化精神的环境领域设计创新方法研究

孙磊

重庆人文科技学院 建筑与设计学院

摘 要：研究民族文化精神与设计的密切关系，传承民族文化精神对于丰富设计创新方法具有重要价值、重要意义和作用。方法通过认识民族文化精神与设计的关系和影响，结合案例阐述民族文化精神对于设计创新设计的启示，以及解析民族文化精神在创新设计中的应用。结合学习和研究民族文化精神，并与设计的时代需求紧密结合。把深厚的文化精神浸润到我们的创作神经，激发民族文化精神对于设计创新的价值，给予中国设计创新的文化亲切感、归属感和认同感，丰富中国设计创新理论。

关键词：文化精神 设计创新 设计方法 设计应用

近年来，随着中国经济的快速发展和世界影响力的不断加深，中国经济结构的转型升级以及中国制造向中国创造的产业提升，都对设计行业的发展产生了积极而重要的影响。如何解读优秀的民族文化精神，如何搭建民族文化与时代发展的对接与传承，是中国设计从业者需要思考的问题，也是时代背景下中国设计创新方法研究所要面对的课题。

1 民族文化精神与设计

民族是在历史上长期形成的具有共同语言、地域、经济生活以及表现为共同文化和共同心理素质的稳定共同体[1]。民族文化深刻地影响着民众的行为模式、思维方式、生活情趣和价值观念，衍生出世代相传的民族文化精神。民族文化精神既是文化脉络传承的主线、也是一切社会创造活动的重要影响因素。不同的民族文化精神对于设计的发展产生着深刻的影响。比如德国设计的严谨与理性，日本设计的内敛与精致，北欧设计的自然与人性等。

在不同的文化背景下，设计所表现出的异质性，也折射出民族文化精神对于设计发展的重要意义。

中国传统文化是以儒家为核心，道家、佛家相互影响、相互融合为主要构成特征，共同作用于民族文化精神的形成与发展。在国际化、多元化快速发展的今天，我们的设计应该是基于传统文化精神与时代特性的接轨与对话，它不是丧失本末的文化盲从，也不是简单的"拿来主义"和文化符号的粘贴，更不是对于文化精神的漠视。中华民族优秀的民族文化精神，历久弥新。设计创造应该科学地认识和传承民族文化精神，让先哲的智慧能够充分发挥作用，使传统文化思想在设计领域焕发出新的生命力[2]。

2 民族文化精神对于设计创新的启示

设计的所有美学思想都是在不同时期不同文化背景下形成的审美标准和客观存在[3]。把深厚的民族文化精神浸润到我们的创作神经，是基于民族文化精神对于我们审美价值、审美情趣、以及形成这一东方美学特

图1 2015年意大利米兰世博会中国国家馆
（来源：中国设计在线）　　　　图2 汝瓷水仙盆（来源：中国国家艺术网）

图3 真武阁（来源：网络）

质的哲学体系和人文精神的深刻解读。

（1）天人合一的哲学思想

"天人合一"是中国传统文化关于探求人与自然和谐共生关系最为核心的哲学思想，并深深地影响着中国文化发展的历程。这与现在所倡导的可持续发展理念不谋而合，殊途同归。《易经》所述："万物与吾一体"之说，即是儒家对于"天"与"人"和谐的基本思想。道家认为"道"是宇宙的本原而生成万物，亦是探寻人与自然的共生关系。禅学看来人与自然是两者浑然如一的整体。天人和谐的理想追求，对于设计创新有着重要积极的启示作用。例如2015年意大利米兰世博会中国国家馆的设计（图1），设计的主题是"希望的田野，生命的源泉"。设计的理念正是基于对"天、地、人"的诠释。"天"是中华文化信仰体系的核心，即宇宙自然，也是万物存在的道理和规律的象征；"地"是万物生灵的依托，大地厚土，润泽万物的承载；"人"是天地孕育生命与灵性的代表。"天地人和"蕴含了中华民族智慧与精神，通过综合设计手段，用朴素而睿智的表述回应着天地福祉的赐予、传播着中国博大厚重的文化精神，展示出泱泱大国的气度与风范。

（2）含蓄中庸的美学精神

中庸、内炼、含蓄，这是民族文化孕育出的国人性格[3]，而这种含蓄中庸的文化气质也将给予我们创新设计更多的启示。首先在美学心理方面，正如日本学者岩山三郎说的："西方人看重美，中国人看重品"。设计注重意境的表达，是物象与意象的多重审美；其次，对于美学表达方面，强调设计整体统一、讲究设计有度节制、追求设计至善和谐。《老子》"大音希声，大象无形"亦是同理；再者，表现在审美情趣方面，设计崇尚宁静淡雅，反对过度装饰。这也恰恰契合了密斯·凡德罗"少即是多"的简约主义设计理念。北宋汝窑瓷器，被誉为中国最完美的青瓷，汝窑瓷器以其温润的天青釉色闻名于世。汝窑水仙盆（图2）轮廓简约大方，线条转折流畅，色泽温润素雅，整体静雅端庄，宋人所追求

的如雨过天晴的宁静开朗的美感都深刻地体现了中庸、含蓄的美学精神，展现出无与伦比的艺术魅力。

（3）巧工天物的工艺追求

在中国传统文化中，"巧"是一个重要且独特的概念。设计评价以"巧"作为主要尺度，也常以"巧夺天工"作为对技艺的最高评价[4]。"巧"被作为创意灵巧、构思奇巧、技艺精巧的比喻。《考工记》中记载"天有时、地有气、材有美、工有巧，合此四者然后可以为良"，即是对于"巧"的价值与造物关系的论述。在现代设计体系中对于巧的理解，它不仅是工艺技巧，还是对于工艺表达与设计目标的准确判断，对于设计目标的尽善实现，对于设计创造因素的综合思考，对于工艺手段的无尽苛求。国内设计文化学者胡飞认为设计创造之"巧"永远都是一个无法完全揭示的黑箱。[5]这也充分体现了"巧"作为传统文化精神的博大精深，是需要我们在创新设计中不断探索和研究的课题。建于明万历元年（1573年）的真武阁（图3），由3000个木构件吻合搭建，历经数百年来仍安然无恙。特别是二层阁楼的四根柱脚运用"杠杆原理"形成悬柱奇观，被誉为"天南杰构"、"天下一绝"。因其结构奇巧，民间传说将其誉为鲁班建造的"神仙楼"。恰如美国教授劳伦斯·泰勒盛赞真武阁："这座建筑表现了中国人民的知识、科学、精神上的结合"。

3 民族文化精神的创新设计应用

（1）民族文化精神与形态表达

形态简单来讲是设计对象实现设计意图的物质呈现模式[6]。所谓"形"是指物体的造型、结构和外部形象，是具体的、客观的；"态"则更多的蕴含了情感传递和思想内质，是抽象的、主观的。中国传统文化精神对于形态的理解往往赋予更多的审美情感。形态被视为物体的"外形"与"神态"的结合[7]。《地理史记》中记载"喝形"即山水取象之义，源自远古。就是传统文化对于形态认识的较好例证。如果说"形"是设计创意的表现，那么"态"则是设计内涵的赋予。设计师通过形态的暗示功能表达情感，将产品功能和情感意象与形态本身的"形"的特征和

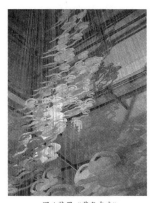

图4 装置《紫气东来》
（来源：艺术中国网）

"态"的意象所融合才是一个真正好的设计[8]。中国驻美国大使馆室内装置《紫气东来》（图4）。其设计元素就是提取中华汉字形态元素，从象形文字蕴含的中国传统哲学思想和文化价值作为设计表现的语言，将"云"、"水"、"雾"、"霓"等各种形态的文字作为天地灵气的象征，整个作品由300个大小不等的文字构成排列，赋予吉祥寓意，具有浓厚的东方气质。整个作品的创作渗透了对于传统文化的理解，并通过现代设计手段赋予了鲜明的时代特点。

（2）民族文化精神与材质认识

物华天宝、物尽其用是民族文化精神对于材料认识的基本价值观念，这与当下的生态环保理念异曲同工，都是对于材料自身特性的全面科学认识和合理化应用；人们往往将物品对象赋予更多品德美、精神美和人格美的象征，这种品格化的寓意也赋予现实事物更多的精神承载。恰如季羡林先生所说：这种看重品的美学思想，是中国精神价值的表现[9]。例如我国建筑师普利兹克获奖者王澍的建筑材料往往就地取材，旧料回收，循环建造。通过回收旧材料与新材料一起混合建造，保留原生态的生活方式，保存了历史，唤醒了人们对记忆的珍视，让鲜活的文化记忆通过材料语言进行传承，他的建筑探索给予中国城市复兴提出了启示。（图5）

（3）民族文化精神与建构传承

建构一词源于建筑设计领域，是指从设计预想到搭建实体的过程。这里所指的建构，不仅是指技术手段，还包括实现过程中对于工艺完美契合的探究过程和工匠精神。"郑之刀，宋之斤，鲁之削，吴粤之剑，迁乎其地而弗能为良，地气然也。"《周礼·考工记》中的记载亦是对技艺和工艺近乎苛刻的考究与追求。蕴含了工艺技术和工匠精神的中国传统建构思想表现在当下的设计领域，就是对于材料的最佳利用，对于人机的准确把控，对于工艺的无比苛求，对于成果的完美展现。继承和发扬传统建构思想，对于设计创新具有积极的意义。比如在家具设计领域，中国传统明式家具的式样工艺和美学表达对于现代设计仍产生着积极的影响。"我试图剥去这些旧式椅子中所有的外在风格，让它们呈

图5 南宋御街景观（来源：网络）

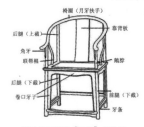

图6 中国明代"圈椅"结构图　　图7 中国椅（来源：中国家具网）
（来源：爱古网）

现最纯粹和原始的结构，"正如丹麦著名设计大师汉斯·瓦格纳所说。中国明代的"圈椅"的结构（图6），其简约流畅的线条和科学合理的设计，给予瓦格纳创作巨大的设计启示，结合现代主义设计理念通过对脚踏、扶手、座面的不断修改，打造出这把被命名为"中国椅"的经典设计（图7），成功地赋予中国明式家具和审美新的时代演绎。

4 总结

文化是人类精神活动和实际活动的方式及其物质与精神成果的总和[10]。设计的创造离不开文化的滋养，设计价值的实现也离不开受众情感和审美的共鸣，这也必然决定了中国设计创新中对于民族精神和人文属性的关注。在文化多元的时代背景下，将优秀的民族文化精神融入我们的设计活动中，用设计的语言传承文脉，赋予中国设计创新更多的文化认同和情感归属。

参考文献
[1] 卞宗舜，周旭，史玉琢.中国工艺美术史[M].北京：中国轻工业出版社，2002.
[2] 王昕宇.传统之思与设计之维[J].包装工程，2015(16)33-16.
[3] 孙磊.浅谈关于中国设计的思考——文化根植与当代中国设计[J].艺术与设计（理论），2010(9)：7-9.
[4] 代福平.中国传统设计文化的深层结构[J]包装工程，2010(20)24-26.
[5] 胡飞.中国传统设计思维方式探索[M].北京：中国建筑工业出版社，2007.
[6] 孙磊.基于环境因素的隐形形态城市家具设计研究[J].包装工程，2016(02)：143-146.
[7] 孙磊.视知觉训练[M].重庆：重庆大学出版社，2013.
[8] 邱佳佳，杨艳石.基于元形态主导的产品创新设计方法研究[J].包装工程，2014(10)45-49.
[9] 季羡林.病榻杂记[M]北京：新世界出版社，2007.
[10] 高骊，吉晓民，史丽，刘刚田.中国传统文化艺术与产品形态的审美传承[J].包装工程，2010(4)：54-57.

岭南室内设计的形式特征

李泰山 李子

广州美术学院 城市学院

　　摘　要：本文探索了岭南室内设计文化形式特征的生态格局发展。分别论述了岭南室内地域化设计形式、生态化设计形式、适宜技术化设计形式、新装饰化设计形式、解构化设计及主题化设计形式特征。强调岭南室内设计传承与发展变化是以中国及岭南地域市场经济和社会文化生活的发展为基础，在国际设计文化共同影响下形成。

　　关键词：岭南室内设计　形式特征　空间特色

　　探索岭南室内设计传承、发展与形式特征，促进岭南室内设计地域化设计形式、生态化设计形式、适宜技术化设计形式、新装饰化设计形式、解构化设计及主题化设计形式的形成与发展，将有利于促进当代岭南室内设计发展的生态格局。

　　1 岭南室内地域化设计形式特征

　　岭南室内设计地域化设计源于百越文化，又融入中原文化及西方文化，有着多元文化的兼容特征，在空间形式上经历了传统书院、祠堂、民居和商业空间的发展过程[1]。诸如广府、潮汕、客家民居及骑楼等室内空间布局形式都呈现出岭南地域特有的远儒、宗族礼法、天人合一及祈福纳吉的民情风俗，以及解决通风、隔热及防潮等方面形成的室内空间灵活通透的组合分隔形式。岭南环境艺术设计空间功能形态、陈设艺术及空间意趣、原生材料和制造方法等方面更表现出务实、开放、兼容的岭南地域文化形式（图1）。当代岭南环境艺术设计地域化传承与发展特征表现为：

图 1 广东 YJ 公司办公空间设计①

图 2 广州四海一品室内设计② 　　　　　　图 3 水涧凝云茶艺馆③

（1）岭南地方特色和民族化——岭南地域化室内设计应包含有鲜明的岭南地方特色、民俗风情和乡土味的构成因素，可运用岭南地方民俗特色、民族化元素及传统美学法，结合现代设计形式、材料与结构的空间造型设计方式。岭南物质与非物质文化遗产中的古遗址、古墓葬、古建筑、岭南派绘画与雕塑，以及岭南民间文学、音乐、美术、戏曲、手工技艺、生产商贸习俗、岁时节令、传统竞技等方面[2]，蕴含丰富的岭南文化内涵，可把其中有代表性的文脉信息提炼成功能化与形象化的室内空间设计元素及表现符号并运用到设计中（图2）。

（2）岭南地域审美文化——挖掘岭南地域自然、历史、社会生活中各种文化遗产，研究岭南地域人们各种生活环境、生活模式与审美观念。提取与运用那些优秀的、适合生活需要的各种空间形式、传统图像、典故情节与器物概念，以象征和隐喻的空间设计形式表现岭南文化生活，将岭南地域生活精华在现代空间中动态延续、扩展及重新诠释。

（3）岭南地方材料与作法与现代科技结合——岭南地域地方材料与作法包含着乡土气候、地形、资源及生态场所信息，如岭南许多古村落乡土风味的蚝壳墙、瓦墙、青砖墙、夯土墙、碎石墙等显露出岭南地方材料、作法与当地风土环境的融合，表现出因地制宜的岭南乡土风味设计特色。用现代材料和加工技术去表现岭南传统样式的概念特征，同时利用现代化设备保证功能使用舒适要求，避免一成不变的形式规则和设计模式。

2 岭南室内生态化设计形式特征

岭南地域注重将自然因素引入室内空间以加强人与自然的沟通，如利用庭院形式空气上下温度差异而造成由低处向高处运动的"烟囱效应"[4]以引导室内自然通风及利用庭院天井采光以减少"暗房子"而耗费照明电能；利用植物分割空间、扩展视觉、调节空气及创造情调。岭南

室内生态化设计形式特征：

（1）室内与自然环境协作——生态化空间设计是基于生态伦理观与生态美学观共同驾驭的空间发展观。表现中国传统山水美学情节与山水文化意境以满足岭南湿热气候居民的舒适性与审美习惯需求。

（2）关注室内自然条件制约性——生态、低碳及可持续发展观设计根植于地域性的生物气候条件，遵循生态学的适应与补偿原理，关注自然条件制约与室内空间形式应变的内在机理，这种多样性正是未来维系多元及共生的岭南室内设计特色所需要的[5]。

（3）创造室内自然与文化融合——要创造自然与文化、审美形式与生态功能的全面融合。设计师在环境空间生态设计中可用多种形式设计生物多样性，让自然元素和自然过程接近人们的生活，使人们生产、生活、自然和室内状态平衡发展以达到天人合一的境界（图3）。

3 岭南室内设计适宜技术形式特征

中国作为发展中国家，为避免盲目模仿发达国家的高科技，应因地制宜的在传统技术、中低技术及高新技术之中寻找"适宜技术"来推动室内设计的发展。岭南区域作为较发达的经济市场现状条件倡导推行"适宜技术"。例如，我们为河源紫金县的旅游客栈及展览馆建筑与室内设计等项目中，就以"适宜技术"作为设计理念，充分借鉴与采用岭南地域传统的室内小天井的拔风效应、庭院的蓄冷水库效果、院落对窗穿堂风方式、冷巷热压通风及气候缓冲空间等"生态适宜技术"（图4）。岭南室内设计适宜技术形式特征：

（1）研究应用各种适宜技术——研究岭南各地各种与自然条件、乡土材料和地方工艺相适应的具有地域特点的室内建造、装修及装饰特有的加工技术和构造方式，形成该地区具有室内文化特色的适宜技术。

（2）运用新科技与艺术形式结合——利用对比、渐变及重复等技术结构形态美学构成室内空间。赋予工业结构、工业构造和机械部件新的美学价值和意义，表现高科技时代的环境艺术设计"机械美"、"时代美"、"精确美"。

4 岭南室内新装饰主义设计形式特征

岭南室内新装饰形式独具兼容性、世俗性、务实性及创新性特性，赋予室内空间以主题或涵义而形成视觉感染力[6]（图5）。岭南室内新装饰设计形式的特征：

（1）演绎民风民俗题材——岭南环境艺术新装饰主义的题材源于岭南地区的风土民情、图腾崇拜、宗教信仰、历史故事、四时花果和鸟

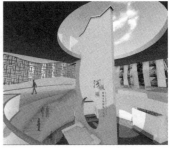

图 4 竹居设计④　　　　　　图 5 广东 YJ 公司办公空间设计⑤　　　　　图 6 广州陆号消防站空间设计⑥　　　　图 7 河城楼——骑楼文化博物馆设计⑦

兽虫鱼等传统图案花纹，如以岭南"荔枝"、"芭蕉"、"蝙蝠"、"蟾蜍"等动、植物为题材表现吉祥如意愿望的石雕、砖雕，包含着生动的岭南地域民风、民俗文化素材 [7]。

（2）装饰材料与形式多样化——岭南环境艺术新装饰主义设计形式趋于多样化，新装饰设计将秉承岭南文化务实、创新精神并兼容古今中外题材与形式。强调装饰设计体现实用、简约、典雅的现代几何图纹与传统造型装饰，突出现代与传统材料及色彩组合的装饰效果（图6）。

5 岭南室内解构设计形式特征

中国传统哲学早已蕴含解构概念，庄子就有"道生一，一生二，二生三，三生万物"及"万物生于有，有生于无"等对空间事物分解与重构的思想。中国古代园林空间非中轴布局及亭、台、楼阁非结构对称的融合自然环境的建构也是解构设计形式的体现 [8]。岭南室内设计因地域历史文化较早接受解构设计形式影响，如20世纪20年代广东开平碉楼就是把中式与西式建筑结构与形态元素重构于一体，广州骑楼建筑与室内的"中西合璧"形式也具有明显解构意味。岭南室内解构主义设计形式特征：

（1）当代与传统符号的解构与重组——将设计需要的传统形式语言形式作提炼、解构与重组，形成特定意义空间符号、色彩符号和装饰符号等，体现传统性、地域性和延续、传承场地文脉信息，以现代人的审美需求配合解构主义、装饰手法来创造富有传统中式风格韵味的当代空间（图7）。

（2）空间解构的方式——采用分裂、突变、扭转、弯曲等富有动感的方式对室内空间及结构进行解构。在室内整体空间形态、天花、墙壁、及门窗、家具形式多表现为不规则几何形状的拼合而形成视觉上的复杂与丰富感。

（3）空间解构的理念——根据室内功能与形式设计理念需要，把屋顶、门窗、墙面或地面等空间构件进行解构与重组，形成整体与局部形态、材料及色彩的对比，或是传统与现代建筑、室内空间结构与形态相互混合，形成强烈的视觉冲击以表现独特设计意念。

6 岭南室内 LOFT 设计形式特征

岭南室内设计 LOFT 设计形式深受市场欢迎，如广州代表性 LOFT 空间有广州岭南印象园、TIT 创意产业园、红砖厂创意园、太古仓及1850创意园等，LOFT 已成为文化创意产业的符号。许多 LOFT 形式商业民居群附有的青云巷、镬耳墙、趟栊门、满洲窗、蚝壳墙及古老祠堂的木雕、砖雕、石雕、灰塑、陶塑等传统工艺散发着岭南韵味，同时又融入现代时尚元素，让传统与现代元素和谐地融合。岭南派 LOFT 设计发展趋势特征：

（1）LOFT 是保存城市文脉的新模式——LOFT 象征先锋艺术和艺术家的生活和创作，它对传统居住观念及工作分区概念提出挑战，是保存城市风貌特色和历史遗存文脉的新模式。可以实现对历史文化和旧产业空间的艺术史料研究、保护和再利用。未来的 LOFT 空间如何更多融入中国元素及充分与本土文化有机的对接，将是一个崭新的课题 [8]。

（2）LOFT 将形成商业特色模式——岭南 LOFT 空间都有艺术家工作室、特色餐饮、购物及休闲娱乐服务行业组合成多功能的个性体验场所。一些城郊村落大众化、主题化、娱乐休闲化商业旅游方式的 LOFT 旅游空间 [9]（图8），成为追求自然田园生趣的艺术家前来居住创作的工作室。原先朴实单纯的粗糙厂房及乡野农屋将被有文化创意的艺术家活化为充满情调的创意空间 [10]。

7 岭南室内主题化设计形式

岭南室内主题设计深受人们欢迎，如深圳海岸城室内设计海洋主

图9 静雅茶馆⑥

图8 合院⑧

图10 紫金县红色博物馆⑩

注释

①《广东YJ公司办公空间设计》，2012年，设计师：李泰山。公司办公空间设计创意以"中国岭南米奇"为多元化兼容文化核心，其艺术博物大厅及休闲茶艺区等空间的各种设计因素都传达出岭南文化与"米奇"文化的兼容特征。室内的空间形态、家具、绘画及雕塑等陈设等都表现出岭南文化与迪士尼文化交互演绎的多元化艺术商业空间意境。

②《广州四海一品室内设计》，2008年，设计师：林蓝。广州四海一品室内强调岭南地方特色、民俗风情和乡土味的构成因素，陈设设计选取岭南地域自然环境特色的动植物为设计元素及表现符号，材料上选取岭南地域地方特色的石湾陶艺、广彩瓷艺、阳江漆艺、广东音乐等国家级与省级"非物质文化遗产"传统民艺品类为主要材料表现民族特色。壁画以广东音乐名作"雨打芭蕉""平湖秋月""赛龙夺锦""步步高"四曲寓意为装饰意象，呈现出当代岭南形式语言与传统地域个性相结合的室内形态设计特征。

③《水涧凝云茶艺馆》，2012年中国第十一届环艺设计学年奖室内优秀奖，学生：尹薇薇，指导教师：李泰山。具有现代材质与形式的清水泥墙前的木方排线装饰架源于岭南传统越棋意念。

④《竹居设计》，2015年，学生：胡凤美，指导教师：李泰山、蔡同信。发挥竹建造工艺，形成具有岭南地域"生态适宜技术"特色。

⑤《广东YJ公司办公空间设计》，2012年，设计师：李泰山。利用公司经营米奇产品的绘画、雕刻、图案、纹样及色彩等特色元素作装饰符号，创造公司特定标志形象。

⑥《广州陆号消防站空间设计》，中国第十二届环艺设计学年奖室内最佳创意优秀奖，2014年，学生：周景仁，指导教师：李泰山。室内形态特有的自然、透风、透气、借景等空间装饰，表现出岭南文化兼容现代与传统的新装饰主义设计效果。

⑦《河涌楼——骑楼文化博物馆设计》，中国第十三届亚洲设计学年展示优秀奖，2015年，学生：杨嘉怡 黄建雄，指导教师：李泰山、蔡同信。骑楼文化博物馆特定意义空间符号、色彩符号和装饰符号等。

⑧《合院》，中国第八届环艺设计学年奖最佳创意表现奖金奖，2010年，学生：林华邦，指导教师：李泰山。室内空间保留岭南部分古祠堂元素并与现代结构相容，呈现岭南传统与当代地域环境、社会生活、科技、艺术、历史等因素对室内设计的影响。

⑨《静雅茶馆》，第五届"中国营造"2015全国环境艺术设计双年奖－室内公共空间设计优秀奖，2015年，学生：彭燕妮，指导教师：李泰山。泥瓦漏窗、旧木门板、陈旧陶罐及木地台都是以自然设计素材体现人与自然和谐及创造自然元素主题气息。

⑩《紫金县红色博物馆》，2015年，学生：苏文海，指导教师：李泰山、蔡同信。镰刀锤子党徽结合照明效果强调了党的革命历史神圣感，各种历史文物及大面积当地的夯土墙背景都是社会政治与生产资源主题的表现。

参考文献

[1] 钟健慧.浅谈岭南建筑的发展.科技资讯，2009(21)：62.

[2] 高晓芳.论中国物质文化遗产传播的必要性及紧迫性 [J].学习与探索，2013(10):148-150.

[3] 林蓝.浓郁·新岭南 [J].广东建设报，2010.10.13.

[4] 郭清华，夏爱.烟囱效应在生态建筑中的应用 [J].华中建筑，2011(6).80-82.

[5] 王建国，徐小东.绿色建筑——可持续发展之路——基于生物气候条件的绿色城市设计生态策略.建筑与文化.2006(8)：10-19.

[6] 尼跃红.建筑装饰的意义 [J].装饰，2001(2)：17-19.

[7] 顾相刚.以解构的视角看中国传统建筑.四川建筑.第30卷4期，2010.56-58.

[8] 天正置业的博客.LOFT 的空间起源与未来发展趋势.http://blog.sina.com.cn/s/blog_9e34a5af010147nl.html.2012-07-25 14:04:18.

[9] 斧钺后人的博客.乡村LOFT,你愿尝试吗?.http://blog.sina.com.cn/s/blog_4b63821a0100bc64.html.2008-11-08 08:05:28.

[10] 力场美景.798.Loft 与旅游 .http://www.lymaking.com/newnews.asp?id=1239.

[11] 鲁晨海.论中国古代建筑装饰题材及其文化意义 [J].同济大学学报:社会科学版，2012年.第23卷第1期，27-36.

题、广州番禺长隆酒店室内以各种装饰性动物和植物图形及雕塑作为主题元素融入酒店功能、形式及经营中，凸显了自然、生态与低碳的空间品质。岭南室内主题化设计形式特征有：

（1）岭南自然素材主题——自然设计主题元素包括阳光、土壤、海河、花草、山石等，岭南地域享有丰富的自然设计素材。室内设计常以"松竹梅兰菊"等植物主题来标榜传统文人节气和以"鲤鱼跃龙门"、"蝙蝠寿字"、"凤凰牡丹"等主题祈求功名，也有以"五福捧寿"、"富贵高升"等主题表达吉祥美好与喜庆的愿望[11]（图9）。

（2）社会素材主题——人类丰富的社会历史文化活动、科学技术概念及各种艺术创作的内容与形式是社会文化主题资源。岭南地域社会历史悠久，社会主题素材广泛，岭南建筑、岭南工艺、岭南画派、岭南书法、岭南盆景、广绣、广彩、粤剧、广东音乐、广东曲艺、岭南诗歌、岭南饮食及岭南民俗文化都可组成独特的岭南地域室内社会主题设计素材（图10）。

8 小结

岭南室内设计形式的形成与发展变化是以中国及岭南地域市场经济和社会文化生活的发展为基础，在国际设计文化共同影响下形成发展趋势。岭南室内设计将继续传承岭南文化兼容并蓄、务实创新、天人合一、经世致用的新精神，探求从岭南自然环境生态、地域历史传统与当代实际生活需求的结合，在兼容文化环境中谋求环境艺术设计"可持续发展化"。促进岭南室内设计尊重自然生态环境、尊重民俗、讲求实效，从而达到室内空间功能与形式的自然与人文和谐统一、传承、发展与创新。

城市环境设计中地域性文化符号的"再生"探究

宁芙儿

大连艺术学院 艺术设计学院

摘 要：当今社会环境的全球化与科学技术的全面发展，使地域性文化在城市环境设计中的生存遇到了巨大冲击。城市地域性文化符号在城市环境中有着特殊的环境意义与精神内涵。只有对其符号的外在表达形式进行深入的研究与归纳总结，找到创新体系，才能为城市环境设计提供新的设计思路，从而延续地域文化符号的传承和表达。

本文从城市环境设计与地域性文化符号的探究入手，将"再生"模式引入城市环境设计中进行探讨，论述地域性文化符号"再生"发展的途径与方法，并且提出地域性文化符号"再生"方式的整体要求。

因此，将地域文化符号进行"再生"模式发展具有创新式的意义。只有沿袭尊重地域文化符号，才能够以现代的手法来展现地域文化的魅力，才能使中国在全球化大融合下保留自己独立的民族特点，屹立在世界东方，保持自己独特的传承方式和精神品格。

关键词：地域性文化符号 城市环境设计 再生 "再生"模式

1 城市环境设计与地域性文化符号的探究

（1）地域性文化符号的概念

符号是人类文化的结晶，是人们进行沟通和交流的媒介。人类创造符号，并通过符号来传递信息，来理解、掌握、解释和认知世界，是创造物质文明和精神文明的一种简化手段。

地域性文化符号首先是一种符号，从符号的功能性来看，符号最基本的功能就是"指代性"，运用符号来指代事物以及传输特有的情感资质与文化内涵。符号最典型的特征就是"延续性"，延续性是指即使符号脱离了当时的情境与情景，也照样能够传达出原有符号的精神指向。

（2）城市环境设计的定义

城市环境设计属于人们创造性活动的一种，设计主体是以人们生活空间为主体，对空间的构成以及空间中的公共环境设施进行规划与设计，通过规划设计使人们的环境场所感得到最大的提升。

空间概念的形成是因人类活动而出现的，不仅仅包含了以家庭为单位的庭院活动，而且还包含了以人们聚居活动形成的城市。并且，生活空间环境还由不同体量的建筑物和公共生活设施而构成，它们是对人们生活起到影响作用的系统，而且从中还蕴含着浓厚的地域文化气息和特征。

城市环境和人的高度融合，创造出适宜人生活的最佳环境，形成一个有机相互协调的人与空间、人与环境的保障系统，是城市环境设计的基本概念。

2 地域性文化符号"再生"模式的引入

（1）"再生"的引入

地域性文化符号只有在现代人们生活中寻找到符合功能需求的更新模式，才能在当代景观设计中继承与发扬地域文化精神。所以，根据这种要求，论文引入"再生"这一词汇。

（2）"再生"模式的含义

"再生"模式要求设计师在进行环境设计时，首先要分析了解空间的实用功能性需求。其次要充分了解地域性文化符号，提炼地域性文化符号。接下来对提取的地域性文化符号进行归纳与概括，并抽象出新的地域性文化符号。在此过程中要对原有不符合现代功能性的符号进行取舍，进而衍生出来新的符合功能性质符号，这个新的设计符号即是对地域性文化的继承与发展。最终，地域性文化符号经过这种"再生"模式的发展，形成了新的符号体系来表达地域文化精神。

3 地域性文化符号的构建方法

地域性文化符号的构建方法是指某些原有的地域文化符号由于材料、技术以及社会的发展，已不符合当代景观设计形态的发展，本文通过对地域性文化符号的物质形态和精神文化价值构建的两个方面，来论述"再生模式"的发展。

（1）地域文化符号的物质形态构建

1）形体的概括

形体的概括主要是指对地域文化符号在整体上进行符号提取，从而进行整体形象上的把握，不要留意细微的符号细节，而是运用一个简单的形象来表达地域文化特色的形体。简单地说是在模仿形态的基础上，保留地域性文化特色，满足文化层面上的感受。形体的概括侧重于对空间、形态方面的概括，同原有的物质形态的风格、色彩等特征类似，能在某种程度上唤醒人们的记忆。

上海的金茂大厦就是建筑设计师对中国文化进行提取，并且进行形体的概括与总结，运用"高技派"的设计手法实践出来的一座具有文化特色的现代超高层建筑。

金茂大厦（图1）是以中国传统的密檐式塔作为设计构思的起点。从外观上来看，是对中国古塔进行逐层内缩，把密檐式塔的艺术韵律、细部结构、优美的外轮廓线乃至建筑高度进行细致、高度的概括与总结，将传统建筑的内涵与文化通过现代的设计手法以及现代的建筑技术表现出来，得到了设计界的高度认可。

图 1 上海金茂大厦（来源：网络）

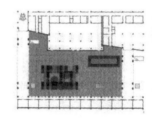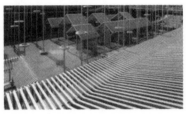

图 2 北京奥林匹克 6 号院 a（来源：网络）

2）结构的简化

结构的简化主要是指保留地域性文化符号的整体形象，将其内部复杂的、繁琐的细部结构或者装饰去除掉，直接展现出清晰明了的外部形态和简洁的结构，来体现地域性文化的特色。

北京奥林匹克公园的 6 号院（图 2）就是对文化符号进行结构简化的典型案例。虽然造型上被设计师进行了大规模的结构简化与概括，但是观赏者仍然能体会出北京老四合院的建筑韵味。

北京四合院是老北京建筑的代表，它也是老北京城市特色之一。在进行设计时，北京四合院建筑符号的特点就是设计的切入点。总结北京四合院建筑群的特点有如下几点：A 老北京城的第一大特色就是北京四合院建筑群落的灰瓦屋顶；B 在平面上看，建筑群落是由形态规则的矩形构成的，在建筑学术语中把这种形式叫做"间"概念；C 四合院分布在大大小小的胡同之中，它相对于喧闹的城市而言，它是封闭与私密的，在空间组织序列上来看它是外合内敞的；D 北京四合院的建筑结构属于梁柱建造体系或者是框架建造体系，这样的建造体系建出来的房屋可谓有"墙倒屋不塌"的特征。

图3北京奥林匹克6号院b（来源：网络）

图4北京奥林匹克6号院c（来源：网络）

北京奥林匹克公园的6号院（图3）的设计，巧妙地结合原地块的功能与下沉形式，提取与提炼四合院的文化设计元素，对现代奥林匹克公园所需功能与文化相融合，设计出"似合院"。

原有奥林匹克公园地块就是一个公共性质的开敞空间，要将四合院的文化元素引入新的设计中，就势必对原有四合院的文化元素符号进行符号的舍弃与保留。四合院私密与围合的特点，与奥林匹克公园的开放性恰恰是相悖的，这种矛盾的出现就造就了对文化符号的改造，促使人们从另一个角度去分析与观赏中国传统建筑。设计师利用"墙倒屋不塌"的特征，在设计时舍弃了所有阻碍视线的围合物，将原本私密与围合的空间转化为开敞的公共空间。

在设计选材上（图4），舍弃原有的木质材料设计，选取钢来作为文化符号元素的替代品。整个景观空间被9米以及4、5米的钢结构柱网所统辖，柱网有时会打一个弯，那是与梁连体，对上半部分的钢结构做支撑作用，是对传统四合院延续的一种形式。

四合院的坡屋顶的造型形式，不仅可以在景观空间得到延续，还在下沉广场景观中的商业街道立面里得到延续。设计仍然延续着同样的材

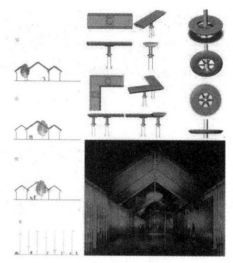

图5北京奥林匹克6号院d（来源：网络）

质，也保持着同样的坡度，但是这种设计形式被立面形式化了，构成了具有美观与韵律感的双重视觉享受。

在俯视全景观时（图5）不难发现，还有许许隐约的红色圆环进行景观的点缀。柱网上面的大部分柱子高耸挺拔，上面悬挂着不同高度的红色圆环。这种圆环的形式不仅仅呼应了奥运会的五环标志，而且通过对不同高度的控制，红色圆环时而是座椅、时而是台面、时而是灯笼，变化极为巧妙。

3）传统文化符号的重组

传统文化符号的重组是指提取不同时期、不同系统的地域文化符号，按照一定功能性，有规律地或者是随机重组到一起，物质形态上形成一种新的体系，代表着过去与现代交汇融合的崭新含义。

在现代建筑景观设计中，传统文化符号的重组主要分为两种：一种是单元素符号的重组手法，重组对象一般都是地域范围内的历史、大众文化的符号等；另一种是多元素符号的重组手法，这种重组对象就是不同时期、不同体系的符号最后衍生出一种新的搭配的地域文化符号。

苏州新火车站的设计（图6）可以说是传统文化符号重组的经典案例之一。苏州新火车站整体上给人的第一印象就是拥有着浓厚的地域文化情结，寄予在建筑与景观设计的系列语言之中。

苏州新火车站从建筑外观来看（图7），给人印象最深的就是提炼的设计元素符号，即是几何线条布局形成的菱形、方形乃至圆形的巧妙

图 6 苏州新火车站 a（来源：网络）

图 7 苏州新火车站 b（来源：网络）

图 8 四盒园——春盒（来源：网络）

图 9 四盒园——夏盒、秋盒（来源：网络）

组合，构成了粉墙黛瓦的世界。这些设计元素符号尤其是连续的菱形屋顶的设计给人视觉冲击力最大。这种设计将复杂的钢结构隐藏在其中，油然形成浑然一体的视觉感受。

首先，从技术层面进行剖析。这种菱形空间网架结构，不仅仅是单纯地解决了火车站大跨度屋顶结构的技术难题，更重要的是这种延绵不绝的菱形形式的重复与排列，还消除了建筑给人们的庞大压抑之感。这样的精心设计，既解决了实用功能需要，还兼顾到了视觉美感的享受。

其次，从材质与颜色方面剖析。苏州新火车站的菱形结构属于钢结构的一种，外表面为金属的材质，通过对外部造型的变化，展现出了江南地区屋顶的瓦状效果，寻根溯源也能找到其江南建筑风格的文化延续。从颜色方面来看，其建筑屋顶都采用深灰色，整体墙面运用白色，这样的颜色正是对苏州古典建筑乃至徽派建筑的最好诠释。

最后，从文化意义层面剖析。菱形的设计形式与设计结构还与苏州古典园林的花窗与地面铺装纹路有着密不可分的联系，这样的设计形式，惟妙惟肖地和当地的地域文化形成了一种神似的呼应，也可以说是在精神气质上隐约地继承与发扬了文化的传统并使之得以延续。

4）现代手法的引用

现代手法的引用是指运用新的材料或技术，在维持原有符号的基本形式下，通过改变物体的材质来替代原有的符号形式。材料是艺术符号的载体，同时也是文化符号的载体，会将情感信息潜移默化地传达给使用者。

北京林业大学的王向荣教授在 2011 年西安世界园艺博览会大师园中设计了其中之一的四盒园，他曾经强调过，在景观设计中，应该尊重本土的自然情况与地域的独特性，尽量地运用简洁的设计来展现地域风貌。在对四盒园进行材质选择的时候，他充分考虑到了世博园坐落于中国西北，所以他选取了夯土墙、砖、石、木材等材料来建造表现"四时之园"的主题。

"春盒"（图 8）在这四个盒中，是运用白粉墙建造没有体现出任何的建筑质感的唯一一个盒子。建筑的白色外观并不能说明它是春天的意象，但是反倒能体现出中国江南徽派建筑常年烟雨蒙蒙的感受。设计师通过选取植物搭配——竹子，将竹子种植在"盒子"内外从而来营造出春意盎然之感。

"夏盒"（图 9）选取的材料是木质，选取木质的主要原因就是木质材质是中国古建筑常用的基本材料，它象征着生命。并且木结构在中国古典建筑中能构建出不同的搭接方式，运用光影手段来实现对夏天的隐喻。

"秋盒"（图 9）在选取材质上颇为巧妙，直接运用秋季代表颜色黄褐色的石材以及暗红色的金属网，在秋天之时金属网上面的爬山虎会呈现出一片片暗红色。

最后轮到谈及"冬盒"，冬盒选用的是能代表北方常用的建筑材料——青砖。冬盒内外都是铺满地面的白色沙石，犹如北方严寒的冬季

图 10 四盒园——冬盒 (来源: 网络)

参考文献

[1] 林琳 . 中国传统文化符号在现代城市环境设计中的发展模式研究 [D]. 天津: 天津大学, 2012.

[2] 刘捷 . 基于符号学理论的 " 新中式 " 景观设计研究 [D]. 长沙: 中南林业科技大学, 2012.

[3] 季蕾 . 植根于地域文化的景观设计 . 南京: 东南大学, 2004.

[4] 齐欣 . 下沉花园 6 号院合院谐趣——似合院 .

[5] 胡立辉, 李树华, 刘剑, 王之婧 . 乡土景观符号的提取与其在乡土景观中的应用 [J]. 北京园林, 2009.

[6] 张黎 . 从民族性到民族化——设计中传统民族文化符号运用的分析 [J]. 南京艺术学院学报 (美术与设计版), 2008.

[7] 孟晓慧, 季嘉龙, 徐进 . 地域性文化符号在景观设计中应用模式研究 . 科教文汇 (上旬刊), 2012.

[8] 郑森泉 . 地域文化元素在城市园林绿地景观营造中的应用研究 [D]. 福州: 福建农林大学, 2013.

[9] 徐晨晨 . 景观设计的 "中国风" [D]. 无锡: 江南大学, 2011.

初雪过后的景色。在冬盒, 可以通过墙面的孔洞, 又看到春意盎然的春盒, 寓意着又一年的四季轮回 (图 10)。

(2) 地域性文化符号 "再生" 的整体要求

探讨地域性文化符号 "再生" 的整体要求, 需要我们首先来探讨一下地域性文化符号的构成元素, 它包含了空间、材料、色彩、光线以及尺度等, 这些符号元素是构成符号信息的载体。它们在形式上看起来似乎相互独立, 但是其内部结构是密切联系的。

其次, 探讨地域性文化符号 "再生" 的整体要求, 首先是将符号元素的实用功能需求作为重要的衡量标准, 如果同当代功能需求产生严重冲突, 那么就要舍弃。对文化符号的舍弃和保留也需要我们研究其符号的内部联系, 而不是对所选取符号系统整体的舍弃或保留。在满足功能需求的前提下, 能够明确传达其符号内涵的元素应该给予保留。这样的地域性文化符号, 不仅仅可以提供当代的实用价值, 还可以展现出精神文化价值的意义。

最后, 需要探讨的是在众多功能元素符号下, 究竟保留多少原有的符号元素是值得思考的问题。地域性文化符号的精神文化价值在整个符号系统中的重要性不同, 有些元素符号对整体影响比较大, 而有些元素符号对整体影响比较小, 这些都是需要我们考虑的。但是, 最终还是要参考符号元素是否和实用功能冲突来决定符号的舍取和保留。

地域性文化符号的 "再生" 是舍去与实用功能不符的元素符号, 保留有用的元素符号, 引入新的元素符号, 这些元素符号组合在一起, 形成了一整套完整的地域文化符号系统。这些符号只有生成了一个完整的符号系统, 才能完整地传达出内在的精神文化价值含义, 这样的地域性文化符号才真正实现 "再生", 传达出新的精神和活力。

基于象征手法的建筑设计课程实践

王星航

天津美术学院 环境与建筑艺术学院

　　摘　要：本文以我校景观专业2016级建筑初步设计课程任务为基础，从建筑设计的象征手法运用为出发点，通过介绍建筑象征手法的方法和手段，为低年级的建筑设计课程提供培养设计能力的有效途径。

　　关键词：建筑设计　象征手法

　　2018年5月，天津美术学院2016级景观专业的建筑初步设计课程，完成了"秦皇岛汤河公园管理用房地块"的建筑设计改造任务。设计要求保留场地中的现有废弃管理用房，设计一座500m²的小型陈列馆，新建筑能够满足当地居民的生活需要、体现当地文化精神、并使之成为表达城市时代精神的符号。根据这次课程的设计任务，明确要求学生借助象征手法，结合当地独特的文化特色和地方材料等，将其转化为富有内涵的建筑形象，体现出当地独特的文化蕴涵，使建筑达到实用性和审美性的有机融合。

　　1 课程目的——引用建筑象征手法的必要性

　　建筑设计既有科学的严谨性又有艺术的审美性。进行建筑设计的时候，要充分考虑到这两个方面，一方面要满足建筑的物质使用功能，另一方面要满足建筑的精神审美功能。

　　建筑首先要满足使用功能，然后运用相关的建筑设计方法，完成具有某种精神与审美的建筑作品。从建筑构想到建筑作品的形成，具有操作性的建筑设计方法具有特定不变的中介作用，对建筑设计者来说是非常有意义的。运用它能使我们科学严谨地完成建筑设计任务。在此，关于建筑设计的方法，也不是固定的一种或几种，而是多种多样的。

　　而对于刚刚接触建筑设计的低年级学生来说，通过体验生活、学习设计规范和设计原理等方法，能够在建筑设计过程中满足特定建筑的基本功能需求，然而如何为自己的设计找到精神审美上的依据则是一项艰难的任务。因此，很多学生在迷茫中度过了建筑设计课程学习的启蒙阶段。是从难以捉摸的空间入手？还是"借鉴经典的建筑形象"？前者的深奥超出了低年级学生的理解力，后者的抄袭无益于创造性思维的培养。如何使学生找到一种有效的方法为自己的设计找到出发点和依据，从而底气十足地完成设计？这种方法就是建筑象征手法。在此，象征手法是建筑设计的手段而不是目的，是培养学生设计能力的有效途径。

　　中小型建筑的体量小，功能相对简单，也就决定了体形比较简单。如果只去注重建筑功能而不注重建筑形象和个性，必将形成呆板的、"千篇一律"的建筑形式。因此，在中小型建筑中采用建筑象征手法是重要的。本次课程就是针对建筑设计基本方法中的象征手法进行分析和应用。

2 课程依据——建筑象征手法的方法和手段

（1）建筑象征手法的概念

人们对建筑的要求不仅在物质上，更在精神上。而建筑作为由几何的线、面、体组成的空间实体，很难以其自身形式表意。如何使抽象的建筑形式表达出丰富的意义，使建筑设计从表层的形式设计进入到深层的内涵表达，这就可以借助象征手法，激起人们的联想，启发人们去领悟。

"象征"一词源于希腊文 symballcin，意指"拼拢"。《辞海》中对"象征"的定义为通过某一特定的具体形象来暗示另一事物或某种较为普遍的意义，利用象征物与被象征物的内容在特定条件下的类似和联系，使后者得到强烈的表现。如绿色是和平的象征，十字架是基督教的象征等。由此可见，象征是超越事物的现象和本质，去表达相关的更加丰富的想象。

将建筑设计赋予一定的象征意义，如同使建筑有了生命，体验者（人）将建筑形象表现出的意义，产生特定的领悟和解读，向人传达出一种精神语言，以满足人类对美不懈的追求。著名的悉尼歌剧院就像是一艘正要扬帆起航的巨型帆船，象征了对澳洲的开拓及这个国际港湾与世界交流的含义。

自古以来，象征都是人对建筑最容易被理解的表意方式之一，人们通过建筑表达一种情感或对一种信仰的崇拜，如西方对上帝的崇拜，中国人对天地的崇拜和对堪舆的信奉等。现当代建筑，同样需要利用象征的手法，在建筑设计过程中将传统的文化和现代的文化进行有机融合；使建筑本体与周边环境甚至整个地区环境相互适合；利用新的材料、结构、组合方式等使建筑富有打动观众和使其受到一定触动的象征意义。

（2）建筑象征手法的设计方法

象征方法是建筑创作中的常用构思方法。适用于低年级的建筑设计课程的象征手法类型有表形的象征、表意的象征、表境的象征。

1）表形的象征：通过对某些有形的、具体的、常见的客观实体的描摹，运用建筑的平面或立体造型来模仿该实体的形状或表象特征，实现意识的表达。表形的象征具有表达简单且直接的特点，明示性强。如弗兰克·盖里设计的望远镜大楼，直接应用具象的望远镜造型作为停车场的入口空间，内部设计成研究室及会议室，目镜的地方正好是天窗采光。这个建筑的设计借用表形的象征手法，表现与被表现的实物拥有极高的相似度，人们可以非常直接及准确地解读建筑形象所赋予的内涵。

2）表意的象征：通过借用人类文化具体现象，在建筑中运用比较接近的表现形式，通过建筑空间、结构、造型的转化，表达抽象情感和概念，而引起建筑的精神想象。表意的象征具有相对的复杂性和暗示性，强调精神的表达。如古埃及的金字塔，通过金字塔内部献祭路线及空间的设计、金字塔进行朝拜方向的设计等，反映出古埃及人期望灵魂永生的思想意识，并且借助建筑表意的象征手法，将这些精神内涵表达了出来。

3）表境的象征：借助一定的设计手法，创造出情景交融、虚实相生、物我同感的境界。建筑通过对所要表达的意境进行一定程度的暗示，人们可以根据自己的感受进一步展开联想。如贝聿铭设计的 miho 美术馆，引用陶渊明的《桃花源记》表达该建筑的设计立意，用建筑叙事的过程重现经典文学的叙述事件，不但使人身临其境地重新体会典型的中国古代景观，同时表达了自然与建筑融合的理念。

4）多种方式的结合：将表形、表意、表境的象征手法不同程度地进行结合，有利于大众开放性的解读，进一步引导大众进行建筑美的思考。如马岩松设计的梦露大厦，建筑通过角度逆转展现了不同高度下的景观与文化，使人可以感受自然和阳光、摆脱城市生活的约束感，是将表形和表意的象征高度契合的建筑作品。再如宁波博物馆的设计，为一个独立的人工山体形状，再用内部的三处大阶梯分别象征山谷，在此使用的是表形、表境的象征手法。

（3）建筑象征手法的设计手段

在进行建筑象征设计的过程中，可以借鉴的设计手段有形体和结构、色彩、空间布局、材料、文化、科技等。

1）形体和结构：运用象征手法的建筑形体和结构更多地偏于抽象和几何化。其形体和结构形象较单纯，可以利用聚合或离散、联系或断裂、起伏或旋转、并立或交错等不同的形体结构表达象征意义。如朗香教堂的形体设计，好像是一位正在向上苍顶礼膜拜的虔诚信徒的双手，也像一艘《圣经》上说到的救苦救难的"方舟"，抑或一只和平善良的鸽子等，这些想象正是运用象征的手法，通过人们心理上的某种想象而产生艺术的魅力。

2）色彩：运用色彩，在建筑中表达情感。如约翰·肯尼迪图书馆的设计，大面积突出的黑色玻璃幕墙镶嵌在全白的建筑表面上，反差分明，黑色与白色，通过组合、叠加形成一种全新的、不可思议的意象，在此，悲情的氛围不是依靠高大的姿态取得震撼人心的情感力量，而是依靠整个建筑色彩获得纪念的象征意义。

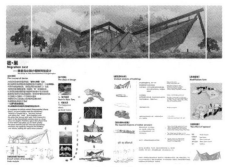

图1 徙·巢

图2 观沧海

图3 海潮之声

3）空间布局：通过建筑空间布局的营造来表达建筑寓意。如卢浮宫的扩建项目，在卢浮宫博物馆的 U 形广场中，设计了一个巨大的玻璃金字塔作为博物馆的入口大厅，而保持了新建场馆和老建筑的均衡关系。

4）材料：材料的不同场地、生产工艺、地理环境等，代表着不同的地域文化和民族特色。如西藏河边的尼洋河游客中心的设计，最吸引人的莫过于通过不规则形状切削而得出的雕塑感强烈的建筑体块，以及

用当地矿物质颜料涂刷的色彩缤纷的石墙。厚重的建筑形态呼应了周围环境，红黄蓝的色彩强化了空间。这个建筑，用当地特有的建筑材料对西藏文化进行重新结构，将历史、人文和景观连接成一体，体现出一种对西藏文化元素以及当地自然风情的尊重。

5）文化：文化的多样化与多元化使每个国家、地区的建筑呈现出不同的形态，这些建筑也体现出不同的文化气质，反映人们在不同时代下的文化观念。如绩溪博物馆的设计，将传统徽派建筑进行现代手法的简化和精炼，取徽派之味，现现代之意。整体连续起伏的黑瓦屋顶、简洁通直的白灰墙面、灰瓦构成的漏窗、规律布置的三角屋架、钢材玻璃等现代材料的加入、用地内保留的现状树木、多个庭院天井和街巷的布局、建筑体块的夸张变形等，当地传统和现代感有机合而为一。

6）科技：随着科技水平的不断进步，运用越来越多的展示手段，将想要赋予建筑的精神表达通过信息化技术进行模拟，充分地体现建筑的象征意义。

3 课程成果展示与点评

我校 2016 级景观专业的建筑初步设计课程共 3 周 48 课时，其中，理论讲授 12 课时，建筑设计基本知识、建筑象征手法的基本知识、课程设计任务书讲解；设计方案构思及完善 24 课时，要求学生查阅秦皇岛的当地建筑材料、文化等的基本资料，结合地块现状完成设计方案的构思和调整，并不断完善；设计方案的表达 12 课时，设计构思和分析、平面图、立面图、剖面图、总平面图、效果图、节点图等的版面布置。

理论需要实践来证实。学生在本次 48 课时的建筑设计课程中，循序渐进地完成了设计任务。学生的设计作品也充分体现了他们对建筑象征手法的运用。

（1）优秀学生作品：徙·巢（图1）（学生：金玮炜、杨翰清、刘雪珂）。借用当地鸟类栖息的事件，利用象征手法，在场地设计出一处与光共舞的玻璃结构，编织出抽象的"鸟巢"形态。同时为周边忙碌的居民提供一处静默的休憩场所。

（2）优秀学生作品：观沧海（图2）（学生：郑舒心、陈琪琪）。借用河之意向，浪花翻涌，使用象征手法，为建筑赋予连续起伏的屋顶，暗示浪之形态。

（3）优秀学生作品：海潮之声（图3）（学生：修元熙、何凯迪）。借用海螺的形态，用透明的曲面包裹体呈现出优雅的建筑空间。

通过设计实践，学生运用象征手法完成本次课题设计任务。虽然，

人的想象力无法超越他所见过的事物,当要创造一个陌生的事物的时候,他会本能地去模仿他所见过的事物, 学生的象征大多是表形的象征, 教师所要做的就是在保护学生原创精神的前提下, 运用设计理论对其进行引导, 同时帮助他们掌握相关的建筑知识。总之, 象征手法是手段不是目的, 根本目的是使学生具备创造性的思维能力、一定的建筑知识和良好的建筑感觉,并掌握正确的建筑设计方法。

参考文献

[1] 陈扣洋.表现与寓意——谈象征和隐喻手法在现代建筑设计中的应用 [J].美术教育研究, 2011.

[2] 纪峥.建筑的非象征性意义表达 [J].建筑学报, 2006.

[3] 初妍, 王晓静, 喻一鸣.建筑图示表述在低年级教学中的问题及解决方法 [J].科技信息(科学教研), 2007.

[4] 郑乐然.浅析建筑设计中的象征意义 [J].包装世界, 2013.

[5] 杨国鑫, 李勇.象征和隐喻在现代建筑上的应用 [J].科技创新导报, 2010.

浅析丝路沿线陕甘段古民居建筑的营建智慧

翁萌

西安美术学院 建筑环境艺术系

摘 要：本文通过总结、对比的研究方法，对丝路沿线陕甘段民居建筑历史沿革、保存现状、及实例进行汇总，总结出在丝绸之路陕甘段的古民居建筑营造的特点，体现出前人的建造智慧，为现代建筑设计提供一些可借鉴的实例摹本及经验。

关键词：营建智慧 丝绸之路 古民居

陆路丝路以长安为起点，罗马为终点绵延六千多公里，2014 年 6 月 22 日在卡塔尔多哈进行的第 38 届世界遗产大会宣布，中哈吉三国联合申报的古丝绸之路的东段"丝绸之路：长安－天山廊道的路网"成功申报世界文化遗产，成为首例跨国合作、成功申遗的项目。①

丝路申遗点在中国境内的 22 处也是以建筑遗址的形式呈现在世人面前，可见在我国大力推行"一带一路"的背景下，深入研究丝路文化，挖掘丝路沿线建筑方面的现实意义显著。

1 丝路沿线陕甘段民居建筑历史发展

丝路沿线民居的发展与古民居发展是一致的，陆上丝路概念源于西汉，因此对于这一段民居建筑的研究本文就从西汉开始，西汉时期的民居建筑在我国并没有实体的建筑遗存，建筑的形象是从画像砖和明器的形象当中取得的，有单体房屋和组合宅院，汉代建筑明器多以单体房屋阁楼为主，组合宅院是以单体房屋环绕围墙形成合院。形象上有了大木结构的基本形态和中国古建筑三段式的划分，台基、梁柱、坡屋顶。突出的特点是阁楼建筑较多，并且大量形象也是出土于陕西地区、天水地区。发展到魏晋时期，敦煌壁画中出现了民居建筑的形象供我们参考，在西部"坞壁"民居出现了北魏第 257 窟须摩提女故事。唐代时期丝绸之路得到了大发展，可是唐代的木构建筑流传至今的仅有几座佛殿建筑，古民居的形象能从繁盛的敦煌壁画中去寻找。民居有歇山顶形象、斗栱成熟、基座栏杆形象鲜明，仍然是以传统的木结构形象出现的，如敦煌莫高窟 217 窟东壁的壁画。宋时期的丝绸之路沿线，由于陆路丝绸之路不够通畅，沿线的民居建筑是继续沿革中部地区的传统样式，实际的建筑遗存也并未保存下来，只有敦煌壁画中的形象和《营造法式》中的大木式对民居建筑能够予以说明。现今研究的古建筑实例基本都是明清时期的古民居建筑或是民国时期近百年的古建筑。丝路沿线陕甘段民居建筑是以陕西民居、甘肃民居的发展为核心，另外融合了交通因素、少数民族因素和军事因素。

2 丝路沿线陕甘段民居建筑保存现状

"丝绸之路"由于各朝代不同的发展，其范围不能简单地用一条路来理解，它是一条横贯东西的陆路交通概念。但针对本文研究对象的特点，范围界定得越精确就越容易让民居建筑的特点有所体现，用狭义的地

城市	古民居片区	古民居数量	古民居主要代表
西安	分布在三学街、北院门和七贤庄三片历史文化街区，陕西关中民俗博物馆	45 处[②]	高家大院
宝鸡	市区内、扶风、眉县、凤翔、陇县、金台、渭滨等六县区乡镇	33 处[③]	扶风温家大院周家大院
天水	计有枣园巷、大小巷道、三星巷、育生巷、士言巷、忠义巷、自治巷、澄源巷等七个街区，集中分布在石家巷、士言巷和自由路三个片区	143 处	胡氏民居
兰州	榆中青城镇、金崖镇，永登连城，西固区河口乡，七里河区八里镇	154 处[④]	青城镇民居
张掖	集中分布在甘州区西大街区法院南侧、青年东街文庙巷、劳动南街、北街、东街和税亭街也有零散分布	29 处[⑤]	
敦煌	商业街 17 号	3 处[⑥]	

表1 丝路沿线陕甘段主要城市古民居统计表

理范畴来整理，丝路沿线陕甘段的主要城市节点是西安、宝鸡、天水、兰州、张掖、嘉峪关、敦煌，以主要的城市节点向外辐射形成本文的研究范围（表1）。党的十六大明确提出"要逐步提高城市化水平"城市化率提高到 45.68%。然而，城市化进程对于古民居则是摧毁性的打击，拆迁与重新建设让我们痛失很多古民居建筑，越是经济发展速度快、城市化进程快的地区，古民居的留存情况越差。详见丝路沿线陕甘段主要城市古民居统计表。

当下，成规模的古村古镇由于旅游开发，演变为经济复合体，渐渐得到了人们得重视，很多古民居就是依附于历史街区和古村、古镇而留存下来的。现实的情况其实令人堪忧，民居保护的观念和原则并未深入人心，具有历史意义、保存完整、形制和规格较高的古民居，保护力度有限，难以形成一套自闭的保护系统，仅靠一次性的资助资金难以恢复古民居的历史面貌。如笔者走访的很多天水古民居、哈瑞故居、张腾霄故居在 2007 年出版的南西涛先生的《天水民居》一书中已有详细介绍。古村建筑其形制完整，门头木雕精美，门口立有牌匾，是市级文物保护单位。可是，至 2014 年笔者再去走访时，四合院内又有加建房屋，破坏了四合院的整体形制，屋顶有塌陷、主体房屋也有残破，可见后期的维护是极其重要的。另一种保护的做法是整体搬迁、换址复建，陕西关

中民俗博物馆中有几组完整的院落，天水胡氏民居中的杨家楼、武威市的贾坛故居都是整体搬迁的实例，这样良好地保存了古民居的建筑风貌，但同时也失去了古民居的地域属性和环境属性。留下的古民居建筑弥足珍贵，而对其有效地保护也需群策群力、刻不容缓。

3 丝路沿线陕甘段民居建筑营建智慧

营建智慧是古建筑留存下来的根本，也是研究与丝路相关问题的核心，"营建"是经营建造，是前人所造民居的思想活动和建筑活动本身，留存下来的有益经验和规律可以称之为智慧。对前人的思路做以汇总，和踏勘的实例进行比对，笔者对此形成以下的几条观点。

（1）工材适度

从丝路的起点西安出发沿路至敦煌，地域跨度极大，自然环境、气候条件差异大，民居的形态也有所差异，但是为了获取良好的生存条件，工匠们就地取材，将好的材料用在最好的地方，是工匠们朴素的设计理论。

西安高家大院是传统的关中窄院，门头用青砖砌筑，门楣上有精美木雕、墀头，南北墙壁上施有大量精美砖雕寓意吉祥。从街面上看到高宅，就满眼皆是精美、堂皇的雕饰。院内建筑也是以砖、木材料为主，颜色施深褐色，关中民居尚黑色，但是没有门头那样张扬。

天水胡氏民居分为南北宅子两部分。胡氏家族仕途平顺，南宅子模仿江南民居空间，合院组合灵活多变。北宅子则是以北京合院为摹本，中轴对称、庄重大气。因为昼夜温差较陕西关中地区大一些，材料都是以土、木结构为主，北宅子为了彰显权贵墙面采用了青砖立皮的做法。

再往西行，民勤四季分明、降水量较小，昼夜温差也比陕西关中地区、兰州地区大，瑞安堡的建筑为了取得良好的热工效能，墙体采用夯土墙，屋面采用的也是夯土面砖。屋面铺装极有特点，在正脊、垂脊和檐口部分用雕砖和筒瓦，其余部分都用方形夯土面砖，由于屋顶"平如川、脊如山"，从建筑立面上看装饰性丝毫没有减弱，对材料的运用上是节省和适度。

（2）因循礼制

礼制在中国古民居建筑中是非常重要的一部分，丝路沿线的古民居建筑虽各有千秋，但是在建筑形制上，都是遵循宋代的营造法式和清工部的营造则例的木质结构做法，礼制上不能僭越，从门宅礼制上就很能体现出来，有官品的屋主常用广亮大门与金柱大门，而普通百姓则是用如意门、垂花门、门及蛮子门，往西行，越是富裕之家檐下装饰越是复

杂、精美。

（3）装饰独特

丝路沿线陕甘段古民居建筑的装饰特点是民族的融合、是东西文化的结合，因此其装饰也有独特性。比如，临夏砖雕凝聚了回族、汉两族工匠的智慧。回族民居建筑受到伊斯兰教义的影响，在装饰上不能出现人物和动物形象，但是在创作力上堪称巧夺天工。民居建筑中，东公馆和蝴蝶楼是临夏民国民居的典型代表，木雕、砖雕、石雕中西合璧、兼容并包，东公馆的砖雕花瓶券门独树一帜，砖雕对联、大幅砖雕影壁有多幅，美轮美奂。

（4）"丝路"体现

在丝路陕甘段的后半段，商业功能、交通功能和军事防卫功能显得更加突出，堡寨、瓮城的形式越来越多。具有代表性的榆中县青城镇中留存了许多形式较好的古民居建筑，青城镇本为北宋大将狄青为御敌、屯兵而修建，也称"一条城"，是古丝绸路上的重镇，自古以来是西北商贸集散地。罗家大院是青城镇中很有代表性的古民居，入口为沿街铺面，四合院主人居住的生活用房与生产用房结合，有一侧院为水烟作坊，商业气息浓郁。因为经商富裕，罗家大院整体为砖、木结构，木材从兰州直接用排筏由水陆运至青城，用材及木雕工艺均属上乘。堂屋与厢房均出挑前廊，两侧山墙用青砖砌筑隔风保暖。花板代栱出老、苗两檩的"檐下全"做法，让房屋开阔又精致美观。

注释

① https://baike.baidu.com/item/ 丝绸之路 /434?fr=aladdin#6
② 数据来源：陕西日报．百年民居现状：西安古宅仅 45 处分布 3 地还在减少。
③ 数据来源：宝鸡日报发表时间：2013-06-28。
④ 数据来源：中国甘肃网，青城镇现存民居 58 处、金崖镇现存民居 54 处、河口乡 38 处、八里镇 4 处。

参考文献

[1] 陆元鼎 . 民居建筑学科的形成与今后发展 [J]. 南方建筑，2011.
[2] 季羡林 . 敦煌学大辞典 [M]. 上海：上海辞书出版社，1998.12.
[3] 周俊玲 . 建筑明器美学论——从陕西出土资料展开研究 [D]. 西安：西安美术学院，2009.

融入岭南文化的酒店装置艺术创新设计研究

么冰儒 钟志军

广州美术学院 城市学院

摘 要：中国城市的酒店建设日新月异，从20世纪90年代初经20多年的逐渐迭代和理性发展，酒店设计的风格也因此随之改变，不再是千篇一律的传统欧式、不再是一成不变的新古典或国际化风格等；从仅满足客人的居住休憩功能转向效率与情感平衡、美学与体验并重，更加注重对"在地文化"的挖掘和运用，更加借助在地文化以提升（酒店的）品牌辨识度。本文以"广州柏悦酒店的设计语言"为例，旨在以广州为案例的珠三角城市酒店升级中，如何融入岭南文化元素的构建内容和方法，也即岭南传统文化如何借助于现代理念与技术，在酒店设计中再现地域历史文脉。

关键词：岭南文化 记忆符号 解构 重组 艺术创新 维度

1 研究背景

现代城市的发展逻辑，已从过去的拼资金、拼土地、拼政策，进入到比城市总体环境、比城市品位风貌、比城市可持续性发展潜力的阶段。目前全球各大品牌连锁酒店基本已完成了对中国市场的布局，并在以往通常延续各品牌既有的血统、基因、元素及"国际化"风格外，也跟随着中国文化复兴和在地文化意识的觉醒，在保持原有酒店品牌的同时，越来越着力于对地方文化的尊重。作为开放改革先行地的广州及其珠三角地区，随着其城市形象在时代的不断演变中快速升级和演进，近几年各国际品牌酒店也已陆续进入广州市场，其中包括：W酒店、四季酒店、凯悦酒店、东方文华酒店等，这些酒店都先后开始以在地文化作为设计元素，一方面展现了与以往不同的更新颖的视觉效果，同时让使用者体验到既亲切熟悉、又不同寻常的空间场景。其中，较为典型案例的就是洋溢着岭南文化之美的柏悦酒店。本文拟以柏悦酒店为标本和对象，展开本研究课题。

2 设计的趋势——当下国内酒店空间的装置艺术品

我国酒店因所处城市、地区、人文、生态环境以及酒店投资和经营管理模式的差异，而决定了市场定位的不同。现阶段，我国的酒店已经走向成熟化、多元化和理性化。酒店空间的艺术设计师正努力挖掘不同地域的文化元素，以体现不同的气质和特色。因此，酒店设计风格在日趋现代、简约和时尚的同时，也开始注重设计的"在地"文化，包括地域文化、民族文化、历史传统文脉与现在文明的融汇创新；通过体现出自身独特的文化个性确定酒店的个体形象。地域特色是中国酒店设计发展的方向之一。

3 岭南元素／装置艺术——柏悦酒店的艺术设计策略

（1）酒店空间区域构成与艺术品设置的关系

柏悦酒店主要由三种空间区域构成：

1）公共空间区域：餐饮空间（65~70层——意大利餐厅、宴会厅、中餐厅、露天酒吧）

商务空间、娱乐空间（泳池健身）

2）住宿空间区域：由 208 间客房构成（包括 36 间套房，面积：52~260 平方米）。

3）后台区域：客人不能到达的服务区域，酒店工作人员使用。

装置艺术品设计及放置方式是酒店空间设计的重点，由于服务区的后台到客房和公共区域之间的交通与客人的活动动线不交叉，顾客在酒店内部空间活动过程中获取的感官体验主要取决于从客房到公共区域的活动，因此艺术品的布置和摆放重点应在酒店的公共空间区域和住宿区域。

（2）从维度、材质、属性、构成方式多层次构思的装置艺术品

装置艺术：指在特定的时空环境里，将人类日常生活中已消费或未消费过的物质实体，进行有效选择、利用、改造、组织，以升华出新的单体或多体组合，形成丰富的有文化意蕴的艺术形态。装置艺术具有理性、抽象性、系统性特征，是"场地＋材料＋情感"的综合展示艺术。装置艺术品通过维度、材质、属性和构成方式重新进行分类，并以非常规的方式运用到酒店各公共空间之中，在此，艺术装置的设计策略具体体现在以下几方面：

1）装置艺术品——以维度分类：可分为点状、二维平面类、二维与三维结合类、三维立体类及多维综合类。

点状装置通过聚集、组合，就会表现出二维平面的特性，再次组合，就会形成在空间中有重量、体积的二维与三维结合类、三维立体类及多维综合类空间立体造型。作用如下：

①点状装置：通过集聚视线而产生心理张力，引人注意、紧缩空间，产生节奏感和运动感，同时产生空间深远感，加强空间变化并且起到扩大空间的效果。

②二维平面类装置：视觉效果相对点状装置有所增强，有强烈的方向感、轻薄感和延伸性（图 1~图 3）。

③二维与三维结合类：将二维平面类装置重复叠加，能产生厚重感，并增强实用功能（图 4~图 8）。

④三维立体类：三维立体类装置的语义表达与其体量有关，具有一定的空间感、重量感、体量感、充实感；有机形态的三维立体类装置具有亲切、自然、纯朴的感觉。

将具有岭南元素的各种装置艺术品作不同维度的分类，运用抽象的设计语言，以理性＋写意的方式再构艺术装置的形体——点状小墙饰、平面浮雕、高低起伏浮雕、矗立雕塑、以及吊挂类的各种装置艺术品，形有尽而意无限（图 10~图 13）。

2）装置艺术品——以材质分类：分为纸张类、木质类、陶瓷类、玻璃类、金属类、青砖类及多材组合类。

在艺术品装置构成表现中，材质的肌理感可以突出形态的造型感、立体感和质感，铂悦酒店艺术装置的设计重视材质原始质感的应用——宣纸立体壁画装置（图 6）、陶罐墙面装置图（图 7）、利用纸的可挤压性而成形的报纸墙面、纸皮墙面、具有自然条纹和肌理的木质雕塑装置、以及金属墙饰（图 6~图 9），这些不同材质的装置，尽可能尊重艺术品的客观自然的本质肌理，根据材料自身具有的粗犷、质朴、厚重、高贵、纯净、淡雅、柔和、精巧和灵动的感觉特性和工艺性，向观者传达装置艺术品特有的形态、气质和精神内涵，最大程度地满足客人的各种原始感观需求，没有蓄意的炫耀与雕饰。

3）装置艺术品——以属性分类：分为主题创新类、系列订制类、旧物利用类、旧物改造类、旧物新做类、新物做旧类、文物珍品类及民

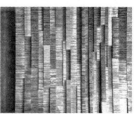

图 4　　　　图 5　　　　图 6

图 7　　　　图 8　　　　图 9

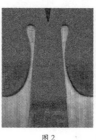

图 1　　　　图 2　　　　图 3

图10　　　　　图11　　　　　图12

图16　　　　　图17

图13　　　　　图14　　　　　图15

图18　　　　　图19

间粗物类。

　　主题创新类装置打破现有的思维模式，在特定的环境中通过新方法、新元素、新路径创造新的主题装置。系列订制类装置艺术品形态上具有一定的连贯性，视觉冲力较强。

　　旧物利用类、旧物改造类装置艺术品（岭南的趟栊门、满洲窗）物尽其用，通过设计和创意使废旧物品高于自身的价值，并体现"低碳、绿色、环保"新生活理念。

　　无论是老物件的直接使用，还是文物珍品、民间粗物构成的艺术装置"区域"；无论是旧有岭南建筑青瓦灰墙立面直接翻模打造，还是铜墙等"旧物新做"而成的艺术装置"界面"，每一类有主题的装置作品，都深深地触动着观者的情感（图14）。

　　4）装置艺术品——构成方式分类：分为小单体、多数量组合，注重组合方式（图15）；单体大、少数量组合，注重单体质感（图10~图13）。

　　装置艺术品的体量指体积感、容量感、重量感、范围感、数量感、界限感、力度感等。装置艺术品构成方式需要注重有计划性、想象性、独创性和敏锐性的思考：小体量的装置通过秩序与方向的改变、聚合与分散组合方式，强化观者视觉感受；大体量的装置强调、突出自身的结

构特征；将复杂的结构简洁化、秩序化以增强观者的视觉感知度。

　　4 文化元素用于装置艺术，其创新点主要体现在以下几个方面：

　　（1）将文化元素、装置艺术与酒店现代空间的特质相融合的创新

　　设计中岭南视觉元素的运用对当代岭南酒店的空间意境美学作了崭新的诠释：尊重材料自然原生的质朴状态，以具原始质感的物件为媒介，以岭南文化为脉络；借助于装置的艺术形式，打破传统的纯感性美学意识；通过不同的组合方法和构成方式，对传统的岭南文化、岭南记忆、岭南建筑符号、工匠语言等进行解构、重组和再创造；将岭南元素的碎片符号以及几何空间界面相融合，展现独特的岭南历史和文化多样性，形成感性与理性、传统与现代等多重对话、多重碰撞。

　　（2）放置方式的创新

　　物品常规的放置方式是人们的按照固有生活习惯的摆放方法，在此，艺术装置的摆放方式打破了固有状态——"陶罐墙"、"粿模具墙"的"陶罐"和"粿模"以非常规的方式出现在酒店公共空间的立面设计中；系列装置"龙巢"、"龙珠"、"龙身"以或矗立或悬挂的戏剧性方式展示装置艺术，增强了观者的视觉冲击力。

　　（3）设计尺度的创新

　　装置艺术品的尺度不仅体现在艺术品自身形体的局部与整体在数

量和尺度方面的比例和大小，也表现在不同艺术品之间的尺度对比。常规尺度是人们的预想尺寸，而铂悦酒店艺术装置的尺度是非常规尺度，或庞大或精细，超越了本身固有状态，使装置本身呈现全新形态的美感。

（4）形象样态的创新

形态的创新不是对材料进行简单的复制，铂悦酒店的装置艺术打破了传统的具象语言，不矫揉造作，既不"结合"常规也不"妥协"世俗；或纯粹的抽象、或纯粹的具象；各类装置艺术品以崭新的、意外的、片段式的图形或形态呈现。

（5）题材的创新

题材是设计者表现以岭南文化为主题的酒店空间设计内容的基础，由取自民间传说的客观社会生活故事和作者对它的主观评价而构成的，是主客观的统一体。酒店外观顺应国人的文化需求以"中国龙"立意，在此素材基础上提炼出构成"龙"艺术形象，并以"龙"为主题思想，用一种"非真实"的艺术形态叙述中国龙这一题材，创作了一组完整的艺术装置作品，让观者在抽象的设计语言中感受生动的故事情节。

（6）色彩的特点

色彩也是表现艺术装置的重要手段，色彩能够暗示人的心理感知，包括动感、静感、冷暖感、进迟感、轻重感、扩张与收缩感等，具体可以通过改变色彩的纯度、明度、面积、比例以获取艺术品在公共空间中的最佳视觉呈现。艺术装置材料的形状、大小、位置、机理的不同构成了装置的形象对比，而材质的原生态色彩形成了调和作用，将酒店独特的岭南气质、场所精神、在地文化等，演绎得淋漓尽致，极大地丰富了观者的感知力与理解力。

5 研究 / 收获 / 启示

通过对柏悦酒店空间装置艺术的解读，我们更明确地意识到，在广州及珠三角地区，岭南生活美学和传统文化资源是我们从事在地设计最丰富最生动的文化优势。

如何创造具独特审美价值的酒店空间环境，如何让设计更理性、更全面、更健康的发展：首先，设计不该拘泥于"修旧如旧"，设计应该灵活吸取诸如时间、民间、空间、生活、生计、生命、工作、工匠、工程等构成社会与文化的各种元素；灵活吸取新技术、新工艺、新材料、新功能等，重新利用传统，演绎岭南文化的文脉精神。

第二，运用岭南文化元素，不是把岭南生活场景全搬进来，而是选取生活记忆符号、记忆片断，让新与旧在不同空间、不同场景中，共生、共存、融合、转化。对于岭南元素的运用，尊重自然，重视材质自身的原始质感，重视装置艺术自身朴实、独特的形态；系统控制好艺术品的色彩，认真平衡好艺术装置材料自身天然、雅致的本色。

第三，在准确定位酒店文化的同时，应强调客人的体验感与可参与性，最大限度地满足使用者的心理需求：酒店(现代服务)功能为主——极简，艺术装饰为辅——集中体现、密集体现(限面积限位置)。

6 结语

"设计不是一种技能，而是捕捉事物本质的感觉能力与洞察能力"——原研哉。

广州柏悦酒店的艺术品设计，以创新的思维、可持续的理念，较好地兼顾了设计的文化性、辨识性、前卫性及时尚性，实现了酒店设计的创新价值，是岭南地域文化与现代酒店设计高度融合的最佳案例，对新环境下广州及珠三角地区城市酒店的设计美学将产生持续的影响。

*2015 年广东高校特色创新项目"岭南建筑形式语言下的环境艺术设计研究——以广州城市形象升级设计研究为例"，项目编号：2015WTSCX047；广东省哲学社会科学"十二五"规划 2015 年度学科共建项目"岭南建筑形式语言下的环境艺术设计研究——以珠三角城市形象升级研究为例"，项目编号：GD15XYS12。

参考文献

[1] 吴良镛 . 人居环境科学导论 [M]. 北京：中国建筑工业出版社，2001.

[2] [日] 后藤久 . 西洋住居史：石文化和木文化 [M]. 林铮凯译 . 北京：清华大学出版社，2011.

[3] 陆琦等 . 岭南建筑文化论丛 [M]. 广州：华南理工大学出版社，2010.

[4] 陈泽洪 . 广府文化 [M]. 广州：广东人民出版社，2007.

[5] 陆元鼎 . 岭南人文 . 性格 . 建筑 [M]. 北京：中国建筑工业出版社，2005.

[6] 周霞 . 广州城市形态演进 [M]. 北京：中国建筑工业出版社，2005.

[7] 彭长歆 . 现代性 . 地方性——岭南城市与建筑的近代转型 [M]. 上海：同济大学出版社，2012.

[8] 王受之 . 骨子里的中国情结 [M]. 哈尔滨：黑龙江美术出版社，2004.

"互联网＋"时代下空间设计行业发展的思考

吴文超

西安美术学院 建筑环境艺术系

　　摘　要：三十余年改革开放，中国经济迅速崛起，互联网行业的高速发展，对中国的各行各业起到了巨大影响。现阶段，中国经济进入了转型的关键时刻，"互联网＋"时代的到来，空间设计面临前所未有的机遇和挑战。中国制造向中国创造转型，空间设计行业如何与"互联网＋"结合，形成新的发展模式，值得空间设计的从业者共同思考与探索。

　　关键词：互联网＋ 空间设计 发展模式

1 回首过去——互联网平台下空间设计发展的利弊

　　空间设计的资讯更便捷与高效地通过互联网传播与获取。设计公司资讯及作品通过互联网进行推广和宣传，大量的设计项目，设计作品的出现为中国的设计评论提供了谈资，设计评论也借助互联网平台进行传播。设计师之间在方案设计、施工图深化阶段都通过互联网软件平台得以更好地配合。甲乙双方的交流与联系通过互联网变得更加快捷。设计资讯获取的便利，为设计教育提供了很大的帮助，开阔了师生的视野。为新的设计教育提供了快捷高效的设计咨询与前沿的设计思想及理念。通过互联网各地区设计院校间的交流互动更加频繁和密切。互联网平台使设计教育变得多元化、前沿化，与时代的进步密切关联。

　　但与此同时，设计的创意由于大量的互联网分享被免费复制，创意的价值被快速稀释。设计评论仍然没有完全摆脱传统的传媒形式而独立存在，仍然没有为中国的设计行业给予发展方向的正确引导。设计评论甚至在互联网平台下仍被商业和利益所绑架，现有的设计评论状态赞美远远多于批评。设计教育对设计理论的讲授仍然存在有很大的不足。设计创意源于何？止于何常常被忽视。所追求的更多的是表面华而不实的形式。现阶段，工程设计公司从少数精英分子组成的"小作坊"向金融资本运作的上市公司发展，部分设计公司完成"华丽转身"成为设计界的航母。这样的平台下，设计师是这台航母上的一个螺丝钉，个人创造力的价值被无限地削弱。

2 展望未来——"互联网＋"空间设计的前景充满机遇和挑战

　　"互联网＋"是创新2.0下的互联网发展的新业态。通俗的说，"互联网＋"就是"互联网＋各个传统行业"，但并不是简单的两者相加，而是利用信息通信技术以及互联网平台，让互联网与传统行业进行深度融合，创造新的发展生态。

　　（1）新技术对空间设计行业的推动

　　"互联网＋"时代，互联网平台下的新技术如 VR、AR、BIM、云存储、云计算等将进一步成熟，并且更紧密地与空间设计专业结合，可实施性和可操作性将不断增强。

VR、AR、三维全息影像等虚拟现实技术，为空间设计方案提供了更好的跨地区方案体验。其颠覆了传统的图片和视频的方案汇报展示方式，让人更加身临其境。再结合手机、VR 眼镜等可移动互联网终端设备增强了方案汇报的真实性和跨地区性，打破了传统的甲乙双方约定固定地点进行方案汇报的形式。对于设计师而言移动办公、移动设计、移动汇报将在手机终端等设备上实现（图1、图2）。

图1通过互联网传播并通过 VR 终端和移动终端体验的虚拟空间设计　图2通过 VR 技术的方案汇报体验体验

BIM 软件平台已经在国内各大设计院和设计公司逐渐普及，未来在强大的互联网云存储、云计算的辅助下，运用更加广泛。BIM 平台可将庞大的方案设计团队和施工图设计团队进一步精简整合，设计师间合作更加紧密，工作效率大大提升，方案设计、施工图出图时间极大地削减。

互联网平台下甲乙双方的沟通交流更加深入，私人订制类的设计将更加深入人心。新的技术借助互联网，未来将让客户更好地参与到设计当中。客户在设计中的参与度增加，设计师在一些项目中的决定作用将被逐渐弱化甚至被取代，如家装设计、软装设计等。互联网购物将和 VR 技术结合，三维模拟客户所需要设计的空间环境，由客户根据自己的喜好自主选择各区域设计方案，将方案设计与材料家具的购买和互联网购物平台绑定到一起。设计师以资讯、引导的身份为客户提供专业意见及指导，设计师从中取费。客户发布的设计作品将在互联网上受到评论、评比和宣传。将有大量的设计从业人员由传统的设计公司转向由互联网平台支持下的新型创意咨询式设计公司，完成辅助客户设计、材料选择等工作。其中部分设计师也将转向互联网设计评论等工作，为空间设计创造出新的发展模式。

那些客户参与度较低，设计和创意难度较大的项目在互联网平台下，精英设计师组成的小团体的创意优势将被进一步凸显，优秀的设计作品将通过 VR 技术在设计网站、购物网站、手机终端等发布宣传，以

获得更多的关注和更高的知名度，小型设计团队及设计师个人创新价值将被再次唤回。更有利于独立的个体设计师摆脱传统的公司管理模式。由航母级设计公司独霸一方的局面将被"互联网＋"打破。更多的设计"网红"将在互联网＋时代浮出水面。

"互联网＋"时代，某些虚拟世界的空间设计作品，基于 VR 技术已经不需要进行传统的工程设计和施工环节，总体工程价格将大幅降低，客户只需支付空间设计费、虚拟空间的制作费、购买 VR 终端设备即可。受众可以通过 VR 眼镜等终端设备体验空间设计作品，这给设计师打开了另一个更加广阔的领域和市场。这一类项目更加绿色生态环保，更新速度更快更迅速。为更多的空间设计从业者提供就业机会。

与此同时，设计作品的知识产权保护迫在眉睫。应该在国家层面制定新的适合"互联网＋"空间设计的游戏规则。以保障甲乙双方在互联网平台上的关于设计项目的正常合法交易。交易、浏览、下载、传播设计作品应受到健全的制度和法律的保护。以此来保证设计师劳动成果和创意价值。真正地创建一个适合设计行业在互联网虚拟平台下生存的公平、公正的优良环境。"互联网＋"时代的到来于设计师个人获取资讯与了解行业信息与发展是一个前所未有的开放自由的平台，于设计公司及设计团队而言，是一个了解行业竞争与市场资讯的高效数据库。互联网＋时代下的设计教育及设计方式将为空间设计行业提供更加良好的设计天地。

（2）设计评论的新平台

设计评论的兴起，是一个国家成为设计大国的标识之一。设计评论在"互联网＋"时代，将不再单一依靠传统媒体发声，互联网社交平台、购物平台等都将为设计评论开拓出更多的商业空间和生存环境，对空间设计作品及周边产品客观、甚至苛刻的点评将换来更多的关注和掌声。也将为设计评论带来更大的商业价值。设计评论的自由性、客观性会更加突出，将对设计行业与受众给予积极正确的引导，更有助于中国设计行业的良性发展。

未来，设计评论将摆脱传统的文字表达，通过视频影像结合 VR 等新技术可以拉近设计作品与受众的距离，给予受众更真实的感受。继歌舞网红、美食网红、数码网红、游戏网红之后设计评论网红也将异军突起。设计评论也将充分激活公众和设计的参与和互动，大型的设计宣传展示活动将借助新技术在"互联网＋"平台进行推广，设计评论将在这样的活动中起到更大的作用。设计评论的逐渐成熟壮大，将为空间设计

教育在设计理论层面提出新的要求，也为空间设计教育培养的人才提供了又一个就业平台。

（3）空间设计教育的革新

空间设计教育也将是"互联网＋"时代的受益者。更多的教学表达方式、资讯获取方式、设计理念与手段都对教育的发展起到了良好的推动作用。世界各地的空间设计作品将通过互联网、VR、AR技术真实再现给学生，让学生足不出校就能直观地感受全球优秀设计作品的魅力，这是传统的三维空间教育不得已只能借用以书本为核心结合二维图像讲授的方式所无法企及的。

空间设计教育在"互联网＋"时代所面临的挑战也不容忽视。传统的教育模式急需转型和调整，设计理念与技术讲授将逐渐引入如何与互联网搭建的虚拟平台对接的版块成为一个迫在眉睫的问题。培养什么样的人才能够适应"互联网＋"时代，空间设计的需求以及未来"互联网＋"的升级时代空间设计教育要做的准备是当下空间设计教育的重要议题。

"互联网＋"时代的虚拟现实空间设计是永无止境的。空间设计作品不再需要和传统的施工工程专业对接。只需与"互联网＋"相对接。作品呈现的地点也不再是传统的实体场地，而是VR眼镜、手机终端等设备。如何与这些终端设备进行良好的对接以取得最佳效果，将是摆在空间设计科研领域的新课题与挑战。

"互联网＋"时代的空间设计，将摆脱传统的经济模式，在互联网的虚拟世界里开拓出更大的新空间，设计出更绚丽的新环境。

参考文献

[1] 赵亚洲.智能＋：AR、VR、AI、IW正在颠覆每个行业的新商业浪潮[M].北京：北京联合出版公司，2017

[2] 卢博.VR虚拟现实 商业模式＋行业应用＋案例分析[M].北京：人民邮电出版社，2016.

[3] [日]新清士著，张薇译.VR大冲击：虚拟现实引领未来[M].北京：北京时代华文书局，2017.

[4] 胡卫夕，胡腾飞.VR革命[M].北京：机械工业出版社，2016.

艺术聚落空间生成模式的策略研究
——以呈贡下庄村为例

张春明

云南艺术学院 设计学院

　　摘　要：大学城自身所具备的特点如何更为有效地与其周边的环境和谐发展，从而达到互促互惠，在建设这种和谐关系的过程中，确定其发展的主题与方向，分析其中诸多的因素使其围绕这个主题展开，进而形成有机的整体，这是一个值得研究的课题。

　　关键词：聚落空间　艺术文化　空间模式

1 全球视眼下艺术文化产业园的发展趋势

　　近年来，国家级园区、基地获得了快速发展，市场主体不断壮大，产业规模化、集约化、专业化水平不断提高。国家级文化产业示范基地、园区已发展成为文化产业的重要载体，未来的文化艺术产业必定会越来越强大、竞争越来越激烈，所以艺术文化产业的激烈竞争将会影响各国的经济产业，从而这样的格局将会促使艺术文化产业向全球化发展，进而虚化各国艺术文化产业界限。未来艺术文化产业走向全球化将会促使各国文化产业形成合作或兼并的形式，这样各国可以通过这种形式获取文化产业发展利益，也会壮大自身的艺术文化产业。这些因素必定会导致未来全球化经济下的艺术文化产业竞争变得越来越激烈。

2 呈贡大学城文化产业园区发展分析

　　（1）基于自身特点而带来的发展理由

1）民族文化产业的形成与创新在民族文化产业发展战略中的地位和作用

　　2007 年中国共产党的第十七次全国代表大会提出了"加快发展文化产业，提高国家文化软实力"。2009年，国务院批准了振兴文化产业的计划，标志着文化产业作为国家战略的兴起。而少数民族文化产业是整个国家文化产业战略部署中十分重要的一个方面。民族种类众多是云南在祖国这个大家庭中最具特色的一个名片，每年与民族相关的大大小小的创意集市不胜枚举，很多创意和云南的少数民族都是必不可分的。民族的才是世界的，云南少数民族众多，与之伴随的就是众多的民族文化产品，这些众多的特色产品自然形成了一个重要的产业——"民族文化产业"，而这也恰恰是发展云南文化产业的重要基石。

　　民族文化产业产品如何更具有时代性和创新性，这无疑与进行这些产品制作的制作者有直接的关系。大学生其自身的特点正满足了这个要求，而他们对民族文化的了解、继承乃至创新是需要一个大氛围的营造而逐渐催生形成的。

　　由于地缘关系的原因，云南少数民族与东南亚地区在传统文化方面有着千丝万缕的关系，再加上云南独

特的地理位置关系，加强与东南亚地区的交流沟通，对于实现云南推进与周边国家的国际联系，打造大湄公河次区域经济合作新高地有着积极的促进作用。

2）政府职能部门的参与方式与艺术文化园区的良性发展研究

政府职能部门对文化园区的建设与发展，无论是财政扶持方面还是政策制定方面都有着十分明显的优势和重要性。无论是园区的规划、基础设施的建设和服务方式的形式等多方面都是政府需要进行考虑的。服务的力度太大或太小都会对园区的建设造成很大的影响，因此在参与的力度上如何控制、政策如何制定、服务如何跟进等多方面，都需要进行细致、深入的研究。

3）艺术类大学生在艺术文化园区建设与发展过程中动力机制研究

艺术类大学生普遍具有较强的思维活跃性，因为受过长期的专业艺术学习，艺术创作根基和创作能力相对较强。当下的中国是一个迅猛发展的国家，急需大量的原创思维和创作观念，艺术类大学生的自身思维特点正与之吻合，这些学生思维大胆，敢于突破，对于设计工作局面的突破与创新有着十分有利的先天优势。

呈贡大学城高校林立，不同高校都设立了艺术类专业，艺术生是艺术创作者中的主力军，每年毕业的大量艺术类大学生为艺术文化创作提供了雄厚的人才基石。

4）学校艺术资源与艺术文化园区相衔接的机制研究

呈贡大学城聚集了近十余所高校，这些高校都有着极为丰富的艺术教育资源，软件资源包括艺术师资、艺术课程、艺术讲座、艺术网站、大学生文化艺术活动，硬件包括图书馆、展览馆、演出场所、设计类实验室等。对于这些艺术资源，大学城管理机构、教育管理机构应共同开发艺术资源共享方案，这不仅满足了当地个人的需要，更重要的是如何整合这些资源，使之更好地服务社会，形成向社会开放的机制，这一点对于形成园区特有的艺术活动氛围是尤为重要的。

5）健全的大学城公共服务设施、发达的内部及对外交通建设对于艺术文化园区良性运转、扩大园区规模效应辐射面等方面有着十分积极的推动作用

呈贡大学城有着发达的交通网络。与主城昆明相连的有发达的公路交通与轻轨交通，与国内有最新建成的沪昆高铁，与国际有即将建设和已经在建的多条国际铁路。交通带来的便利对园区内部自身的良性运转是重要的保证，同时，这样的交通优势对于园区"请进来"与"走出去"

的战略发展布置提供了最为强有力的支持。

6）互联网建设与"泛"艺术文化园区的构思之间的关系

互联网科技的飞速发展使得艺术家们工作和交流的方式已经发生了翻天覆地的变化，同样这样的变化可以使得园区与外界联系的地域范围扩大，联系的效率大幅度提高，进而降低制作、宣传、合作的成本。从这个意义上来看，园区的设定并不需要是传统意义上固定的场所，但正是这种情况，一个固定的场所进行展示、表演、宣传才为重要。基于此，在园区的规划面积上并不需要像传统意义上提前设定大范围的面积进行规划，但必要的园区范围还是十分需要的，同时，在这样的范围内进行规划与相关政策的制定，才越发显得重要，并对于其他相关园区的政策制定有着十分重要的借鉴、示范作用。

7）依托"艺术文化园区"在大学城开展面向高校的"艺术嘉年华"毕业艺术作品展示的设想

利用大学城自身的独特优势，实施开展公共艺术方案，针对所有大学开展的"艺术嘉年华"大学生毕业季学生艺术作品展示活动，并邀请知名艺术家参与、策划，无疑对于整合和发展大学城教学资源，提升活动影响力有着积极的促进作用，而由此形成的每年毕业季大学生艺术作品展示对于促进学生思想交流、校地或校企合作、丰富广大地区居民艺术文化生活，进而形成固定的文化节传统，对于园区形成规模化效应与营造独特的园区艺术氛围及打造区域性的文化名片等诸多方面有着极大的积极作用。

（2）在地域优势背景之下，大学城文化产业园区创新点的思考

1）商业策划与营销策划的模式介入大学生"艺术嘉年华"毕业季学生艺术作品展示月对于促进校地、校企合作以及该项活动的长期进行提出了初步设想，这样一个新的推广模式具体实施是需要进一步深入细致地思考。

2）"艺术嘉年华"与"艺术家之村"（即艺术文化产业园区）两个概念的同时提出，对于两者的相互促进、相互发展从逻辑思维上提出了论证，为两者的良性进化提前做出构思，对于项目的推进有着十分重要的意义，也更符合项目实际操作的可行性。

3）研究的目的不仅仅是概念上的研究，更重要的是积极寻求政府支持、积极扩大社会参与，基本立足点是丰富地区文化特色、打造地区文化名片，要使得这两者成形，就必须理论结合实际，一方面从概念构思上着力，一方面强化市场导向与商业模式参与。

4）从管理机制、保障机制和培育机制分析文化产业的演化规律。产业的动力在于创新基因对外部环境的压力反应；保护行业的能力必须符合行业的环境适应性生存，以满足创新的基因活力的要求；培育市场是一项系统工程，必须优化产业创新生物链结构和"艺术文化产业园"内外创新生态环境。

创新在于将文化产业的形成与市场运行机制一并融入研究，是对国外文化产业进化理论的一种传承与创新，开创了利用大学城自身优势促进"艺术文化产业园"文化产业基地形成的新范式。从研究问题的具体内容上看，建立文化产业发展基本理论和相关概念体系，从一个全新的视角阐述了文化产业发展能力生成与演化的本质规律和特征，为高校文化产业的实施与推广提供了新的理论指导和可行的操作建议。

3 缘起下庄村

分析目前已建设成的"艺术家之村"从中吸取经验。

近年来，艺术村在各地发展迅猛，有些鲜为人知的小村庄，由于艺术的繁荣也变成了艺术家村，不但给艺术家带来生活与创作的空间，也给了艺术家展现自己才华的机会，也能给当地的人带来经济收入，增加就业岗位，缓解地区就业压力。以下庄村为例，近年来随着高校在呈贡大学城建设的逐渐完善，和云南艺术学院一路之隔的下庄村，受到"学生经济"的影响，其村庄面貌已经发生了巨大的变化，成为了呈贡的"麻园村"，村民经济收入发生了巨大的变化，而由此带来的学生创业经济也随之孕育而生。在下庄村，研究团队曾经做过一份问卷调查，调查的出发点是如何打造一个"创意下庄"，为大学生在下庄村现有的资源基础上提供一个时尚和创意的衣、食、住、行生活理念，更为核心的是如何营造出一个艺术氛围浓厚的艺术创意社区？问卷从不同的角度进行了调查，结果显示学生对"创意下庄"的看法不仅仅是关注衣食住行等物质方面的需要，精神方面的追求也很旺盛，对文化艺术方面的发展也十分关注。现在到下庄村就能发现，下庄村有很多依附艺术学院成长起来的小型公司和工作室，像因艺考而发展起来旅馆酒店、以及因为美术生、音乐生、舞蹈生创建的大大小小的画室、练琴房、舞蹈室，这些行业也为学生的创业提供了方向和借鉴。在这样氛围熏陶下的下庄村，也在不觉中与周边的村庄产生了逐渐明晰的差别。

4 大学城建设"艺术家之村"的两个需要

（1）呈贡大学城下庄村"艺术家之村"建设需要新的特点

1）对已建设的艺术创意空间或是艺术村的解析发现，艺术村有利于建立艺术家的认可感，艺术村能让艺术创作者有直接面对面的空间，能为艺术创作者带来彼此之间的认可和反馈，艺术创作者之间的认可在艺术活动中很重要，在这种情况下，下庄"艺术家之村"的建立就需要这样一个新的模式，为艺术创作者提供研讨自己的空间，从而增加艺术创作者的交流空间，让他们能感觉到足够的认同感，营造一种舒适的环境才能让艺术家安心创作，艺术创作者聚集在这里且不说硬件方面的措施，如果心理上得不到安心，不可能有好的作品，这也是下庄村建设"艺术家之村"所要具备的心理素质。

2）艺术村的设立多数都建设在郊区，远离喧闹都市。出自两个原因：一是安静的环境有利于创作，二是郊区投资较小也给大多数艺术家提供入驻机会。从艺术创作者的角度来看，他们更喜欢环境优美的环境能激发创作灵感，而从当地政府来看，他们更看重的是艺术家之村建成后所能带来的经济效益。也许可以寻求两者的平衡点，下庄村并没有自然景观一类的条件，但是，现在的旅游业也不再是单一的去看自然景观的旅游业了，当地文化的深度体验才更能抓住消费者的眼球。在这里，为他们提供适当和创作者接触的机会，能亲眼看见艺术创作者的创作过程，亲身体会艺术家的生活。

举办各式各样的活动，提高下庄艺术村的知名度，多举办一些创意集市，吸引全国的手工达人来此对自己进行宣传，利用公众微信平台或是论坛、贴吧并打造成学术品牌，增强品牌意识，这需要在建设文化园区之初就需要确立的价值核心观。把下庄村打造成一个传输文化的平台与品牌，汇集更多的艺术家和艺术爱好者，为艺术家带来艺术创作的灵感，也给当地人民带来收入，产生良性自循环，让下庄村变成一个进行当代民艺文化产业发展的艺术创作孵化基地。

（2）呈贡大学城"艺术家之村"建设需要多元化的发展。

艺术村由各阶层的艺术爱好者在此聚集，不同文化的碰撞更有利于创新，打破地界限制，艺术村并非单纯的物质空间，也是创作者们分享个人色彩的空间，云南的多元文化更是相互影响、相互交织必不可分，要允许新的东西进来，才能发现自己不足的地方，也才能发现自己的长处，这个社会独成一体也是不可能的，总是会和外界发生千丝万缕的关系，多元的文化更有利于艺术村的活力和多样性、丰富性。也为艺术村的发展提供更多的可能性。而现在大学城周边的交通道路硬件建设和网络高速化，正是为这样的发展新模式提供了最重要的基础保证。

5 呈贡大学城艺术家之村的发展对当地发展的启示

（1）目前呈贡大学城发展过程中存在的问题

呈贡大学城发展中存在的最大问题就是各高校自成一体，没有形成一个整体的联系，没有把自己深厚的文化底蕴激发出来。

（2）艺术家之村的建设对大学城发展所带来的冲击

艺术家之村的建设，会带动起周边学校对自己文化更深一步的创新，会激发周边村民对艺术的极大兴趣，刺激到当地经济与文化的发展。

（3）艺术家之村未来发展的展望

艺术家之村未来的发展会很壮大，而且会带动云南其他市区艺术家园区的兴起，为整个云南文化的发展提供更广阔的平台，带动云南文化的发展。

＊该项目为云南省教育厅科学研究基金社科类重点项目课题，项目编号：2015Z145。

参考文献

[1] 张晓明，胡惠林，章建刚.北京文化蓝皮书系列 [M].北京：社会科学文献出版社，2007.

[2] 吕澎.二十世纪中国艺术史 [M].北京：北京大学出版社，2009.

[3] 黄锐.Beijing798—再造的工厂 [M].成都：四川美术出版社，2008.

[4] 高名潞.墙：中国当代艺术的历史与边界 [M].北京：中国人民大学出版社，2006.

[5] 刘健.基于区域整体的郊区发展——巴黎的区域实践对北京的启示 [M].南京：东南大学出版社，2004.

[6] 于长江.宋庄：全球化背景下的艺术群落 [J].艺术评论，2006(11):26-29.

[7] 陈秀珊.我国自由职业者的特性及发展对策分析 [J].经济前沿，2004(12):56-60.

[8] 郭晟."自由职业者"，另一种创业 [J].出版参考，2003(02):33.

[9] 徐讲善，崔军强."自由职业者"探秘 [J].记者观察，2001(04):46-48.

[10] 余丁.从艺术体制看当代艺术——三论中国当代艺术的标准 [J].中国美术馆，2007(11):67-69.

[11] 高名潞.中国现代美术背景之展开 [J].美术思潮，1987(1):40-48.

城市意象的连续性研究

邹涛涛

上海第二工业大学 应用艺术设计学院

摘 要：城市意象理论在城市规划设计及研究工作中有着非常高的指导价值，但是在凯文·林奇《城市意象》的论述中，对时间属性的研究有所缺失，同时对意象的连续性仅局限于区域的主题，而今天人们更多地在关注超越具体客观形式的人文历史因素的连续性。本文从对人们形成城市意象的连续性分析和研究着手，深入探讨了时间因素以及基础客观形式元素对城市意象连续性所产生的影响，并尝试挖掘更深层次的历史人文因素的连续性，以期对实际的相关研究和规划工作提供理论基础。

关键词：城市意象 连续性 时间属性 正面性 客观元素

引言

美国麻省理工学院教授凯文·林奇（Kevin Lynch）在其著作《城市意象》中关于"区域"的论述中指出："决定区域的物质特征是其主题的连续性"。应该说，这是在早期城市规划理论中较早对"意象连续性"进行的探讨；而事实上，对于城市意象连续性的研究确实对实际城市规划设计具有很强的指导意义。

1 人们对城市认知时间上的连续性

谈及"连续性"，不得不先讨论事物的时间属性，大如城市，也是一样。

城市不是一成不变的，人们对城市的认知具有四维性，也就是城市意象并不是传统意义上静止的画面，而是具有很明显的时间属性。

（1）对于客观的城市本身而言，城市意象的时间属性很明确地体现在以下几个方面。

1）城市（也可以只是区域）的形成是具有时间跨度的

城市（区域）的形成（从创建初期至逐步成熟）往往经历一个漫长的时间段。这一点特别对于经历了这个城市的形成的人而言，是具有特殊意义的。上海自开埠以来一百六十多年的发展历史，逐渐形成了今天人们意识中的意象；但是上海现在依然在不断地进行新区的开发和建设，比如"上海一城九镇"的开发规划从这些区域来说，新城市的形成和新意象的形成刚刚开始；而对于整个上海城市而言，其城市建设也还正在进行。而正是因为城市的建设具有相当长的时间跨度，导致人们对城市的认识也是一个相当长的过程（图1）。

上海市自20世纪90年代明确开始浦东新区建设至今，尽管其规划建设已经达到了相当高的成熟度，但是还在不停地进行着建设和发展。就像浦东新区这样的区域，像金茂、环球金融中心、上海中心这样的地标性建筑还在不停的出现。尽管建设发展速度很快，但是还是处于城市区域的形成期。

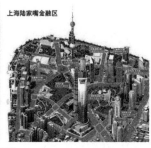

图 1 上海建设图

图 2 左图为唐山地震的面貌 右图为新唐山建设面貌

2）城市本身也在进行不停地变化

即使是相对成熟的城市或者城市区域，也不是不变的。国内的旧小区拆迁、新小区建设、对于街道拓宽及改建工程、建筑的立面改造工程等，都非常直观地体现着城市在原有基础之上进行的更新和变化。

3）城市内，因人们的活动而产生的城市功能性运作、特殊事件、历史人文积淀都会对城市意象产生相当的影响。而这些事件的出现，是以时间为记录标记的

城市（区域）具有建设者为其设定的城市功能、定位，随之而产生的人们的各种有意识的活动，都会对人们认识城市的过程产生一定的引导。区域功能对城市意象的连续性产生的影响我们会在下面做详细描述，但人们对区域功能的认知，除了区域或者建筑本身定义的功能之外，也包括随时围绕这些功能发生的事件。就一个金融区来说，随时在发生的各种金融活动、金融工作都是人们对这一区域功能的认可，而记录这些事件需要的是时间。

相对于以上人们有意识的活动，城市里也在不停地发生着对于城市意象而言，非有意的事件，甚至是突发性的事件，而这些活动也会对人们认识城市产生很大的影响。很容易想象，经历过唐山地震而幸存下来的唐山居民对新唐山城市的认识，与在地震后同样经历了新唐山建设的

人们对新唐山形成的意象是有明显不同的（图 2）。

而在漫长的历史中，特别是对于中国这样历史悠久的国度，随着时间的推移积累的各种历史人文因素，甚至包括人们活动的习惯、方言、衣着等属于这个城市的特性，都会形成这个城市意象非常重要的一部分，这一点也是在早期的城市意象研究中所缺乏的，而在日益重视城市的人文情怀的今天所需要被特别重视的。这一点在时间属性上体现为依靠时间属性形成的积累，但在结果上，也是形成人们意象连续性的重要基础。

（2）对于处在城市里的人们而言，他们认识城市、形成城市意象的过程也需要时间

城市在成长和变化中，居于其中的人们也在成长，这一点也包括人们的认知能力和判断标准。因此站在变化的人类本身的角度看一个变化的城市，随着时间的变化，其产生的结果非常复杂，不同的人对同一城市可能会产生不同的结果。当然，我们可以用科学的方法得到相对客观和有代表性的结果，但是我们也不能放弃去研究有不同结果的小众群体，因为这一部分群体形成的原因，恰恰是进一步城市建设工作所要改善的空间。

（3）时间属性的连续性

也就是说，城市的意象是具有很明显的时间属性的，不论是城市的形成、发展还是人们认识城市、形成城市意象的过程，时间的概念都在其中起到了关键性的作用。而时间因素体现在人们对城市意象认知的最终结果上，最直接的一种体现形式就是意象的连续性。

当然，这里的"连续性"指的是一种属性，而并不是特指正面的连续，因为"非连续"也是连续性的一种形式，只不过是反面的；而今天日益重视城市的文化历史层面的建设，也是对连续性的一种认可。

2 城市意象客观因素的连续性

反过来看，时间性也是城市意象的连续性的组成部分之一，而城市意象连续性另一个重要的组成部分，是基于城市各个组成元素的空间形式等直观因素的。

（1）"正面性"概念

在论述这一组成部分之前，我们必须先加入"正面性"这一概念。坦率地说，"正面"这一概念很难做直接的定义，甚至在一定程度上说，"正面"的标准也是在变化的，但是我们可以从城市规划者、城市建设者的角度去定义，也就是说，我们把符合城市规划者、建设者目标方向的特征定义为正面的，反之则为反面的。举个例子说，在上面论述过的

时间属性上，所有的城市建设者都希望人们对城市的认识在时间上具有连续性，而不是有断层（我们可以简单地设想一个断层的案例：老上海居住的里弄作为一个区域和城市的概念，对当时的人们形成了非常强烈的意象；但是新中国成立后建设初期，大量的里弄建筑被快速完全拆除，代之以标准化的居民小区，对于很多居民而言，经历了"返迁"这一过程，而他们对于这一区域的意向就会具有明显的断层）。

就像上面的例子，城市意象在时间上的连续性更多地是体现在居民本身的主观意识上的；而基于空间、形式以及历史文化方面的连续性，也是以时间为基本的载体体现出来，而且非常客观地存在并影响人们的认知过程。我们需要定义在这一大类型上的正面性标准就是规划建设者的目标方向。概略地说，上海市的建设者希望上海市在人们的意识中是一座国际化的金融大都市，同时也是一座以独有的海派文化影响世界的历史文化名城，而导致人们有悖于这一认知的因素都是负面的。

当然这只是最概略的层面上部分的因素，比如具体的形式，也很难进行严格的正负面判别。就像凯文·林奇所批评的新泽西混乱的视觉元素，明明应该判定为会使人们形成负面的城市意象，但是，"事实上又是混乱本身也可能成为一种特征线索"，在一定程度上，会明显加强人们城市意象的形成；如果能经由合适的处理和管理，谁又能说他不能成为该城市（区域）的一种非常有特色的意象元素呢？就像城市涂鸦艺术早已逐渐由一种大众批判的城市污染逐为人们接受并成为一种人们喜闻乐见的艺术形式，比如美国纽约和德国汉堡（图3）。

（2）城市客观意象因素的连续性

在这里，我们尝试总结出其中部分最主要的因素，并按照传统意义上有局限性的正面标准对其进行分析和界定：

1）城市各元素的形式的连续性

参照凯文·林奇的城市意象理论，道路、边界、区域、节点、标志物这五项构成城市意象的基本元素，都对城市意象的连续性起到关键作

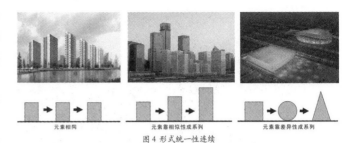

图4 形式统一性连续

用，而其作用最直接的体现，就是其视觉形式。视觉元素是最容易被人们感知的特征，而人们感知这些形式元素并认知其连续性是有多个判别标准和方式的。下面我们用部分简单的图示来区分这些不同的方式。

①形式统一性连续

是指城市内同类元素出现形式上的统一。这里的统一，可以理解为相似，但更合适的说法是靠相似性形成系列，完全相同的元素是其中的一个特例，生活小区非常常见（图4）。

②形式差异性连续

这一类型可以看作是上面统一性连续的反例，但当然不是真正的反例，而是指这些元素也形成了系列，但依靠的不是元素的相似性，而是有规则的差异性。

③辅助形式元素的连续性

指的是元素的颜色、材质、光效等辅助形式元素。这些元素本也可以归纳在上面的形式中，但为了凸显上面形式的"形状"属性才把它们分开。这些辅助形式元素的连续性也是可以分成统一性连续和差异性连续。我们认为"形状"是人们认知形式的最直观方式，但其实也不是所有人都对形状如此敏感的，更加上现在很多"形状"简洁而类似的建筑出现，使人们对部分建筑的"形状"不敏感，反而对其材质或者颜色更敏感。比如人们口头常会将很多摩天大楼称为"玻璃房子"，就是这种现象（图5）。

图3 左图为德国汉堡涂鸦艺术 右图为美国纽约涂鸦艺术

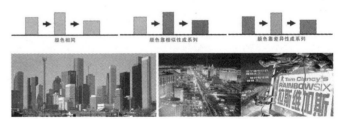

图5 玻璃房子

图 6 主题街道

图 7 左图为法国塞纳河畔 中间为埃菲尔铁塔 右图为法国拉德芳斯

正因为这些元素本身存在形式上的连续性，使人们在对以上的城市元素的认知中产生了意象上的连续性，也使符合设计规划者目标的正面意象得以出现。

2）城市区域的功能的连续性

在城市的同一区域内，即使不考虑形式的关系，如果该区域的功能具有相当程度的同一性或者相似性，生活在其中的人们也会对其产生深刻的印象，而促使人们产生强烈印象的原因正是因为人们对该区域功能连续性的认可。

比如说，上海早期对城市部分街道进行的功能分类：南京东路购物一条街、福州路文化一条街、衡山路酒吧一条街、吴江路美食一条街、北京路电子配件一条街，以及新建的多伦路文化街等。这些功能和主题就在一定程度上，成为了人们认识这些区域（城市）的主要意象组成（图6）。

但上面老上海城区的这一类体现方式，往往是依靠区域或者区域内建筑的职能来体现，或者简单的说，只是体现在商店的招牌，并未直接体现到建筑的形式。而我们如果换到陆家嘴金融区，尽管人们依然可以从大量高档写字楼顶的广告牌或者招牌来判别高密度存在的金融机构。但是，金融机构喜欢进驻的这一类顶级写字楼逐渐成为了人们心目中认知这一类行当的代名词，或者说逐渐的，即使没有这些招牌，人们见到那些玻璃的摩天大楼，都会认为这是金融机构写字楼或者配套的高档酒店。而在老上海街道就没有这样的感觉。

大量功能相同或者类似的建筑组成的建筑群，以及相适合的配套设施，使人们对这一地区的认知产生了连续性，也就是说，就算没有金茂大厦这样的地标，人们也可以对陆家嘴金融区这一区域产生明确的意象。这就是区域功能连续性所产生的认知意象的连续性。

3）历史、人文因素的连续性

在谈这个因素之前，我们不妨先看看巴黎的塞纳河旅游。塞纳河畔遍布巴黎优雅而经典的传统建筑群，在最大程度上体现着巴黎人对巴黎的印象。同样在塞纳河畔，靠近河道西侧也矗立着巴黎的新区拉德芳斯，

现代化的建筑形式鳞次栉比。而司掌游船的很多本地导游眉飞色舞地介绍老城区，却拒绝搭载游客进入塞纳河游览新区。原因很简单，因为他们认为这不是巴黎。从传统的巴黎城区到新区，形成了一个明显的断裂，这种断裂很直观地体现在

图 8 上海摩西会堂

形式上，但深入考量，我们却更乐意把它理解为其历史人文因素的断裂：我们有理由相信巴黎人乐意接受全新的形式，但很明显，他们不愿意接受的是其中历史人文因素的断裂。也正因如此，我们在各种媒体上看到的关于巴黎的介绍依然是凯旋门、香榭丽舍或者埃菲尔铁塔，却很少见新区，不是因为它不够好，而是因为它暂时无法在巴黎人的认知中产生连续性（图7）。

城市在形成和发展的漫长过程中会形成大量的历史、人文元素积累，随之产生的是城市的气质、城市的性格，这同传统意义上城市意象的元素有很大的不同，但在一定程度上，它也是通过存在的或者已经不存在的各种传统元素的形式以及超越形式的因素体现出来。

例如，早已成为上海市虹口区明确地标的摩西会堂（图8），如果从传统的形式上来看，它未必能在人们的认知中留下如此深刻的意象。而作为二战时期犹太人的诺亚方舟这一历史事件，它对当地居民乃至世界人的影响却是巨大的。这一重要事项的产生必须依靠建筑物这一载体，但深入人心的却是其历史人文因素。

在今天的中国，人们早已认识到各种传统视觉形式的重要性，恰恰是对这些历史人文情怀不够重视，大量的历史文化元素被错误地删除。删除非常简单，拆除它的载体就可以了。而了解这一历史的人群同不了解的人群产生的连续性断裂，是对这个城市或者区域正面意象的巨大破坏，而这种意识形态上的破坏很难重建，这也正是历史人文因素连续性的重要性。

所幸，现代的人们开始逐步地意识到这一点，很多的保护工作已经

开始了，更多的人们开始关注城市的历史人文情怀，而这也正是本文所想强调的。

3 小结

综上，多种因素导致了人们形成城市正面的意象产生连续性，连续性是人们认知城市的正面意象之一，概略归纳如下图（图9）：

在城市规划的过程中，更多的关注城市意象产生的连续性，这也是我们从事城市规划设计、建筑设计、环境设计等相关专业的工作人员所必需重视的问题。

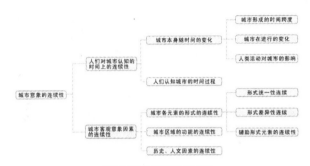

图 9 城市意象连续性概略归纳表

参考文献

[1]［美］凯文·林奇.方益萍等译.城市意象 [M].北京：华夏出版社，2002.

[2] 庄宇.城市设计的运作 [M].上海：同济大学出版社，2004.

[3]［美］凯文·林奇林庆怡等译.城市形态 [M].北京：华夏出版社，2002.

[4] 王建国.现代城市设计理论和方法 [M].南京：东南大学出版社，1991.

[5] 孙施文.城市规划哲学 [M].北京：中国建筑工业出版社，1997.

[6]Tibbalds Francis.urban Design[J].The Planner，1988.

[7]Kevin Lynch.managing The Sense Of A Region[M].Boston:mit.press，1976.

[8]Kate Nesbitt.thorizing A New Genda For Architectural Heory 1965-1995.New York：princeton Architectural.press，1996.